Buchenau/Thiele

Stahlhochbau

TEIL 2

Von Dipl.-Ing. A. THIELE

15., neubearbeitete und erweiterte Auflage · 1973
Mit 374 Bildern und 11 Tafeln

B. G. Teubner Stuttgart

Verfasser   Dipl.-Ing. Albrecht THIELE
Fachhochschullehrer an der Fachhochschule Aachen

Stahlhochbau

Teil 2 behandelt (ausführliches Inhaltsverzeichnis Seite V bis VII):

Vollwandträger	Stahlskelettbau
Rahmen	Kranbahnen
Fachwerke	Hallenbauten
Stahlleichtbau und Stahlrohrbau	Bauwerkteile aus Stahl im Hochbau
Dachkonstruktionen	Stahlbrückenbau

Teil 1 behandelt:

Werkstoffe und Ausführung der Stahlbauten (Eisen und Stahl – Walzerzeugnisse – Ausführung)

Verbindungsmittel (Niet-, Schrauben- und Schweißverbindungen – Bolzengelenke – Keilverbindungen und Spannschlösser)

Zugstäbe (Querschnittswahl – Bemessung und Spannungsnachweis – Anschlüsse – Stöße)

Druckstäbe (Querschnitte – Berechnungsgrundlagen und Vorschriften – Berechnung und Stabilitätsnachweis – Anschlüsse und Stöße)

Stützen (Vorschriften – Einteilige / Mehrteilige Stützen – Konstruktive Durchbildung)

Trägerbau (Bemessung und Berechnung – Konstruktive Durchbildung)

Verbundträger im Hochbau (Grundlagen der Verbundbauweise – Vorschriften – Bemessung der Verbundträger und Verbundmittel – Berechnungsbeispiele – Konstruktionen)

Schutz der Stahlbauten (Korrosionsschutz – Feuerschutz)

ISBN 3-519-15208-8

Das Werk ist urheberrechtlich geschützt. Die dadurch begründeten Rechte, besonders die der Übersetzung, des Nachdrucks, der Bildentnahme, der Funksendung, der Wiedergabe auf photomechanischem oder ähnlichem Wege, der Speicherung und Auswertung in Datenverarbeitungsanlagen, bleiben, auch bei Verwertung von Teilen des Werkes, dem Verlag vorbehalten.

Bei gewerblichen Zwecken dienender Vervielfältigung ist an den Verlag gemäß § 54 UrhG eine Vergütung zu zahlen, deren Höhe mit dem Verlag zu vereinbaren ist.

© B. G. Teubner, Stuttgart 1973
Printed in Germany
Gesamtherstellung: Druckerei Oechelhäuser, Kempten
Umschlaggestaltung: W. Koch, Stuttgart

VORWORT

Die im Teil 1 begonnene Behandlung der konstruktiven Grundlagen des Stahlbaus wird im Teil 2 mit der Konstruktion der Vollwandträger, der Rahmen und der Fachwerke fortgesetzt. Es schließen sich die wichtigsten Anwendungen im Hochbau an: Stahlleichtbau, Dachkonstruktionen, Stahlskelettbau, Kranbahnen, Hallenbauten, Bauwerksteile im Hochbau sowie ein Abschnitt über Stahlbrückenbau. Da auch im Hochbau Brücken für verschiedenste Verwendungszwecke ausgeführt werden, wie z. B. Transport-, Rohr- und Verbindungsbrücken, werden die Grundsätze für ihren Entwurf und die Konstruktion am Beispiel der Eisenbahn- und Straßenbrücken erklärt.

Die seit Erscheinen der letzten Auflage eingetretenen zahlreichen Änderungen der DIN-Normen und anderer Vorschriften sowie technische Neuentwicklungen machten wiederum eine gründliche Überarbeitung aller Abschnitte des Buches notwendig. Wenn es angängig erschien, habe ich den Inhalt gestrafft, um mehr Informationen bringen zu können; veraltete Konstruktionen wurden ausgesondert, um für Besseres Platz zu schaffen. Hierbei wurden Beispiele in genieteter Bauweise zugunsten geschweißter Ausführungen noch weiter eingeschränkt. Auf die eingehende Besprechung von Konstruktionen mit genieteten bzw. heute meist geschraubten Werkstatt- und Baustellenverbindungen kann aber nach wie vor nicht verzichtet werden; denn der zunehmende Einsatz von manuell oder elektronisch gesteuerten Anlagen zur konservierenden Behandlung, zum Sägen und Bohren der Einzelteile in den Werkstätten führt vermehrt zu einer gemischten Bauweise, in der Schweißverbindungen und Schraubverbindungen nebeneinander vertreten sind, je nach den Möglichkeiten zu ihrer kostensparenden Herstellung, so daß der Stahlbauer mit allen Bauarten vertraut sein muß. Die Entwicklung automatischer Fertigungsstraßen hat ein vielfältiges Angebot von vorgefertigten Elementen für Dächer, Decken und Wände begünstigt; den Umfang der einschlägigen Abschnitte des Buches habe ich erweitert, um Wirkungsweise, Konstruktion und Anwendung dieser Bauelemente an ausgewählten typischen Fabrikaten erläutern zu können.

Ich habe mich bemüht, stets Sinn und Zweck der baulichen und konstruktiven Maßnahmen ausführlich zu erklären, damit der Studierende und der Praktiker bei ähnlichen Aufgaben selbständig die technisch richtige und wirtschaftliche Lösung finden kann. Die Grundlagen zur Berechnung der Bauteile und der Verbindungsmittel sind in Teil 1 gebracht worden; notwendige Hinweise auf Normen und Vorschriften sowie Literaturangaben habe ich an den entsprechenden Stellen im Text gegeben. Da die lückenlose Bemaßung einer Zeichnung oft vom Wesentlichen der Konstruktion selbst ablenken kann, wurden in vielen Bildern neben den Profilen nur die notwendigsten Hauptmaße eingetragen.

Ich habe bei der Neubearbeitung des Buches versucht, allen Anregungen und Verbesserungsvorschlägen, die dankenswerterweise an mich herangetragen wurden, so weit wie möglich gerecht zu werden. Dank schulde ich auch den Stahlbaufirmen und Verbänden, die mir Informationsmaterial zur Verfügung gestellt haben.

Ich hoffe, daß mich die Fachwelt auch in Zukunft durch Hinweise und sachliche Kritik bei der Weiterentwicklung des Werkes unterstützen wird.

Aachen, im Sommer 1973 A. THIELE

INHALT

1 Vollwandträger
- 1.1 Allgemeines 1
- 1.2 Querschnittsform 1
- 1.3 Bemessung 3
- 1.4 Konstruktive Durchbildung 6
  - 1.41 Gurtplattenlängen 6
  - 1.42 Stegblechaussteifungen 9
  - 1.43 Stoßausbildung 11
  - 1.44 Konstruktive Beispiele 13

2 Rahmen
- 2.1 Allgemeines 18
- 2.2 Rahmenecken 19
  - 2.21 Rahmenecken mit Gurtausrundung 19
    - 2.211 Biegespannungen 19
    - 2.212 Die Ablenkungskräfte 23
    - 2.213 Kippsicherheit 24
  - 2.22 Rahmenecken ohne Gurtausrundung 27
- 2.3 Rahmenfüße 32
  - 2.31 Fußgelenke 32
  - 2.32 Eingespannte Rahmenfüße 34

3 Fachwerke
- 3.1 Fachwerksysteme 35
- 3.2 Stabquerschnitte 40
  - 3.21 Grundsätze für die Querschnittswahl 40
  - 3.22 Stabquerschnitte genieteter Fachwerke 41
  - 3.23 Stabquerschnitte geschweißter Fachwerke 42
  - 3.24 Bemessung und Gestaltung der Fachwerkstäbe 42
- 3.3 Fachwerkkonstruktion 44
  - 3.31 Arbeitsgänge für die Anfertigung der Werkstattzeichnung 44
  - 3.32 Genietete Fachwerke 45
  - 3.33 Geschweißte Fachwerke 54
  - 3.34 Unterspannte Träger 62
  - 3.35 Auflager 63

4 Stahlleichtbau und Stahlrohrbau
- 4.1 Allgemeines 67
- 4.2 Werkstoffe und Verbindungsmittel 69
- 4.3 Konstruktionen aus Kaltprofilen 71
  - 4.31 Querschnitte 71
  - 4.32 Träger und Stützen 71

4.33 Fachwerke 71
4.34 Vollwandige Konstruktionen 74
4.4 Rohrkonstruktionen 75
4.41 Allgemeines 75
4.42 Stützen 76
4.43 Fachwerke 77

5 Dachkonstruktionen

5.1 Allgemeines 83
5.2 Dachhaut 84
    5.21 Altbewährte Eindeckungen 84
    5.22 Massive Dachplatte 84
    5.23 Metalldächer 85
    5.24 Wellplatten aus Asbestzement 92
    5.25 Glaseindeckung 93
5.3 Sparren 96
5.4 Pfetten 97
    5.41 Allgemeines 97
    5.42 Pfettensysteme 97
    5.43 Dachschub 103
5.5 Dachbinder 106
5.6 Dachverband 108
    5.61 Aufgaben des Dachverbandes 108
    5.62 Berechnung und Konstruktion des Dachverbandes 110

6 Stahlskelettbau

6.2 Allgemeines 112
6.2 Statischer Aufbau 113
    6.21 Skelett mit Windscheiben 113
    6.22 Skelett ohne Windscheiben 118
6.3 Decken 118
6.4 Wände 122
    6.41 Außenwände 122
    6.42 Innenwände 126

7 Kranbahnen

7.1 Allgemeine Anordnung und Berechnung 127
7.2 Kranschienen 129
7.3 Kranbahnträger und -konsolen 131
7.4 Kranbahnstützen 136
7.5 Bremsverband 137

8 Hallenbauten

8.1 Allgemeines 139
8.2 Hallenquerschnitte 140
    8.21 Eingespannte Stützen 140
    8.22 Rahmen 143
    8.23 Pendelstützen mit Horizontalverband 143

Inhalt VII

 8.3 Hallenwände und Verbände 144
  8.31 Allgemeines 144
  8.32 Ausgemauerte Fachwerkwände 147
  8.33 Wandverkleidungen 149
 8.4 Dachaufbauten 155
  8.41 Oberlichte 155
  8.42 Lüftungen 157
 8.5 Shed-Hallen 158

9 Bauwerksteile aus Stahl im Hochbau

 9.1 Treppen... 162
  9.11 Allgemeines 162
  9.12 Treppen mit Wangenträgern 163
  9.13 Treppen mit Mittelträger 165
  9.14 Wendeltreppen mit Spindel 165
 9.2 Geländer 166
 9.3 Fenster, Türen, Tore 169
  9.31 Stahlfenster 169
  9.32 Stahltüren 171
  9.33 Stahltore 171

10 Stahlbrückenbau

 10.1 Vorschriften und Lastannahmen 174
  10.11 Eisenbahnbrücken 174
  10.12 Straßenbrücken 176
 10.2 Überblick über die Brückentragwerke 177
  10.21 Feste Brücken 177
  10.22 Bewegliche Brücken 179
 10.3 Eisenbahnbrücken 180
  10.31 Fahrbahn 180
   10.311 Offene Fahrbahn 180
   10.312 Geschlossene Fahrbahn 181
  10.32 Längsträger 182
  10.33 Querschnitte der Eisenbahnbrücken 185
  10.34 Hauptträger 189
  10.35 Verbände 190
  10.36 Lager 192
 10.4 Straßenbrücken 195
  10.41 Fahrbahntafel 195
  10.42 Tragwerke vollwandiger Straßenbrücken 199
   10.421 Brücken mit 2 Hauptträgern 199
   10.422 Trägerrostbrücken 200
   10.423 Brücken mit geschlossenem Kastenquerschnitt .. 203
  10.43 Verbundbrücken 204
 10.5 Montage 208

Schrifttum 211

Sachweiser 212

VIII

DIN-Normen

Für dieses Buch einschlägige Normen sind entsprechend dem Entwicklungsstand ausgewertet worden, den sie bei Abschluß des Manuskripts erreicht hatten. Maßgebend sind die jeweils neuesten Ausgaben der Normblätter des DNA im Format A 4, die durch den Beuth-Vertrieb, Berlin und Köln, zu beziehen sind.

Sinngemäß gilt das gleiche für alle sonstigen angezogenen amtlichen Richtlinien, Bestimmungen, Verordnungen usw.

Neue Einheiten

Mit dem „Gesetz über Einheiten im Meßwesen" vom 2. 7. 1969 und seiner „Ausführungsverordnung" vom 26. 6. 1970 werden für einige technische Größen – in den meisten Fällen mit einer Übergangsfrist bis zum 31. 12. 1977 – neue Einheiten eingeführt. In Anlehnung an die vom FN Bau-Arbeitsausschuß „Einheiten im Bauwesen" (ETB) für die Baunormen empfohlene Übergangsregelung[1]) werden in der vorliegenden Auflage die alten Einheiten weiterverwendet. Der Umrechnung von „alten" in „neue" Einheiten und umgekehrt dienen folgende Hinweise:

Kraftgrößen: Der ETB empfiehlt, sich auf möglichst wenige der zahlreichen Einheiten, die sich mit Hilfe dezimaler Vorsätze (z.B. k für 1000) bilden lassen, zu beschränken. Er geht ferner davon aus, daß angesichts der im Bauwesen unvermeidlichen Streuungen der Bauwerksabmessungen und der Baustoffestigkeiten die Erdbeschleunigung genügend genau mit $g = 10$ m/s^2 angenommen werden kann und nicht mit dem genaueren Wert 9,81 m/s^2, geschweige denn mit der Normfallbeschleunigung $g_n =$ 9,80665 m/s^2 gerechnet zu werden braucht. Der „Fehler" liegt zwar bei den zulässigen Spannungen um knapp 2% auf der unsicheren Seite, er wird in der Regel aber dadurch ausgeglichen, daß die Lastannahmen um das gleiche Maß auf der sicheren Seite liegen.

Der ETB empfiehlt folgende Einheiten:

Kräfte: als Regeleinheit das kN (Kilonewton) = 1000 N (Newton) = 0,001 MN (Meganewton); für Werte $< 0,1$ kN das N, > 1000 kN das MN

Belastung: kN/m; kN/m^2 und kN/m^3

Moment: kNm

Spannung: MN/m^2 = N/mm^2

Zur Umrechnung: 1 kp = 10 N = 0,01 kN   1 kN = 100 kp = 0,1 Mp
                   1 Mp = 10 000 N = 10 kN = 0,01 MN   1 N = 0,1 kp
                                                                      1 MN = 100 Mp

Weitere Einheitenänderungen s. S. 154 Fußnote 1.

---

[1]) S. DIN-Mitteilungen Bd. 50 (1971) Heft 6 (1. Juni 1971) S. 277.

1 Vollwandträger

1.1 Allgemeines

Vollwandträger werden aus Blechen, Breitflachstählen und anderen Walzprofilen zusammengesetzt. Gegenüber den Walzträgern haben sie den Vorteil, daß man die Querschnittsabmessungen nach statischen und konstruktiven Erfordernissen frei wählen kann und nicht eng an ein festliegendes Walzprogramm gebunden ist. Vollwandträger werden demgemäß verwendet, wenn

1. ausreichend tragfähige Walzträger nicht zur Verfügung stehen;
2. Walzträger bei großen Stützweiten mit Rücksicht auf Formänderungsbegrenzungen überdimensioniert werden müssen, während man Vollwandträger so entwerfen kann, daß die zulässigen Werte für Spannung und Formänderungen ausgenützt werden;
3. für die äußeren Maße des Trägers konstruktiv so enge Grenzen vorgeschrieben sind, daß diese mit Walzträgern nicht eingehalten werden können;
4. ein Vollwandträger billiger wird als ein Walzträger.

Ersparnisse erzielt man beim Vollwandträger durch kleinere Profilaufpreise bei den verwendeten Profilen, durch geringere Gewichte der dünneren Trägerstege und durch die Abstufung der Gurte entsprechend dem Momentenverlauf.

1.2 Querschnittsform

Typische Querschnitte von geschweißten und genieteten Vollwandträgern zeigt Bild **1.1**. Bei geschweißten Trägern werden die Gurte mit dem Stegblech durch Halsnähte unmittelbar verschweißt. Beim genieteten Träger sind dagegen Gurtwinkel als verbindendes Element erforderlich, die beim tragenden Querschnitt mitgerechnet werden. Kastenträger (**1.1**b) vergrößern durch ihre Breite die Auflagerfläche beim Abfangen dicker Wände, haben bei allerdings meist höherem Stahlverbrauch besonders niedrige Bauhöhen, und schließlich können geschlossene Kastenprofile Verdrehungsbeanspruchungen gut aufnehmen. Verstärkte Walzträger (**1.1**c) werden meist dann angewendet, wenn die Gurtplattenverstärkung nur auf kurzen Trägerabschnitten notwendig ist, wie z.B. zur Deckung großer Stützmomente.

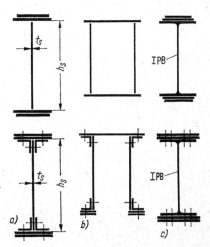

1.1 Querschnitte geschweißter und genieteter Vollwandträger
  a) einwandig
  b) zweiwandig (Kastenträger)
  c) verstärkte Walzträger

1.2 Querschnittsform — 1.3 Bemessung

Gurtquerschnitte (2.1)

Für die Anzahl der Gurtplatten (Lamellen) gilt i. allg. $n \leq 3$, für ihre Dicke $t = 10 \cdots 20$ mm. Bei $t > 25$ mm für St 52 bzw. $t > 30$ mm für St 37 ist wegen der Werkstoffgüte DIN 4100, 2.1.3, zu beachten, doch soll nach DIN 4100, 6.2.4.1, für unmittelbar mit dem Steg verschweißte Gurtplatten $t \leq 30$ mm, für zusätzliche Gurtplatten $t \leq 50$ mm sein (**6.2**c).

Für die nur an ihren Rändern durch Schweißnähte durchlaufend gehaltenen Gurtplatten muß $b \leq 30\,t$ sein. Ist diese Bedingung bei sehr breiten Gurten nicht erfüllbar, müssen die Lamellen auch bei geschweißten Vollwandträgern miteinander vernietet werden. Der Überstand zwischen zwei aufeinanderliegenden Gurtplatten muß mit Rücksicht auf die dicke Kehlnaht am Gurtplattenende $ü \gtrsim 0{,}75\,t + 5$ mm sein.

Für die unmittelbar mit dem Stegblech verschweißte **Grundlamelle** kann man statt eines Breitflachstahles (**2.1**a) Nasenprofile, Krupp-St-Profile (**2.1**b) oder halbierte Walzträger (**2.1**c) verwenden. Die Halsnaht liegt dann von der großen Stahlmasse des Gurtes weiter entfernt; sie kühlt nicht so rasch ab, und ihre Güte wird dadurch verbessert. Im Brückenbau wird außerdem der Hauptspannungsnachweis erleichtert.

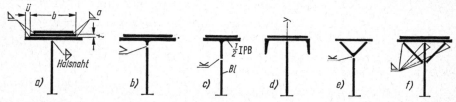

2.1 Gurtquerschnitte geschweißter Vollwandträger

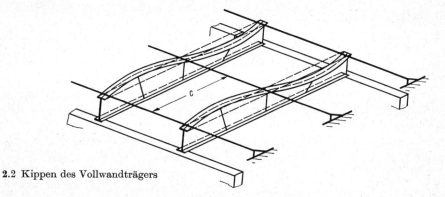

2.2 Kippen des Vollwandträgers

Bei großen freien Trägerlängen kann der Träger infolge seitlichen Ausknickens des Druckgurtes kippen (**2.2**). Um dieser Instabilität entgegenzuwirken, vergrößert man das Trägheitsmoment J_y des Druckgurtes, indem man als Grundlamelle ⊏- oder ⊥-Profile verwendet (**2.1**d). Auch bei zusätzlicher Horizontalbelastung des Trägers ist diese Gurtgestaltung zweckmäßig. Die Kippsicherheit kann auch vergrößert werden, indem man geschlossene **Hohlquerschnitte** bildet (**2.1e**) und dadurch die Torsionssteifigkeit des Trägers verbessert. Wegen des Anschneidens der Seigerungszone in der Wurzel des Gurtwinkels durch die Halsnähte ist für dynamisch beanspruchte Träger der Querschnitt **2.1f** vorzuziehen, der auch bei Querbelastung des Gurtes, z.B. bei Kranbahnen und Rahmenecken (**24.2**), gut geeignet ist. Querschnitte wie **2.1e** und **f** dienen ferner dem konstruktiven Rostschutz, da am Untergurt horizontale Flächen mit ihren Schmutz- und Feuchtigkeitsansammlungen vermieden werden. Die Schweißnahtlänge ist aber größer als bei den anderen Ausführungen.

Neben den Grundformen in Bild **2.1** kann man noch andere, dem jeweiligen Zweck angepaßte Querschnitte entwickeln, so daß geschweißte Vollwandträger sehr vielgestaltig sein können. Die Gurtquerschnitte genieteter Träger entsprechen meist Bild **3.1**. Auch hier ist die Zahl der Gurtplatten ≤ 3, ihre Dicke $10 \cdots 20$ mm. Die Winkelschenkelbreite wählt man zu $b \approx h_s/40 + 60$ mm ≥ 80 mm. Im Freien und bei unmittelbarer Gurtbelastung muß die 1. Gurtplatte des Obergurtes bis zum Trägerende geführt werden, auch wenn sie zur Momentendeckung nicht benötigt wird. Der Abstand der **Hals-** und **Kopfniete** in Trägerlängsrichtung darf $12\,d$ oder $25\,t$ nicht überschreiten; die Kopfniete werden gegenüber den Halsnieten um eine halbe Nietteilung versetzt.

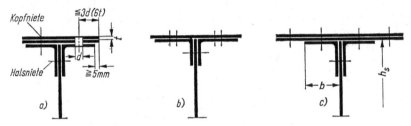

3.1 Gurtquerschnitte genieteter Vollwandträger

1.3 Bemessung

Die Spannungs-, Stabilitäts- und Formänderungsnachweise für Vollwandträger werden nach den Regeln der Statik und Festigkeitslehre unter Beachtung der maßgebenden DIN-Vorschriften durchgeführt. Ausführliche Zahlenbeispiele s. [10]. Um für die Nachweise ausreichend bemessene Querschnitte verfügbar zu haben, gelten für die zweckmäßige Wahl der Querschnittsabmessungen folgende Überlegungen:

Stegblechhöhe h_s

Sie soll folgenden Bedingungen genügen: Innerhalb der zulässigen Grenzen der Formänderungen (Durchbiegung) soll die zulässige Spannung voll ausgenutzt werden. Die Trägerhöhe soll möglichst so gewählt werden, daß der Baustoffaufwand für den Träger ein Minimum wird.

Der Formänderungsbegrenzung entsprechen bei etwa gleichmäßig verteilten Lasten beim frei drehbar gelagerten Balken auf 2 Stützen mit Stützweite l die Steghöhen in Tafel **4.1**. Bei Durchlaufträgern genügt das $0,8 \cdots 0,9$fache dieser Werte.

1.3 Bemessung

Tafel 4.1 Steghöhe des frei aufliegenden Vollwandträgers

Durchbiegung zul f	$l/300$		$l/500$	
Werkstoff	St 37	St 52	St 37	St 52
Steghöhe $h_s \approx$	$l/22$	$l/14,5$	$l/13,5$	$l/9$

Über die Berechnung der optimalen Trägerhöhe opt h, die den kleinsten **Baustoffaufwand** ergibt, sind genaue Verfahren[1]) veröffentlicht. Für Überschlagsrechnungen im Hochbau genügt

$$\text{opt } h_s \approx 4{,}1 \cdots 5{,}4 \sqrt[3]{\frac{M}{\text{zul } \sigma_Z}} \qquad (4.1)$$

mit   4,1 bei sehr guter   5,4 ohne Lamellenabstufung   4,7 als Mittelwert

Von opt h_s abweichende Stegblechhöhen vergrößern das Trägergewicht i. allg. nur geringfügig.

Stegblechdicke t_s

Da ein großer Teil des Stegblechs in der Nähe der Biegenullinie liegt und sich nur unvollkommen an der Aufnahme der Biegemomente beteiligt, ist es richtig, den Querschnitt mit größerem Wirkungsgrad in den Gurten zu konzentrieren und den Steg so dünn wie möglich auszuführen. Dem sind jedoch wegen der Aufnahme der Querkräfte und wegen der Beulgefahr des Stegblechs Grenzen gesetzt. Bei normalen Stützweiten und normalen Hochbaulasten kann man annehmen:

$$t_s \approx \frac{h_s}{110} \cdots \frac{h_s}{125} \geq 6 \text{ mm} \qquad (4.2)$$

Im Bereich der Stützmomente von Durchlaufträgern sind jedoch wegen gleichzeitiger Wirkung der Querkraft entweder größere Stegdicken oder zusätzliche Beulsteifen vorzusehen.

Gurtquerschnitt

Nach Wahl der Stegblechabmessungen kann der Gurtquerschnitt Tabellen entnommen werden, die alle notwendigen Querschnittswerte enthalten [13]. Stehen Tafeln nicht zur Verfügung oder reichen sie nicht aus, wie z. B. bei unsymmetrischen Querschnitten, so erhält man die erforderlichen Gurtquerschnitte näherungsweise wie folgt:

$$\text{Zuggurt} \quad F_Z \approx \frac{\max M}{h_s \cdot \sigma_u} a - t_s \cdot h_s \cdot \beta \qquad (4.3)$$

$$\text{Druckgurt } F_D \approx F_Z \cdot \alpha + t_s \cdot h_s \cdot \gamma \qquad (4.4)$$

mit $a = 1{,}05$ bei genietetem, $= 1{,}0$ bei geschweißtem Träger   (4.5)

$\beta = 0{,}345 - \dfrac{0{,}19}{\alpha}$ $\gamma = 0{,}53\,(\alpha - 1)$ $\alpha = |\sigma_u/\sigma_o|$ (4.6) (4.7) (4.8)

$\sigma_o = \dfrac{1{,}14}{\omega} \text{ zul } \sigma_D \leqq \text{ zul } \sigma_D$ $\sigma_u = \mu \cdot \text{zul } \sigma_Z$ (4.9) (4.10)

$\mu = 0{,}90 \cdots 0{,}96$ Nietlocheinfluß bei genietetem, $= 1{,}0$ bei geschweißtem Träger

---

[1]) Vogel, R.: Optimale Querschnitte vollwandiger Brückenhauptträger. Der Stahlbau (1953) H. 2

1.3 Bemessung

Gl. (4.9) ist die unter Berücksichtigung der Kippsicherheit des Trägers nach DIN 4114, 15.4, zulässige Biegedruckspannung. ω ist die dem Schlankheitsgrad $\lambda = c/i_{yG}$ des Druckgurtes zugeordnete Knickzahl. i_{yG} kann bei Vorbemessungen für rechteckige Gurtquerschnitte nach Bild **5.2** zwischen $b/4{,}2$ für große und $b/3{,}5$ für kleine Trägerhöhen geschätzt werden.

Zum Druckgurt zählen die Gurtplatten und $1/5$ der Stegfläche, bei genieteten Trägern kommen noch die Gurtwinkel dazu. c ist der Abstand der Punkte, in denen der Druckgurt seitlich unverschieblich festgehalten ist (**2.2**). Die sichernden Träger müssen dabei selbst in ihrer Längsrichtung unverschieblich festgehalten werden, z. B. durch Verbände oder Deckenscheiben. Ist der Schlankheitsgrad des Druckgurtes $\lambda \leq 40$, darf der Nachweis der Kippsicherheit nach Gl. (4.9) entfallen, und es ist $\sigma_o = \text{zul } \sigma_D$. Für diesen Fall muß man die mittlere Gurtbreite b nach Bild **5.2** $\gtrsim c/11{,}3$ bei niedrigen und $\gtrsim c/9{,}5$ bei hohen Trägern ausführen, je nach dem Anteil des Stegblech-Fünftels an der gesamten Gurtfläche F_G.

Beispiel 1 (5.1): Bemessung eines geschweißten Vollwandträgers aus St 37; zul $\sigma_Z = 1{,}600$ Mp/cm², zul $\sigma_D = 1{,}400$ Mp/cm². Der Druckgurt ist an den Einleitungsstellen der Einzellasten gegen seitliches Ausweichen gesichert.

Bemessung

Stegblech: $\text{opt } h_s = 4{,}7 \sqrt[3]{\dfrac{\max M}{\text{zul } \sigma_Z}} = 4{,}7 \sqrt[3]{\dfrac{25\,000}{1{,}600}} = 117$ cm nach Gl. (4.1)

Aus besonderen konstruktiven Gründen soll die Durchbiegung auf zul $f = l/500$ begrenzt werden.

Nach Tafel **4.1** wird

$$h_s = 145 \text{ cm} \approx l/13{,}5 \quad \text{und} \quad t_s = 1{,}2 \text{ cm} \approx h_s/120$$

Gurtquerschnitte: $\mu = 1 \quad a = 1 \quad c = 500$ cm

Um die zulässige Biegedruckspannung voll ausnützen zu können, müßte eine Gurtbreite von $b \approx c/10 = 500/10 = 50$ cm ausgeführt werden. Statt dieser konstruktiv unbequemen Lösung wird zunächst ein Gurtquerschnitt nach Bild **5.2** angenommen, für den geschätzt wird

$$i_{yG} \approx b/3{,}9 = 32/3{,}9 = 8{,}2 \text{ cm}$$

$$\lambda = \dfrac{c}{i_{yG}} = \dfrac{500}{8{,}2} = 61 \quad \omega = 1{,}31$$

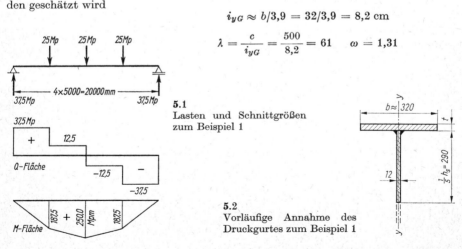

5.1 Lasten und Schnittgrößen zum Beispiel 1

5.2 Vorläufige Annahme des Druckgurtes zum Beispiel 1

6   1.3 Bemessung — 1.4 Konstruktive Durchbildung

$$\sigma_o = \frac{1{,}14}{1{,}31} \cdot 1{,}400 = 1{,}22 \text{ Mp/cm}^2 \qquad \sigma_u = 1 \cdot 1{,}6 = 1{,}60 \text{ Mp/cm}^2$$

$$\alpha = \frac{1{,}60}{1{,}22} = 1{,}31 \qquad \beta = 0{,}345 - \frac{0{,}19}{1{,}31} = 0{,}200 \qquad \gamma = 0{,}53\,(1{,}31-1) = 0{,}164$$

Zuggurt: $\qquad F_Z = \dfrac{25\,000}{145 \cdot 1{,}6} \cdot 1 - 1{,}2 \cdot 145 \cdot 0{,}200 = 73{,}0 \text{ cm}^2$

Druckgurt: $\qquad F_D = 73{,}0 \cdot 1{,}31 + 1{,}2 \cdot 145 \cdot 0{,}164 = 124{,}2 \text{ cm}^2$

Der statische Nachweis für den Querschnitt nach Bild 6.1 liefert folgende Ergebnisse:

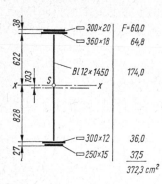

6.1 Gewählter Trägerquerschnitt zum Beispiel 1

$$J_x = 1\,354\,576 \text{ cm}^4 \qquad F_D = 124{,}8 > 124{,}2 \text{ cm}^2$$

$$F_Z = 73{,}5 > 73{,}0 \text{ cm}^2$$

Druckgurt: $\quad F_G = 124{,}8 + \dfrac{1{,}2 \cdot 145}{5} = 159{,}6 \text{ cm}^2$

$$J_{yG} = 2 \cdot \frac{30^3}{12} + 1{,}8 \cdot \frac{36^3}{12} = 11\,498 \text{ cm}^4$$

$$i_{yG} = \sqrt{\frac{11\,498}{159{,}6}} = 8{,}49 \text{ cm}$$

$$\lambda = \frac{500}{8{,}49} = 59 \qquad \omega = 1{,}29$$

$$\sigma_D = \frac{25\,000 \cdot 66{,}0}{1\,354\,576} = 1{,}218 < \frac{1{,}14}{1{,}29} \cdot 1{,}40 = 1{,}238 \text{ Mp/cm}^2$$

$$\sigma_Z = \frac{25\,000 \cdot 85{,}5}{1\,354\,576} = 1{,}578 < 1{,}60 \text{ Mp/cm}^2$$

$$\max f = \frac{5{,}5 \cdot \max M \cdot l^2}{48 \cdot E \cdot I} = \frac{5{,}5 \cdot 25\,000 \cdot 2000^2}{48 \cdot 2100 \cdot 1\,354\,576} = 4{,}03 \text{ cm} \approx \frac{l}{500}$$

1.4 Konstruktive Durchbildung

1.41 Gurtplattenlängen

Sie werden entweder rechnerisch oder einfacher zeichnerisch mit Hilfe der Momentenfläche bestimmt.

Bedeuten W_0 das Widerstandsmoment des Grundquerschnitts, W_1 bzw. W_2 das Widerstandsmoment dieses Querschnitts mit 1 bzw. 2 Gurtplatten, zul σ_D die unter Beachtung der Kippsicherheit zulässige Biegedruckspannung Gl. (4.9), so vermögen die einzelnen Querschnitte folgende Biegemomente aufzunehmen:

1.41 Gurtplattenlängen

$$\text{zul } M_0 = W_{0d} \cdot \text{zul } \sigma_D \quad \text{bzw.} \quad W_{0z} \cdot \text{zul } \sigma_Z \qquad (7.1\,\text{a})$$

$$\text{zul } M_1 = W_{1d} \cdot \text{zul } \sigma_D \quad \text{bzw.} \quad W_{1z} \cdot \text{zul } \sigma_Z \qquad (7.1\,\text{b})$$

$$\text{zul } M_2 = W_{2d} \cdot \text{zul } \sigma_D \quad \text{bzw.} \quad W_{2z} \cdot \text{zul } \sigma_Z \qquad (7.1\,\text{c})$$

Die Momentendeckungslinie (7.1) wird bei unsymmetrischem Trägerquerschnitt getrennt für den Druck- und Zuggurt gezeichnet. Will man die Gurtplatten an beiden Gurten gleich lang machen, dann ist der jeweils kleinere Wert der rechten Seite der Gl. (7.1) maßgebend. Die theoretischen Gurtplattenenden ergeben sich aus Bild 7.1 links. Setzt man in Gl. (7.1) statt zul σ die größte vorhandene Spannung max σ ein, dann werden mit max $M_i <$ zul M_i die Gurtplatten zwar etwas länger, jedoch hat der Träger an allen Lamellenenden die gleiche Tragfähigkeitsreserve (7.1 rechts). Über den theoretischen Endpunkt hinaus ist jede Gurtplatte mit dem Überstand $\ddot{u}$ vorzubinden (7.2).

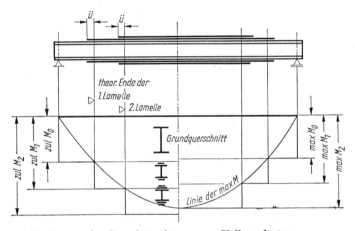

7.1 Bestimmen der Gurtplattenlängen von Vollwandträgern

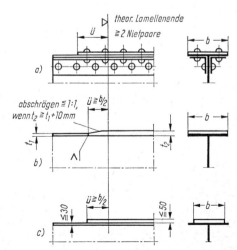

7.2 Vorbindelängen $\ddot{u}$ von Gurtplatten über den rechnerischen Endpunkt hinaus nach
   a) DIN 1050, 8.3
   b) und c) DIN 4100, 6.2.4

1.4 Konstruktive Durchbildung

Wenn bei geschweißten Trägern die Verstärkungslamelle schmaler ist als die darunter befindliche Gurtplatte (**2.1a**), muß die Schweißnaht am Gurtplattenende nach DIN 4100, 6.2.4.2, bzw. bei dynamisch beanspruchten Konstruktionen nach DV 848 der DB durchgebildet werden (**8.2** und Teil 1, Abschn. Schweißverbindungen). Ist nicht vermeidbar, die Verstärkungslamelle breiter auszuführen, dann sollte sie zugeschärft werden, um den kontinuierlichen Übergang der Stirnkehlnaht in die Flankenkehlnaht zu erleichtern (**8.1**). Die infolge des Zulegens von Gurtplatten veränderliche Trägerhöhe kann unerwünscht sein, wenn z. B. auf dem Obergurt vorgefertigte Bauelemente aufgelegt werden müssen oder wenn eine ebene Untersicht des Träweruntergurts gefordert wird. In diesen Sonderfällen legt man die Verstärkungslamelle unter Verkleinerung der Stegblechhöhe von innen her auf die Grundlamelle (**8.2**).

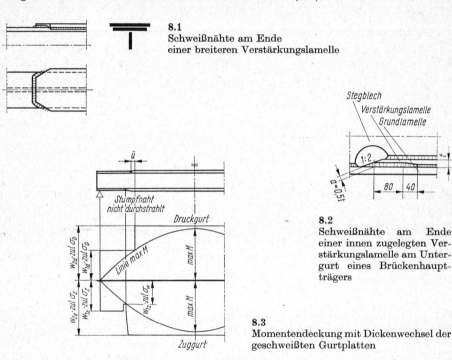

8.1 Schweißnähte am Ende einer breiteren Verstärkungslamelle

8.2 Schweißnähte am Ende einer innen zugelegten Verstärkungslamelle am Untergurt eines Brückenhauptträgers

8.3 Momentendeckung mit Dickenwechsel der geschweißten Gurtplatten

Wird die Verstärkung des geschweißten Querschnitts nicht durch Zulegen weiterer Gurtplatten, sondern durch Vergrößern der Dicke (und Breite) des Gurtes vorgenommen, dann erfolgt die Bestimmung der Gurtplattenlängen in gleicher Weise sowohl am Druckgurt wie auch am Zuggurt, sofern im Zugbereich nachgewiesen wird, daß die Stumpfnaht frei von Rissen, Binde- und Wurzelfehlern ist (**8.3** oben). Wird dieser Nachweis am Zuggurt nicht erbracht, ist die zulässige Stumpfnahtspannung σ_w kleiner als die zulässige Werkstoffspannung σ_Z, und an der Schweißnaht entsteht eine Einkerbung in der Momentendeckungslinie (**8.3** unten). Die konstruktive Gestaltung des Gurtplattenüberstandes $\ddot{u}$ s. Bild **7.2b** und Teil 1.

1.42 Stegblechaussteifungen

Das dünne Stegblech versucht, unter den Biegedruck- und Schubspannungen auszubeulen. Es muß daher durch Quer- und ggf. auch Längssteifen in einzelne rechteckige, beulsichere Felder unterteilt werden, deren Beulsicherheit nach DIN 4114, 17, nachzuweisen ist (9.1). Die Steifen können einseitig oder auf beiden Stegblechseiten angeordnet werden. Die Steifenquerschnitte 9.1a, c, d vermeiden gem. DIN 4100, 6.22, daß am Stegblech, wenn es dünner als 6 mm ist, Kehlnähte gegenüberliegen. An den Angriffstellen von Einzellasten sind stets Quersteifen vorzusehen. Im Bereich großer Biegespannungen sind sie für die Beulsicherung aber nur wirkungsvoll, wenn sie quadratische oder schwach rechteckige Blechfelder bilden; sonst ordnet man besser zusätzlich Längssteifen in der Druckzone des Stegblechs an, falls die Beulsicherheit zunächst nicht ausreicht. Längssteifen dürfen beim Trägerquerschnitt mitgerechnet werden, wenn sie an den Quersteifen ordnungsgemäß gestoßen werden.

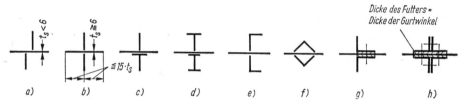

9.1 Steifenquerschnitte

Die geforderte Beulsicherheit der Stegbleche vollwandiger Träger ist mit $v_B \geqq 1{,}35$ relativ klein, weil sich nach dem Ausbeulen ein „Ersatzfachwerk" (9.2) ausbilden kann, vorausgesetzt, daß die Quersteifen als Druckstäbe für die Querkraft bemessen wurden; zum Steifenquerschnitt kann ein Stegblechstreifen von $2 \cdot 15\, t_s$ Breite mitgerechnet werden (9.1b). Kann sich nach dem Ausbeulen der Bleche der beschriebene zweite Tragzustand nicht ausbilden, sind höhere Sicherheitsbeiwerte vorgeschrieben. Die Stabilität von Druckgurten, gedrückten Deckplatten und bei Kastenträgern auch von gedrückten Bodenplatten ist mindestens mit einer Sicherheit von 1,71 für Lastfall H und 1,5 für Lastfall HZ nachzuweisen. Das gilt sowohl für die Stabilität von ausgesteiften Blechfeldern und Teilfeldern als auch von Aussteifungen selbst und von Einzelfeldern zwischen den Rippen. Die Beulsicherheit dünnwandiger Teile von Druckstäben muß mindestens gleich der Knicksicherheit des Gesamtstabes sein und liegt im Lastfall H in Abhängigkeit vom Schlankheitsgrad und von der Baustahlsorte zwischen 1,71 und 2,75.

Die Mindeststeifigkeit von Steifen, die zur Unterteilung von Beulfeldern dienen, wird nach DIN 4114, Ri 18.1, bemessen.

9.2 Ersatzfachwerk, entstehend beim Ausbeulen des Stegblechs

Quersteifen werden im Hochbau an den Gurten und am Steg angeschweißt; bei sehr hohen Stegblechen kann man durch unterbrochene Nähte, im Freien

10   1.4 Konstruktive Durchbildung

durch Ausschnittschweißung Nahtlänge einsparen (**10.1** b). An den Einleitungsstellen großer Einzellasten (z. B. am Auflager) sind die Quersteifen am Gurt einzupassen; im übrigen enden die Aussteifungen genieteter Vollwandträger an den Ausrundungen der Gurtwinkel.

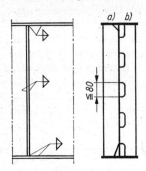

10.1 Schweißanschluß von Quersteifen

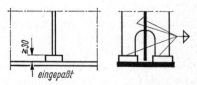

10.2 Anschluß der Quersteifen am Zuggurt bei dynamischer Beanspruchung

Bei **dynamisch** beanspruchten Vollwandträgern (Kran- und Brückenbau) würden die Anschlußnähte der Quersteifen in der Biegezugzone die Dauerfestigkeit des Trägers herabsetzen. Sie dürfen deswegen nicht im Bereich großer Stegzugspannungen und nicht am Zuggurt angeschweißt werden (**10.2, 185.**3). Meistens läßt man die Stegnähte am Beginn der gefährdeten Zugzone enden und führt die Steifen nur aus optischen Gründen ohne Schweißanschluß weiter hinunter (**187.**2, **188.**1).

Bei **Kastenträgern** liegen die Aussteifungen innen. Wird der Träger überwiegend auf Biegung beansprucht, werden die als Querschotte ausgebildeten Aussteifungen nur an den Stegen und am Druckgurt angeschweißt. Der Zuggurt wird beim Zusammenbau zum Schluß aufgelegt und i. allg. nicht mit dem Schott verbunden, sofern der Kasten nicht groß genug ist, um ihn durch Mannlöcher zugänglich zu machen.

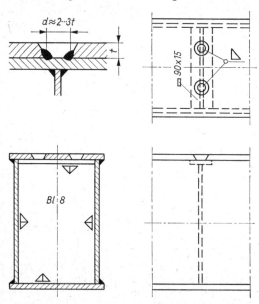

Bei Torsionsbeanspruchung des Kastenträgers müssen jedoch Schubkräfte zwischen dem Querschott und allen 4 Wänden des Querschnitts übertragen werden. Ist das Kasteninnere unzugänglich, wird die vierte Wand mit schweißtechnisch allerdings wenig günstigen Loch- oder Schlitznähten von außen an das Schott angeschweißt (**10.3**); andernfalls verwendet man für diese Verbindung besser HV-Schrauben.

10.3 Verbindung der Außenwand eines Kastenquerschnitts mit dem Querschott durch Lochschweißung

1.43 Stoßausbildung

Werkstattstöße kommen für Einzelteile des Querschnitts in Betracht, wenn die Lieferlänge des Walzmaterials kürzer ist als die Bauteillänge (**14.1**; **15.1**), oder wenn ein Querschnittswechsel vorzunehmen ist (**23.1**). Bei Schweißkonstruktionen werden die zu stoßenden Bauteile (Stegblech, Gurte) stumpf miteinander verschweißt (**14.1**), bei genieteten Trägern werden sie mit Laschendeckung vernietet (**15.1**). Berechnung und Ausführung von Stoßverbindungen s. Teil 1.

Baustellenstöße sind Gesamtstöße des Querschnitts; sie werden auch bei geschweißten Trägern in der Regel mit ausreichend bemessener und angeschlossener Laschendeckung jedes einzelnen Querschnittsteils geschraubt oder genietet ausgeführt. Schweißverbindungen werden auf der Baustelle selten verwendet. Wird der Träger ausschließlich auf Biegung beansprucht, darf gemeinsame Kraftübertragung zwischen Schweißnähten und anderen Verbindungsmitteln (ausgenommen rohe Schrauben) angenommen werden, wenn in jedem Querschnittsteil (Steg, Gurt) je für sich nur ein Verbindungsmittel eingesetzt wird.

Bei dem Nietträger (**11.1**) decken die Steglaschen die ganze Höhe des Stegblechs, die Gurtwinkel stoßen gegen die Steglaschen. Die Stoßdeckung der Gurtwinkel erfolgt durch eingepaßte Stoßwinkel, die über die Steglaschen hinwegführen. Der Stoß der Gurtplatten als „Schwedler"-Stoß ist symmetrisch zur Stoßmitte; die Deckungslasche für eine Gurtplatte liegt hierbei in der Ebene der jeweils darüber befindlichen Lamelle.

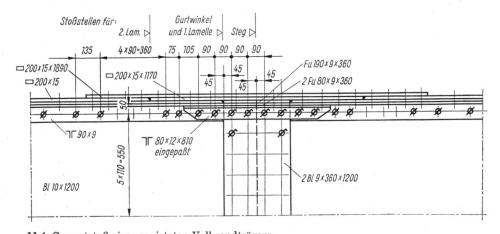

11.1 Gesamtstoß eines genieteten Vollwandträgers

Ein kürzerer Gurtplattenstoß mit weniger Baustellennieten ist der „indirekte" Stoß (**12.1**). Im rechten Teil des Stoßes ist die Zahl n der Anschlußniete wegen der indirekten Stoßdeckung auf n' zu erhöhen, wobei m die Zahl der Zwischenlagen zwischen Stoßlasche und dem zu stoßenden Teil ist.

1.4 Konstruktive Durchbildung

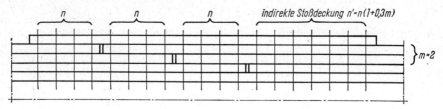

12.1 Indirekter Stoß der Gurtplatten

Geschweißte Träger werden sinngemäß wie genietete Träger gestoßen; weil die Gurtwinkel entfallen, wird die Stoßverbindung konstruktiv meist einfacher. Bei nicht zu großen Gurtquerschnitten kann wie bei Walzträgern (s. Teil 1) ein biegefester Stoß mit Querplatten und HV-Schrauben angewendet werden (12.2). Berechnung nach [12].

Soll der Stoß von Kastenträgern geschweißt werden, dann können die Stumpfnähte der Stoßverbindung nicht von der Wurzelseite gegengeschweißt werden, falls das Kasteninnere nicht zugänglich ist. Man versieht dann das Ende des einen Kastens mit einer ringsum laufenden Führungsleiste (12.3), die den Zusammenbau erleichtert und dazu beiträgt, daß die Wurzel von außen her durchgeschweißt werden kann.

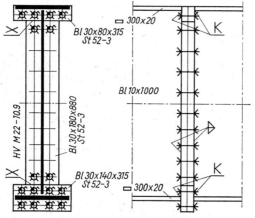

12.2 Baustellenstoß eines geschweißten Vollwandträgers mit Stirnplatten und HV-Schrauben

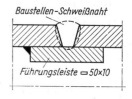

12.3 Stumpfnaht am Baustellenstoß eines Kastenträgers

Zur Herstellung der V-Naht am Untergurt muß der Träger i. allg. gewendet werden. Ist das auf der Baustelle nicht möglich, wird die Stoßverbindung genietet oder geschraubt (13.1). Die Stoßstelle wird durch Handlöcher zugänglich gemacht. Die Querschnittsschwächung infolge dieser Öffnungen wird durch Verstärkungen ausgeglichen, und die beiden Kastenabschnitte werden beiderseits der Stoßstelle durch ringsum eingeschweißte Querschotte luftdicht verschlossen, um das Kasteninnere gegen Rost zu schützen.

1.43 Stoßausbildung — 1.44 Konstruktive Beispiele 13

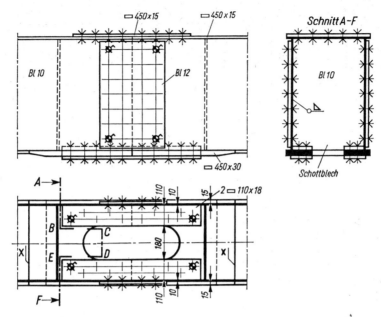

13.1 Geschraubter Baustellenstoß eines Kastenträgers

1.44 Konstruktive Beispiele

Die Aussteifungen des geschweißten Vollwandträgers nach Bild 14.1 sind Flachstähle, die beiderseits des Steges gegeneinander versetzt sind, damit die Schweißnähte nicht gegenüberliegen. Zwar ist diese Lösung bei ausreichender Stegdicke nach der Vorschrift nicht unbedingt notwendig, doch wird man sie stets anstreben. Ist Versatz der Steifen nicht möglich, wie am Auflager und am Trägeranschluß, weicht man auf andere Profile aus (9.1c und d). Die Steifen am Deckenträger enden unterhalb des Trägers und dienen mit ihrer Kopfplatte zum Erleichtern der Montage.

Zwischen den Quersteifen befinden sich am Druckgurt kurze, dreieckförmige Aussteifungen, die den Druckgurt konstruktiv gegen Beulen sichern sollen. Neben dem Trägeranschluß liegt ein Werkstatt-Stumpfstoß des Steges. Der Vollwandträger ist mittels Zentrierleiste auf einem Breitflanschträger gelagert, der die Auflagerlast auf das Mauerwerk verteilt. Anschlagknaggen, die teils unter den Vollwandträger, teils auf den Auflagerträger geschweißt sind, verzahnen sich untereinander und mit der Zentrierleiste, so daß Bewegungen des Unterzuges in Längs- und Querrichtung ausgeschlossen sind.

Bei dem gleichartigen genieteten Vollwandträger (15.1) ist der Deckenträger ohne Durchlaufwirkung am Unterzug angeschlossen. Der Unterflansch des Deckenträgers ist einseitig abgeflanscht (Schnitt C–D), um die Aussteifung in einem Stück über die Trägerhöhe durchführen zu können; sie dient zugleich als

14 1.4 Konstruktive Durchbildung

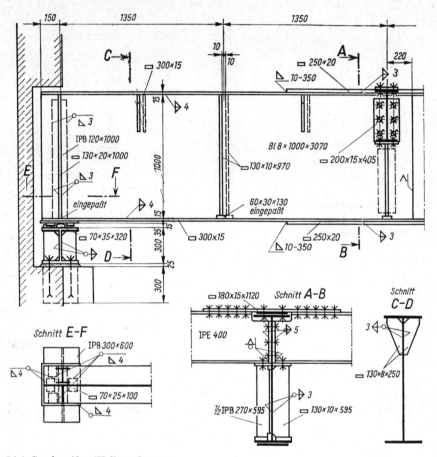

14.1 Geschweißter Vollwandträger

Anschlußwinkel. Beim **Werkstattstoß** des Stegblechs gehen die Gurtwinkel und -platten ununterbrochen durch. Da die Steglaschen nur die freie Stegfläche zwischen den Gurtwinkeln zur Verfügung haben, muß der von den Gurtwinkeln verdeckte Teil des Stegblechs durch zusätzliche **Flachstahllaschen** gedeckt werden. Ihr Anschluß erfolgt durch die Winkelschenkel hindurch indirekt, daher muß die Nietanzahl entsprechend vergrößert werden (s. Bild **12.1**). Die Zentrierleiste am Auflager ist beiderseits versenkt mit der unteren Lagerplatte vernietet; am Untergurt des Vollwandträgers angenietete Anschlagknaggen verhindern Längsbewegungen, seitliche Führungswinkel Seitenbewegungen. Die **Stegaussteifung** und ihr Futter ist am Auflager wegen der unmittelbaren Gurtbelastung eingepaßt, um eine einwandfreie Kontaktübertragung der Auflagerlast vom Steg in die Zentrierleiste hinein zu gewährleisten. Ist keine Gurtplatte bis zum Auflager durchgeführt, muß eine besondere Auflagerplatte unter die Gurtwinkel genietet werden.

1.44 Konstruktive Beispiele

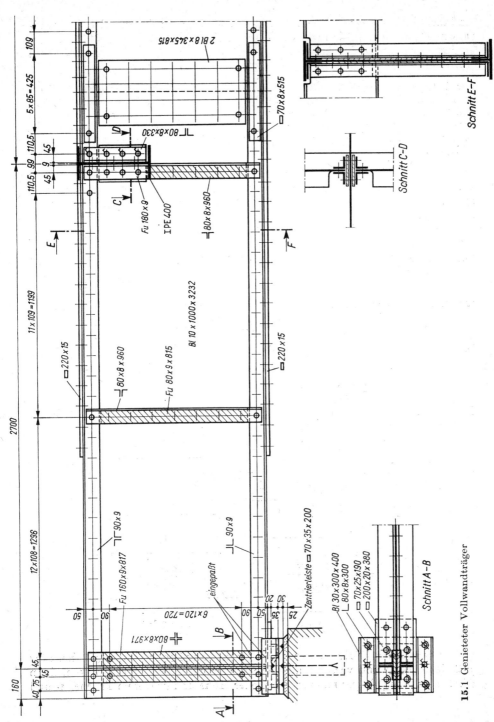

15.1 Genieteter Vollwandträger

1.4 Konstruktive Durchbildung

Sind die Deckenträger nicht am Druckgurt, sondern am Zuggurt des Vollwandträgers angeschlossen, dann kann Kippen des Unterzuges nur dadurch verhindert werden, daß der Anschluß der Deckenträger biegefest ausgebildet wird (**16.1**).

Für den durch solche Halbrahmen elastisch quergestützten Druckgurt ist die Kipplänge c (s. Bild **2.**2) größer als der Abstand der Deckenträger; Nachweis s. DIN 4114, 11 und 12. Zusammen mit den sonstigen Horizontallasten ist $\approx 1/100$ der Druckgurtkraft des Vollwandträgers als Knickseitenkraft anzusetzen. Das Einspannmoment am Trägeranschluß $M = H \cdot h$ wird in das Kräftepaar Z und D aufgelöst (**16.2**) und angeschlossen.

Das Futter auf dem Deckenträger gleicht Ungenauigkeiten beim Zusammenbau aus und dient zur Montageerleichterung. Andere konstruktive Lösungen findet man durch sinngemäße Anwendung der Konstruktionen von Rahmenecken nach Abschn. 2.

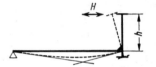

16.1 Kippsicherung des Vollwandträgers durch biegefesten Anschluß des Deckenträgers

16.2 Konstruktion zu Bild **16.1**

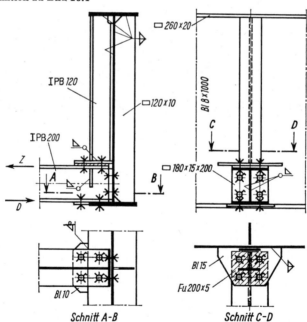

Zerlegt man einen Walzträger durch einen Schrägschnitt durch den Steg in 2 Teile (**17.1**) und verschweißt diese wieder nach dem Verschwenken, dann erhält man einen Träger mit veränderlicher Höhe und größerem Trägheits- und

Widerstandsmoment. Die auf dem Oberflansch aufgeschweißten ▭ 60 × 10 greifen in die Fugen der Dachplatten ein und sichern so den Träger gegen Kippen.

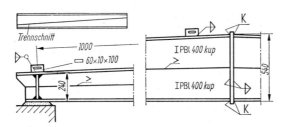

17.1 Aus Walzprofilen hergestellter Träger mit veränderlicher Höhe

Führt man den Trennschnitt nach Bild **17.2a** und verschiebt die beiden Trägerhälften um eine Zahnbreite, dann erhält man einen **Wabenträger** „**System Litzka**" (**27.1**), dessen Höhe durch Zwischensetzen von Blechen weiterhin vergrößert werden kann (**17.2b**). Bei kleinem Gewicht sind die statischen Querschnittswerte relativ groß; als Unterzug im Skelettbau erleichtern die großen Stegöffnungen das Durchführen von Leitungen aller Art.

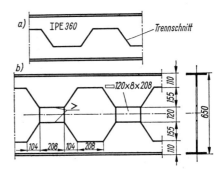

17.2 Wabenträger System „Litzka" mit zusätzlichen Stegblechen

2 Rahmen

2.1 Allgemeines

Rahmentragwerke sind dadurch gekennzeichnet, daß die horizontalen (oder schrägliegenden) Riegel mit den vertikal (oder geneigt) angeordneten Stielen biegefest verbunden werden.

Durch diese biegefeste Verbindung werden die Riegel elastisch in die Stiele eingespannt. Damit verringern sich die Biegemomente in den Riegeln, so daß diese schwächer und mit kleinerer Bauhöhe bemessen werden können. Die Durchbiegung der Riegel ist wegen der entlastenden Wirkung der negativen Einspannmomente ebenfalls geringer als bei gelenkigem Anschluß, wodurch größere Stützenabstände als bei einfachen Trägerkonstruktionen wirtschaftlich ausgeführt werden können.

Allerdings muß die Einsparung bei den Riegeln mit dem Nachteil erkauft werden, daß die Stützen zusätzlich zu den Druckkräften noch die Riegeleinspannmomente weiterleiten und daher größere Profilabmessungen erhalten als mittig belastete Stützen. Wenn nun etwa architektonische Gründe dünne Stützen erfordern – wie z.B. bei den Außenstützen in Bild **19.5** –, dann kann man durch Einschalten gelenkiger Anschlüsse die Riegeleinspannung wieder aufheben, um die Stütze momentenfrei zu machen, was natürlich nur auf Kosten der Riegel geht.

Im Gegensatz zu den einfachen Stützen- und Trägerkonstruktionen sind Rahmen in der Lage, in der Rahmenebene außer vertikalen Lasten auch horizontale Belastungen aus Wind, Kranseitenschub usw. aufzunehmen. Die Standfestigkeit quer zur Rahmenebene muß jedoch in jedem Falle besonders geprüft und konstruktiv gesichert werden, z.B. durch Längsverbände. Rahmen haben selbst bei nur lotrechten Lasten außer vertikalen auch horizontale Auflagerkräfte; bei Fußeinspannung treten noch Einspannmomente hinzu. Dadurch können sich die Gründungskosten verteuern, doch ist es möglich, bei gelenkiger Lagerung den Horizontalschub durch ein Zugband aufzuheben und den Rahmen mit einem beweglichen Lager auszustatten (**19.1**).

Weitere Beispiele von Rahmensystemen zeigen die Bilder **19.2** bis **19.5**.

Rahmenkonstruktionen kommen also in Frage, wenn

1. bei nur lotrechten Lasten die Bauhöhe der Riegel klein gehalten werden soll,
2. lotrechte und horizontale Lasten aufzunehmen sind.

Der wesentliche konstruktive Unterschied zwischen Rahmen und einfachen Träger- und Stützenkonstruktionen liegt in der biegefesten Gestaltung der Trägeranschlüsse an die Stützen sowie in der Ausführung der gelenkigen oder eingespannten Stützenfüße.

2.21 Rahmenecken mit Gurtausrundung

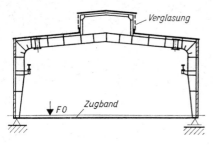 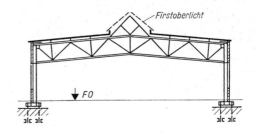

19.1 Vollwandiger Zweigelenkrahmen mit Zugband

19.2 Eingespannter Rahmen mit Fachwerkriegel und vollwandigen Stielen

 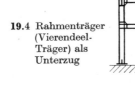

19.4 Rahmenträger (Vierendeel-Träger) als Unterzug

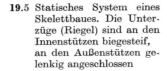 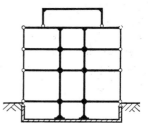

19.3 Stützrahmen für eine Bandbrücke

19.5 Statisches System eines Skelettbaues. Die Unterzüge (Riegel) sind an den Innenstützen biegesteif, an den Außenstützen gelenkig angeschlossen

2.2 Rahmenecken

2.21 Rahmenecken mit Gurtausrundung

2.211 Biegespannungen

Am Anschluß der Rahmenriegel an die Rahmenstiele treten i. allg. negative Biegemomente auf, die an der Unterseite der Rahmenecke Druckspannungen hervorrufen (**19.6**).

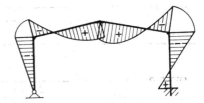

19.6 Biegemomente aus ständiger Last für einen Hallenrahmen

Die Flanschkräfte des Riegels müssen innerhalb der Rahmenecke aus der horizontalen in die vertikale Richtung der Stielflansche umgelenkt werden. Bei aus Stegblech und Gurtplatten zusammengesetzten Vollwandträgern erfolgt

2.2 Rahmenecken

diese Umlenkung konstruktiv zweckmäßig durch Ausrunden der Gurte, deren Krümmungshalbmesser r_i etwa in der Größenordnung der Trägerhöhe h liegen sollte (23.3).

Damit wird die Rahmenecke zu einem Träger mit stark gekrümmter Stabachse, in dem neue und andere Beanspruchungen auftreten, als man sie bei gerader Stabachse gewöhnt ist. Da das Kräftespiel die bauliche Durchbildung der Rahmenecke weitgehend beeinflußt, sei hierauf kurz eingegangen.

Zum Vereinfachen der Herleitungen verfolgen wir zunächst nur die Wirkung des Biegemomentes, lassen also die Einflüsse der Normal- und der Querkraft außer Betracht. Weiterhin setzen wir in üblicher Weise voraus, daß die Trägerquerschnitte bei der Verformung durch das Biegemoment eben bleiben.

Dann ist bei dem geraden Träger die Verlängerung Δl einer beliebigen Stabfaser proportional ihrem Abstand y von der Schwerachse des Querschnitts; da die Ausgangslänge dx des Stabelementes über die Trägerhöhe konstant ist, ist die

$$\text{Dehnung } \varepsilon = \frac{\Delta l \text{ (variabel)}}{dx \text{ (const)}} \text{ und damit auch die Spannung } \sigma = \varepsilon \cdot E$$

proportional zu y, d.h. geradlinig über die Querschnittshöhe verteilt (20.1 links). Beim Träger mit gekrümmter Stabachse (20.1 rechts) wächst zwar die Verlängerung Δl geradlinig mit dem Abstand z von der Biegenullinie an, jedoch ist diese Verlängerung beim Berechnen der Dehnung im Abstande y von der Schwerachse nicht mehr auf die konstante Elementlänge dx, sondern auf die sich ebenfalls laufend ändernde Ausgangslänge der betrachteten Faser $\frac{dx}{R} r$ zu beziehen:

$$\varepsilon = \frac{\Delta l \text{ (variabel)}}{\frac{dx \cdot r}{R} \text{ (variabel)}}$$

Hierdurch erhält die Dehnung und damit auch die Spannung über die Querschnittshöhe einen hyperbolischen Verlauf.

Da die Summe der Zug- und Druckkräfte im Querschnitt bei reiner Biegung $\int \sigma \cdot dF = 0$ sein muß, fällt die Biegenullinie nicht wie beim geraden Träger mit der Schwerlinie des Trägers zusammen, sondern sie verschiebt sich um das Maß u zum Innenrand der Krümmung hin.

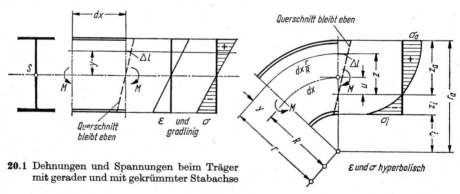

20.1 Dehnungen und Spannungen beim Träger mit gerader und mit gekrümmter Stabachse

2.21 Rahmenecken mit Gurtausrundung

Die rechnerische Behandlung der beschriebenen Ansätze führt bei Berücksichtigung der Normalkraft N zu den folgenden Formeln für den Spannungsnachweis des krummen Biegeträgers:

$$u = R - \frac{F}{\int_{r_i}^{r_a} \frac{dF}{r}} \quad (21.1)$$

$$\sigma_a = \frac{N}{F} - \frac{M}{u \cdot F} \cdot \frac{z_a}{r_a} \qquad \sigma_i = \frac{N}{F} + \frac{M}{u \cdot F} \cdot \frac{z_i}{r_i} \quad (21.2)\ (21.3)$$

Berechnung des Integrals in Gl. (21.1):
Die Rahmenprofile setzen sich aus einzelnen Rechtecken zusammen. Für ein einzelnes Rechteck wird nach Bild **21.1**:

$$dF = b \cdot dr$$

$$\int_{r_u}^{r_o} \frac{dF}{r} = \int_{r_u}^{r_o} \frac{b \cdot dr}{r} = b \int_{r_u}^{r_o} \frac{dr}{r} = b\,(\ln r_o - \ln r_u) = b \cdot \ln \frac{r_o}{r_u}$$

Gl. (21.1) kann damit wie folgt geschrieben werden:

$$u = R - \frac{F}{\sum_R b \cdot \ln \frac{r_o}{r_u}} \quad (21.4)$$

mit $\sum\limits_R$ = Summe über alle Rechtecke des Querschnitts

21.1 Bezeichnungen für einen Rechteckquerschnitt

Da nicht immer ausreichende Tafeln der natürlichen Logarithmen zur Verfügung stehen, ist Gl. (21.4) für den praktischen Gebrauch unbequem. Löst man das Integral in Gl. (21.1) numerisch, dann erhält man mit ausreichender Genauigkeit, solange $h/r_s \lessapprox 1{,}6$ ist:

$$u \approx R - \frac{F}{\sum\limits_R \frac{f_R}{r_s} \cdot \frac{1 - \frac{1}{15}\left(\frac{h}{r_s}\right)^2}{1 - 0{,}15\left(\frac{h}{r_s}\right)^2}} \quad (21.5)$$

mit f_R = Fläche des einzelnen Rechtecks

Beispiel (21.2)

$F = 45 + 96 + 45 = 186 \text{ cm}^2$

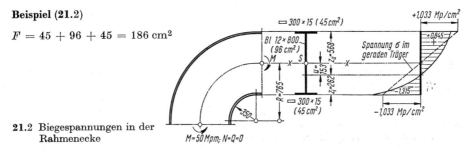

21.2 Biegespannungen in der Rahmenecke

2.2 Rahmenecken

$$\sum b \cdot \ln \frac{r_o}{r_u} = 30 \ln \frac{36{,}5}{35{,}0} + 1{,}2 \ln \frac{116{,}5}{36{,}5} + 30 \ln \frac{118{,}0}{116{,}5}$$

$$= 30 \ln 1{,}0429 + 1{,}2 \ln 3{,}1918 + 30 \ln 1{,}0129$$

$$= 30 \cdot 0{,}04200 + 1{,}2 \cdot 1{,}1606 + 30 \cdot 0{,}01282$$

$$= 1{,}2600 + 1{,}3927 + 0{,}3846 = 3{,}0373 \approx 3{,}04 \text{ cm}$$

Nach Gl. (21.4) wird $\quad u = 76{,}5 - \dfrac{186}{3{,}04} = 76{,}5 - 61{,}2 = 15{,}3$ cm

Bei Benutzung der Näherungsformel Gl. (21.5) ergibt sich:

Innengurt $\quad \dfrac{h}{r_s} \ll 1 \qquad \dfrac{f_R}{r_s} \cdot \dfrac{1 - \dfrac{1}{15}\left(\dfrac{h}{r_s}\right)^2}{1 - 0{,}15\left(\dfrac{h}{r_s}\right)^2} \approx \dfrac{f_R}{r_s} = \dfrac{45}{35{,}75} = 1{,}259$ cm

Steg $\quad \dfrac{h}{r_s} = \dfrac{80}{76{,}5} = 1{,}046$

$$\dfrac{96}{76{,}5} \cdot \dfrac{1 - \dfrac{1{,}046^2}{15}}{1 - 0{,}15 \cdot 1{,}046^2} = \dfrac{96 \cdot 0{,}927}{76{,}5 \cdot 0{,}836} = 1{,}392 \text{ cm}$$

Außengurt $\quad \dfrac{h}{r_s} \approx 0 \qquad \dfrac{f_R}{r_s} = \dfrac{45}{117{,}25} \qquad = 0{,}384$ cm

$$\sum_R = 3{,}035 \approx 3{,}04 \text{ cm}$$

Der Unterschied gegenüber der genauen Gl. (21.4) ist gering.

Mit $u = 15{,}3$ cm wird $\sigma_a = \dfrac{-(-5000)}{15{,}3 \cdot 186} \cdot \dfrac{56{,}8}{118} = (+1{,}76) \cdot 0{,}481 = 0{,}846$ Mp/cm^2

$$\sigma_i = \dfrac{+(-5000)}{15{,}3 \cdot 186} \cdot \dfrac{26{,}2}{35{,}0} = (-1{,}76) \cdot 0{,}748 = -1{,}315 \text{ Mp/cm}^2$$

In das Spannungsdiagramm des Bildes **21**.2 ist der lineare Spannungsverlauf eingetragen, der sich bei dem Träger mit gerader Stabachse ergeben würde. Die Spannung am Innenrand des gekrümmten Trägers ist um 27,3% größer als beim geraden Träger.

Die Spannungsspitze am Innenrand der Krümmung ist um so stärker ausgeprägt, je kleiner der Krümmungsradius im Verhältnis zur Trägerhöhe ist. Um die zulässige Spannung an dieser Stelle nicht zu überschreiten, ist es bei scharfen Krümmungen u. U. notwendig, den Querschnitt innerhalb der Rahmenecke durch eine dickere Lamelle am Innengurt zu verstärken (**23**.1).

Aus konstruktiven Gründen (Auflagerung der Traufpfette und des Kopfriegels der Längswand) wird der Außengurt oft nicht in der Krümmung mitgeführt. Aus Gleichgewichtsgründen muß an der sich so bildenden scharfen Ecke die Spannung im Gurt verschwinden, so daß der Außengurt hier nicht zum tragenden Querschnitt gerechnet werden darf (**23**.1). Der statisch wirksame Querschnitt besteht dann nur aus dem Innengurt und dem Stegblech, welches in der Regel dicker als im Normalquerschnitt ausgeführt wird, um ein ausreichendes Widerstandsmoment zu erzielen. Diese Stegverstärkung verbessert zugleich die Beulsicherheit.

Um den Verschnitt bei der Herstellung der Stegbleche klein zu halten, muß ohnehin vor und hinter der Rahmenecke ein Werkstattstoß im Steg vorgesehen werden, so daß

2.21 Rahmenecken mit Gurtausrundung

für die Stegverstärkung kein vermehrter Arbeitsaufwand entsteht. Wegen des Transportes der Rahmenteile liegt außerdem entweder unterhalb oder neben der Rahmenecke ein Baustellenstoß.

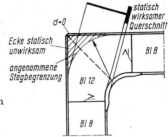

23.1 Verstärkung des Innengurtes im Krümmungsbereich (Aussteifungen sind im Bild weggelassen)

2.212 Die Ablenkungskräfte

Die Umlenkung der Gurtkraft S verursacht im Bereich der Gurtkrümmung die Ablenkungskräfte p (**23.2**).

Aus dem Krafteck ergibt sich

$$\sin\frac{d\alpha}{2} \approx \frac{d\alpha}{2} = \frac{P/2}{S} = \frac{p \cdot r \cdot d\alpha}{2S}$$

$$p = \frac{S}{r} \qquad (23.1)$$

Diese Ablenkungskräfte (oder auch Umlenkkräfte) p beanspruchen den Trägergurt quer zur Stabachse auf Biegung. Infolge dieser Biegebeanspruchung verformt sich der Flansch, und seine äußeren Querschnittsteile entziehen sich der Mitwirkung bei der Aufnahme der Biegemomente (**23.3**). Wegen der Verringerung der wirksamen Flanschbreite b verkleinert sich das Widerstandsmoment des Querschnitts gegenüber dem rechnerischen Wert, und die mit Gl. (21.3) nachgewiesene Spannung kann beträchtlich überschritten werden, wenn die Flanschverformung infolge der Umlenkkräfte nicht verhindert wird.

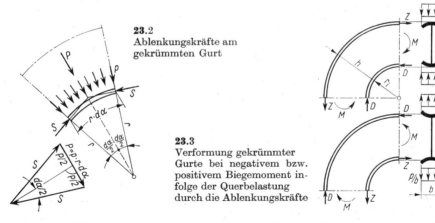

23.2 Ablenkungskräfte am gekrümmten Gurt

23.3 Verformung gekrümmter Gurte bei negativem bzw. positivem Biegemoment infolge der Querbelastung durch die Ablenkungskräfte

Die meist übliche konstruktive Maßnahme ist die Anordnung von kurzen, dreieckförmigen Zwischenaussteifungen in engen Abständen (**24.1**). Die Belastung der Zwischenaussteifungen kann mit dem Abstand e überschläglich mit Gl. (23.1) errechnet werden.

2.2 Rahmenecken

Bei einem Rahmenquerschnitt nach Bild (**24.2**) ist eine Verformung des Flansches wegen der besonderen Gurtform ausgeschlossen, so daß zusätzliche Bauglieder entfallen können.

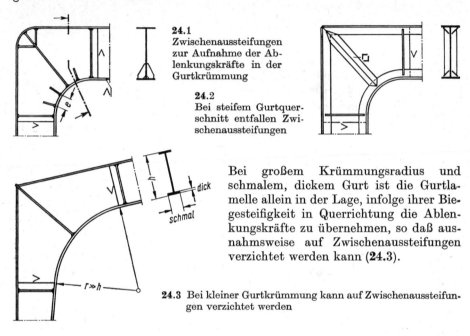

24.1 Zwischenaussteifungen zur Aufnahme der Ablenkungskräfte in der Gurtkrümmung

24.2 Bei steifem Gurtquerschnitt entfallen Zwischenaussteifungen

Bei großem Krümmungsradius und schmalem, dickem Gurt ist die Gurtlamelle allein in der Lage, infolge ihrer Biegesteifigkeit in Querrichtung die Ablenkungskräfte zu übernehmen, so daß ausnahmsweise auf Zwischenaussteifungen verzichtet werden kann (**24.3**).

24.3 Bei kleiner Gurtkrümmung kann auf Zwischenaussteifungen verzichtet werden

2.213 Kippsicherheit

Das Kippen des Rahmens infolge seitlichen Ausweichens der gedrückten Gurte muß durch bauliche Maßnahmen verhindert werden. Während der gedrückte Bereich des Obergurtes des Riegels durch die Pfetten im Zusammenwirken mit dem Dachverband und der Außengurt des Stieles durch die Wandkonstruktion am Ausweichen aus der Rahmenebene heraus gehindert werden (**19.1**), ist der gedrückte Teil des Innengurtes jedoch zunächst nicht gegen Ausknicken gesichert. Er wird deshalb zweckmäßig seitlich gegen die Dachpfetten und Wandriegel abgestützt. Auf diese Weise bildet man Halbrahmen, die bei ausreichender Biegesteifigkeit (Trägheitsmoment der Pfetten) dem Ausknicken des Innengurtes genügend Widerstand entgegensetzen können (**24.4** u. **25.1**). Der Nachweis kann

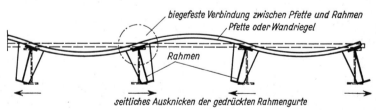

24.4 Halbrahmen zur Sicherung der gedrückten Rahmengurte gegen seitliches Ausweichen

2.21 Rahmenecken mit Gurtausrundung

nach DIN 4114, 12, erfolgen. Bei Fachwerkrahmen werden an Stelle des biegefesten Pfettenanschlusses Kopfstreben angeordnet (Kopfstrebenpfetten s. Abschnitt Pfetten).

Da das Kippen mit einer Verdrehung des Querschnitts verbunden ist (**24.4**), sind torsionssteife Rahmenquerschnitte nicht kippgefährdet, so daß die beschriebenen Maßnahmen unnötig sind. Als torsionssteif gelten Kastenquerschnitte und in begrenztem Umfang auch Querschnitte ähnlich Bild **24.2**.

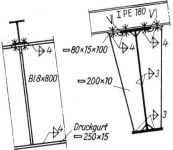

25.1 Biegefester Anschluß der Pfette (Wandriegel) am Rahmen

Die Bilder **25.2**, 3 und **26.1** zeigen Übersicht, Längsschnitt und Einzelheiten eines geschweißten Vollwandrahmens, der für die Aufstockung eines Gebäudes bestimmt ist. Die Konstruktion der Rahmenecke entspricht den bisherigen Erläuterungen; lediglich auf eine Verstärkung des Innengurtes konnte aus statischen Gründen verzichtet werden. Die am Stiel angeschweißten L 50 × 5 dienen zur Führung der ½ Stein dicken Ausmauerung der Fachwerkwand. Um Nahtanhäufungen am Stegblech-Stumpfstoß im Binderfirst zu vermeiden, besteht die Stegaussteifung hier aus übereck gestellten L 100 × 10. Die Steglaschen am Montagestoß werden nach dem Schweißen des Stoßes wieder entfernt; nach DIN 1000, 6.291, dürfen Montagelöcher nicht durch Zuschweißen geschlossen werden.

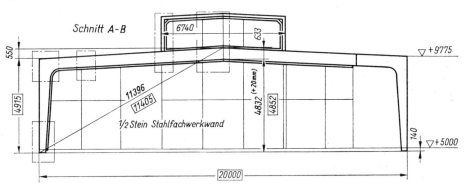

25.2 Übersicht über einen Zweigelenkrahmen (Schnitt A–B von Bild **25.3**). Die Rahmen sind 20 mm zu überhöhen. Beim Zusammenbau sind die eingerahmten Maße genau einzuhalten

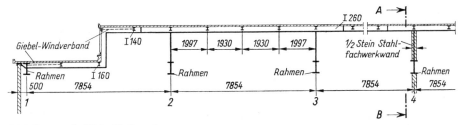

25.3 Längsschnitt in Hallenachse

Buchenau/Thiele, Stahlhochbau 2

2.2 Rahmenecken

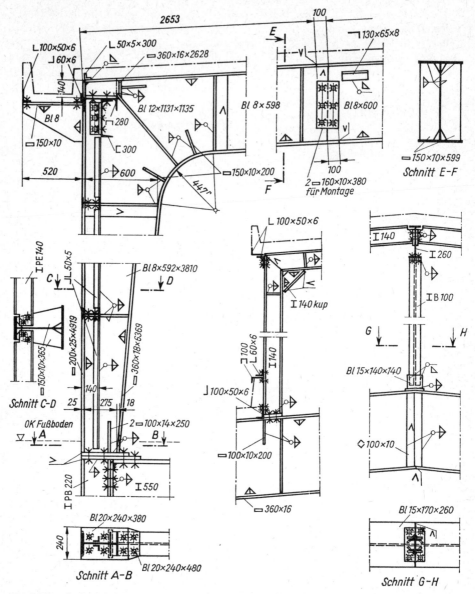

26.1 Einzelheiten des Rahmens 2 nach Bild **25.**2

Zwar ist die ausgerundete Rahmenecke vornehmlich für zusammengesetzte, vollwandige Rahmenprofile geeignet, jedoch kann sie auch bei Walzprofilen ausgeführt werden (**27.1**).

2.21 Rahmenecken mit Gurtausrundung — **2.22** Rahmenecken ohne Gurtausrund.

Die Profilspreizung der Wabenträger vergrößert nicht nur das Widerstandsmoment, sondern in noch stärkerem Maße das Trägheitsmoment, so daß die Durchbiegeempfindlichkeit des Rahmenriegels kleiner ist als bei unbearbeiteten Walzprofilen. Der auf der Baustelle geschweißte Stoß liegt in der Diagonalen der Rahmenecke.

Offensichtlich ist der Arbeitsaufwand für das Aufschlitzen und Biegen der Walzträger sowie die Schweißarbeit größer als für die Bearbeitung von Blechträgern; daher wird die runde Rahmenecke bei Walzprofilen relativ selten ausgeführt.

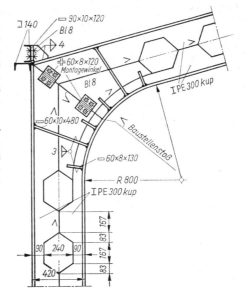

27.1 Rahmenecke eines Hallenrahmens aus Wabenträgern System „Litzka"

2.22 Rahmenecken ohne Gurtausrundung

Besser als die runde ist die **polygonale** Rahmenecke für die biegefeste Verbindung der **Walzträger** geeignet. Die konstruktiv einfachste Lösung zeigt Bild **28.1 a**. Am Kehlnahtanschluß des Riegels muß die größtzulässige Kehlnahtdicke mit $a = 0{,}7 \cdot \min t$ voll ausgenutzt werden, um das volle Tragmoment des Riegelprofils anschließen zu können. Maßgebend für den Anschluß ist nicht das Biegemoment im Systempunkt, sondern das abgeminderte Moment am Rand des Stieles. Die resultierenden Anschlußkräfte Z und D, die wegen des kleinen Hebelarmes s_x sehr groß sind, erzeugen im Rahmenstiel große Querkräfte und Schubspannungen, die vom Stützensteg in der Regel nicht übernommen werden können. Dieser muß meist im Bereich der Rahmenecke durch Beilagen verstärkt werden. Die größte Vergleichsspannung tritt hierbei am Beginn der Flanschausrundung auf; deshalb muß die Stegbeilage in die Ausrundung eingepaßt und auch am **Flansch** angeschweißt werden. Damit die Schweißnaht nicht die Seigerungszone in der Ausrundung anschneidet, muß die Steglasche ausreichend dick gemacht werden (**28.1 a**, Schnitt A–B).

Die Rahmenecke wird in der Werkstatt fertig hergestellt; der meist genietete oder geschraubte Montagestoß liegt unter Beachtung der transportfähigen Werkstückbreite im Riegel. Wird dieser nur einseitig an die Stütze geschweißt, so verformt sich der Träger infolge Schrumpfens der Anschlußnähte und muß gegebenenfalls nach dem Schweißen gerichtet werden (**28.1b**).

Vergrößert man die Anschlußhöhe des Riegels durch Eckbleche mit Randverstärkungen, so kann die Querkraftbelastung des Stieles innerhalb der Ecke so weit verringert werden, daß eine Stegverstärkung unnötig ist (**28.2**).

28 2.2 Rahmenecken

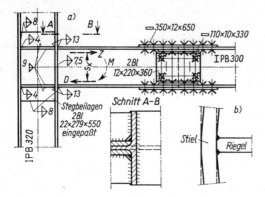

28.1 Geschweißter, biegefester Riegelanschluß

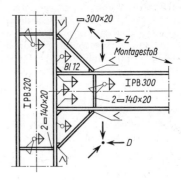

28.2 Geschweißte Rahmenecke

Soll die Montageverbindung in der Rahmenecke liegen, dann erhält der Riegel eine an den Stützenflansch geschraubte Stirnplatte (28.3). Die auf Zug beanspruchte Schraubenverbindung wird im Teil 1 Abschn. Verbindungsmittel berechnet. Nach Schnitt A–B wird der Stützenflansch am Beginn der Ausrundung bzw. die Stirnplatte an der Schweißnaht (Querschnitt 1–1) durch das Moment $M = Z \cdot e$ auf Biegung beansprucht. Die Stirnplatte ist für das Moment zu bemessen und der Flansch, wenn nötig, auszusteifen.

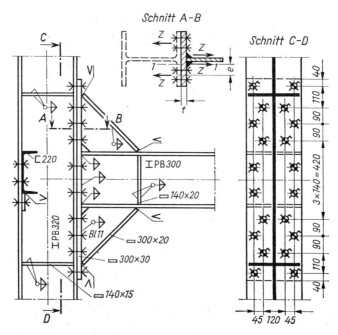

28.3 Geschraubte Rahmenecke

2.22 Rahmenecken ohne Gurtausrundung

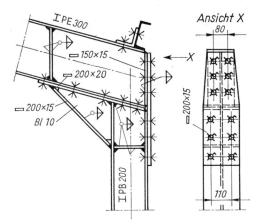

Wegen der kleinen zulässigen Schraubenzugkraft wird das Schraubenbild relativ lang; bei Anordnung einer Zuglasche (**29.1**) kann der Anschluß kürzer gehalten werden.

29.1 Geschraubte Rahmenecke mit Zuglasche

Bei Verwendung von HV-Schrauben für den Anschluß (**29.2**) kann man auf Eckbleche verzichten. Die Biegebeanspruchung der Stirnplatte (**28.3**, A–B) ist wegen der sehr großen Schraubenzugkräfte beträchtlich, so daß die Platte sehr dick und aus St 52 hergestellt werden muß. Die Dicke des Stützenflansches kann natürlich nicht den auftretenden Biegemomenten angepaßt werden; daher müssen hier die Schraubenzugkräfte von engliegenden Aussteifungen und ihren Schweißnähten übernommen werden.

Wegen des kleinen Hebelarms der inneren Kräfte ist die Querkraftbelastung der Stütze groß, so daß wieder eine Stegverstärkung des Stützenprofils erforderlich wird. Berechnungsbeispiele siehe Teil 1.

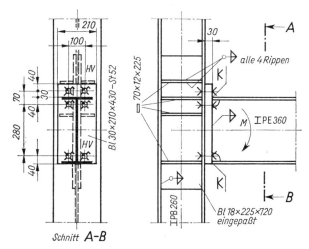

29.2 Rahmenecke mit HV-Schrauben im Stahlskelettbau

Bei Hallenrahmen liegt die biegefeste HV-Verbindung oft im Gehrungsschnitt der Träger; die überstehenden Stirnplatten stören bei zweckmäßiger konstruktiver Gestaltung des Traufpunktes nicht (**30.1**). Bemessungsnomogramme sowie Details für Hallenrahmen aus IPE-Profilen s. [7].

Bei großen Trägerhöhen wird die sichere Berechnung der Schraubenkräfte im biegebeanspruchten Kopfplattenanschluß wegen der schlecht erfaßbaren, durch angeschweißte Aussteifungen gestörten Elastizität der Anschlußbleche unbefriedigend. Außerdem verursacht der Schweißverzug der Kopfplatten erhebliche

2.2 Rahmenecken

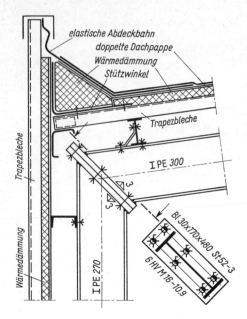

30.1 Rahmenecke mit HV-Schrauben für einen Hallenbinder

Werkstattkosten, und die große Zahl der Schrauben verteuert die Montage. Die Rahmenecke nach Bild **30**.2 vermeidet diese Nachteile. Das Einspannmoment wird in ein Kräftepaar mit genau festliegendem Hebelarm aufgelöst, und die Auflagerkraft wird durch Knaggen aufgenommen. Diese Konstruktion ist bei erträglicher Bauhöhe nur dann möglich, wenn man Schraubenbolzen hoher Festigkeit verwendet. Die Abmessungen und Schweißanschlüsse der Steifen, an denen die Schraubenbolzen verspannt sind, müssen sorgfältig berechnet werden; ebenso ist auch die Weiterleitung der Zugkraft in das Trägerprofil überschläglich rechnerisch zu verfolgen (vgl. Bild **47**.4). Die an der Kopfplatte angeschweißten Kontaktfutter sind so dick, daß der Spalt zwischen Riegel und Stiel für Erhaltungsarbeiten zugänglich ist.

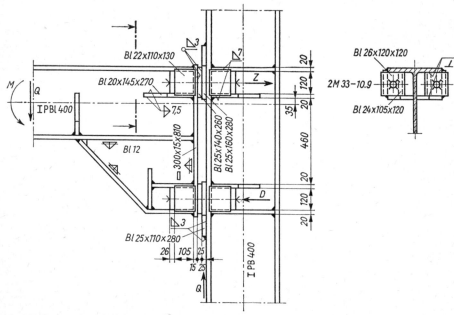

30.2 Rahmenecke mit Schrauben hoher Festigkeit und statisch bestimmter Kräftewirkung für Anschlußmomente wechselnder Richtung

2.22 Rahmenecken ohne Gurtausrundung

Bei der Rahmenecke **31.1** ist ein Eckblech nicht vorhanden, so daß diese Verbindung ebenso wie **28.**1 und **29.**2 im Stahlskelettbau verwendet werden kann. Das Einspannmoment wird in das Kräftepaar Z und D aufgelöst. D wird durch Kontakt auf die Stegaussteifung der Stütze übertragen, Z von Flachstahllaschen übernommen, die seitlich am Stützenflansch vorbeigeführt und auf der Baustelle angeschraubt werden. Die Zugkraft wirkt auf die weit aus dem Stützenprofil auskragenden Stegaussteifungen; um deren Schweißanschluß zu entlasten, werden die beiden Aussteifungen durch das „Zugband" ☐ 80 × 10 verbunden.

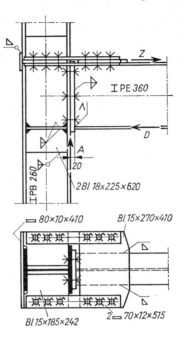

31.1 Geschraubte Rahmenecke im Stahlskelettbau

Scharfkantige Rahmenecken sind nun nicht nur für Walzprofile, sondern auch für Vollwandträger gut geeignet (**31.2**). Die Stegbleche sind an den Aussteifungen mit Kreuzstoß gestoßen; das Eckblech ist dicker ausgeführt, weil es, wie aus Bild **31.2**c zu ersehen ist, besonders durch Schubkräfte hoch belastet wird. Eine schweißtechnisch bessere Variante zu Punkt A ist in Bild **31.2**b dargestellt.

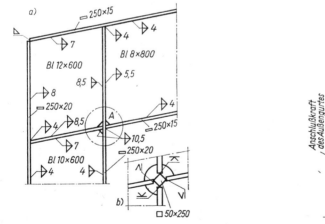

31.2 a) Rahmenecke eines geschweißten Vollwandrahmens
     b) Variante zu Punkt A c) Belastung des Eckbleches

2.3 Rahmenfüße

2.31 Fußgelenke

Gelenkige Rahmenlager werden durch die vertikalen und horizontalen Auflagerlasten des Rahmens beansprucht. Das Fußgelenk hat die Aufgabe, Verdrehungen des Stützenfußes möglichst zwängungsfrei zuzulassen und ungewollte Einspannmomente zu verhindern, indem die Auflagerlast auch bei eintretenden Verdrehungen in der planmäßigen Auflagerlinie zentriert wird.

Einfaches Aufsetzen der Stützenfußplatte auf das Fundament (**32.1**) erfüllt diese Forderungen nur unvollkommen. Bei einer Verdrehung φ_A des Fußquerschnittes (**32.2**) wird sich das Stützenprofil einseitig abheben und mit der anderen Kante ausmittig auf das Fundament abstützen. Die Auflagerpressung kann das Mehrfache der Mittelspannung σ_m erreichen und entzieht sich einem genaueren Nachweis. Diese Ausführung wird man nur dann wählen, wenn die Gelenkverdrehung gering und die Auflagerlast A so klein ist, daß mit einer plausibel angenommenen reduzierten Plattenbreite b' die zulässige Betonpressung nicht überschritten wird, damit keine Fundamentschäden auftreten.

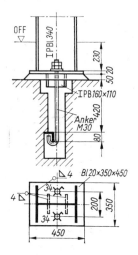

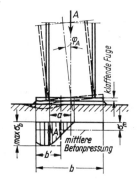

Bei Auflagerung auf einer Stahlkonstruktion (**26.1**) sind die Bedenken nicht so wesentlich, jedoch wird man auch hier einseitiges Aufsitzen des Fußes infolge Verdrehung beachten und konstruktiv durch Aussteifungen unter den Flanschen berücksichtigen.

32.2 Verformungen und Betonpressungen bei dem einfachen Rahmenfuß nach Bild **32.1**

32.1 Einfacher, als gelenkig angenommener Rahmenfuß

Ein nahezu vollkommenes Gelenk stellt das Linienkipplager dar (**33.1**), bei dem die Auflagerkraft in der Berührungslinie zwischen einer zylindrisch gewölbten Fläche (Zentrierleiste) und der ebenen Lagerplatte übertragen wird.

Die Berührungsspannung nach den Formeln von Hertz errechnet sich aus

	St 37		St 52 GS − 52.1	
	H	HZ	H	HZ
$\sigma = 0{,}418 \sqrt{\dfrac{E \cdot A_v}{b \cdot r}} \leqq \text{zul } \sigma =$	6,5	8,0	8,5	11,0 Mp/cm²

(32.1)

2.31 Fußgelenke

$E = 2100 \text{ Mp/cm}^2$ A_v = Auflagerdruck in Mp
b = nutzbare Länge der Berührungslinie in cm
r = Krümmungsradius der Zentrierleiste in cm

Zur Bemessung der Zentrierleiste kann die Gleichung nach b oder r aufgelöst werden.

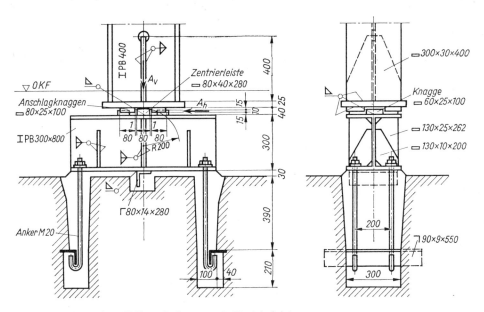

33.1 Fußgelenk eines Vollwandrahmens mit Zentrierleiste

Da die in der Berührungslinie konzentrierte Last A_v nur unter kleinem Winkel ausstrahlen kann, werden von ihr praktisch nur die Aussteifungen unterhalb und oberhalb der Zentrierleiste erfaßt. Diese Aussteifungen sind daher zwingend notwendig, da sie fast die ganze Last A übernehmen (ausreichende Querschnittsfläche der Aussteifungen) und mit ihren Schweißnähten weiterleiten müssen. Der Horizontalschub A_h des Rahmens wird von der Fußplatte an Anschlagknaggen, von diesen durch Kontakt an die Zentrierleiste und von dieser an die untere Lagerplatte abgegeben. Da die Verankerung der Lagerplatte nicht durch Horizontalkräfte belastet werden soll, ist eine Verdübelung (⌐ 80 × 14) mit dem Fundament nötig. Alle durch A_h beanspruchten Verbindungen und Berührungsflächen müssen statisch nachgewiesen werden.

Die untere Lagerkonstruktion wird durch ein IPB 300 gebildet. Beim Nachweis der Betonpressungen in der Lagerfuge ist das Moment infolge A_h zu berücksichtigen. Für die Bemessung des Unterlagsträgers selbst ist weniger die Biegespannung als vielmehr die Schub- und Vergleichsspannung maßgebend; daher Träger nicht zu niedrig wählen, um Stegverstärkungen zu vermeiden (vgl. Berechnungsbeispiel im Teil 1).

Für sehr große Stieldrücke können Stahlgußlager in Betracht kommen (**193.**1); Fußgelenke mit Gelenkbolzen sind möglich, werden aber selten ausgeführt.

2.32 Eingespannte Rahmenfüße

Eingespannte Stielfüße (**19.**2) müssen außer A_v und A_h noch das Einspannmoment vom Fuß auf das Fundament übertragen und werden wie eingespannte Stützenfüße durchgebildet. Berechnung und Konstruktion s. Teil 1.

Da es sich hierbei um die biegefeste Verbindung zwischen Rahmenstiel und Fußkonstruktion handelt, können auch die verschiedenen Möglichkeiten der Gestaltung von Rahmenecken als Vorbilder für weitere Konstruktionen eingespannter Rahmenfüße dienen. Für den einwandigen Fuß nach Bild **34.**1 wurden z. B. Konstruktionselemente der Rahmenecken mit Gurtausrundung benutzt. Die Stegverstärkung in der Rahmenecke dient zugleich der Aufnahme der großen Querkräfte in den Kragarmen des Fußes. Die Anker werden wieder selbstverständlich nicht an der Fußplatte, sondern oben auf der Fußkonstruktion verschraubt, damit ihre Kräfte über die beiderseitigen Aussteifungen einwandfrei in den Steg gelangen können. Diese Aussteifungen stützen zugleich die Fußplatte bei Druckbeanspruchung in der Auflagerfuge ebenso wie die benachbarten kurzen Aussteifungsbleche. Horizontalkräfte leitet der Dübel T 140 in das Fundament, damit die Anker hierdurch nicht belastet werden.

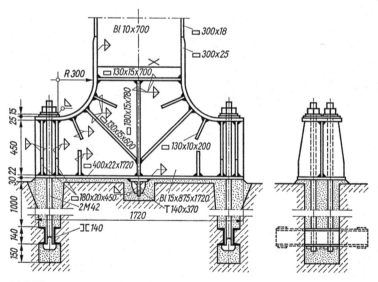

34.1 Eingespannter Rahmenfuß

3 Fachwerke

Sie werden aus Stäben zusammengesetzt, die ein Netz bilden, indem von einem Grunddreieck ausgehend jeder neu hinzugefügte Knotenpunkt mit 2 neuen Stäben angeschlossen wird. Darüber hinaus vorgesehene Stäbe machen das Fachwerk innerlich statisch unbestimmt.

Die Netzlinien schneiden sich in der Regel in den Knotenpunkten und werden dort statisch als gelenkig verbunden angesehen. Bei Belastung nur in den Systemknoten erhalten die Stäbe unter diesen Voraussetzungen nur Zug- oder Druckkräfte.

Durch Verdrehungen der Knotenpunkte bei der Durchbiegung des belasteten Fachwerks erhalten die Stäbe Zusatzmomente, die auch durch Gelenke wegen der auftretenden Gelenkreibung nicht ausgeschaltet würden. Da diese Zusatzmomente gerade wegen der großen Schlankheit der Stäbe gering bleiben, darf man die Fachwerkstäbe ohne Rücksicht auf diese Nebenspannungen bemessen und die Anschlüsse in den Knotenpunkten starr, also durch Niete, Schrauben und Schweißnähte, herstellen.

Fachwerke können in allen Stützweitenbereichen anstelle von Vollwandträgern verwendet werden. Der Baustoffverbrauch für Fachwerke ist kleiner als bei Vollwandkonstruktionen, doch ist der Arbeitsaufwand höher, so daß in jedem Falle untersucht werden muß, welche der beiden Bauweisen wirtschaftlicher ist. Bei der Entscheidung spielen aber auch ästhetische Fragen mit: Vollwandträger wirken mit ihren großen Flächen ruhiger, das Filigran des Fachwerks erscheint hingegen leichter, lichtdurchlässiger und begünstigt das Durchführen von Rohrleitungen, Laufstegen usw. [7].

3.1 Fachwerksysteme

Fachwerke bestehen aus einem oberen und unteren Begrenzungsstab, dem **Ober- und Untergurt**, und aus Vertikal- und Diagonalstäben (Streben), den **Füllstäben (36.1)**.

Zum Entwurf von Fachwerken können folgende Regeln dienen:

1. An den Lasteinleitungsstellen sollen Knotenpunkte des Fachwerknetzes angeordnet werden, da die Stäbe andernfalls querbelastet und dadurch zusätzlich auf Biegung beansprucht werden (z.B. Binderobergurte infolge unmittelbarer Auflagerung der Dachhaut oder durch Pfettenauflagerung; Untergurte durch Deckenträger oder Kranbahnen).
2. Die Gurte sollen innerhalb der vorgefertigten Teilstücke des Fachwerks geradlinig sein, um sonst unvermeidliche Werkstattstöße an den Knickstellen einzusparen.
3. Engmaschige Systemnetze sind zu vermeiden, weil sie die Träger verteuern; ggf. kann von Punkt 1 abgewichen werden.

3.1 Fachwerksysteme

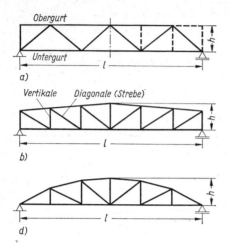
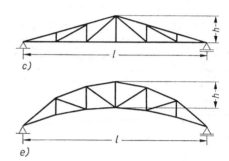

36.1
Grundformen der Fachwerke
a) Parallel-, b) Trapez-, c) Dreieckfachwerk
d) Parabelträger (in umgekehrter Lage Fischbauchträger), e) Sichelträger

4. Druckstäbe sollen mit Rücksicht auf ihre Knicksicherheit möglichst kurz sein.
5. Fachwerkstäbe dürfen nicht unter zu spitzen Winkeln ($\gtrless 30°$) zusammentreffen, weil sonst bei genieteten Fachwerken sehr lange, häßliche Knotenbleche entstehen, und bei geschweißten Fachwerken treten Schwierigkeiten bei den Schweißnähten der Stabanschlüsse auf (**36.1c**).
6. Gekrümmte Stäbe sind wegen ihrer Biegebeanspruchung und teuren Herstellung zu vermeiden.

Grundformen der Fachwerke

Sie werden nach dem Trägerumriß benannt (**36.1**).

Parallelfachwerke (**36.1a**) verwendet man im Hochbau als Pfetten, Verbände und Windträger, als Binder für Pultdächer, als Kranbahnträger und als Unterzüge unter Decken und Mauern.

Träger mit geneigten Obergurten sind ausschließlich Formen für Dachbinder.

Die Netzhöhe der Fachwerkträger wird wirtschaftlich zu $h \approx l/7 \cdots l/10$, i. M. $l/8$ angenommen, in Ausnahmefällen $h \geq l/15$ (große Durchbiegung). Bei Dreieckfachwerken muß h jedoch wesentlich höher ausgeführt werden, weil sonst die Winkel zwischen den Stäben zu spitz werden (**36.1c**). Dreieckbinder kommen daher nur für steile Dachneigungen in Frage.

Da das Fachwerknetz von den Stabschwerlinien gebildet wird, ist die Konstruktionshöhe des Fachwerks größer als die Netzhöhe h. Um das Fachwerk in möglichst großen Teilstücken in der Werkstatt vorfertigen und zur Baustelle befördern zu können, darf die Konstruktionshöhe die zulässige Verladebreite nicht überschreiten.

Diese richtet sich nach der Transportmöglichkeit (Schiene oder Straße, Beschaffenheit des Fahrzeugs, Werkstücklänge, Sondertransport mit Lademaßüberschreitung). Bei normalem Bahntransport mit $h \lesssim 2{,}90$ m kommt man bei Fachwerken nach **36.1a**, b und d auf max $l \approx 28 \cdots 30$ m. Überschreitet die Konstruktionshöhe bei großen Stützweiten die Transportbreite, dann müssen die Füllstäbe lose geliefert und auf der Baustelle eingenietet oder -geschraubt werden.

Zur Vermeidung dieser Schwierigkeiten wählt man bei **Dreieckbindern** das Bindersystem so, daß es sich leicht in 2 schmale, transportfähige Fachwerkscheiben zerlegen läßt (**37.1**). Die Höhenlage des Zugbandes (**37.1**c und d) kann sich nach der Form der Unterdecke richten. Bei dem Binder **37.1**e treten infolge der Sprengung des Untergurtes größere Auflagerverschiebungen auf; deshalb ist das bewegliche Lager sorgfältig auszubilden, sonst erhalten die Wände Schub.

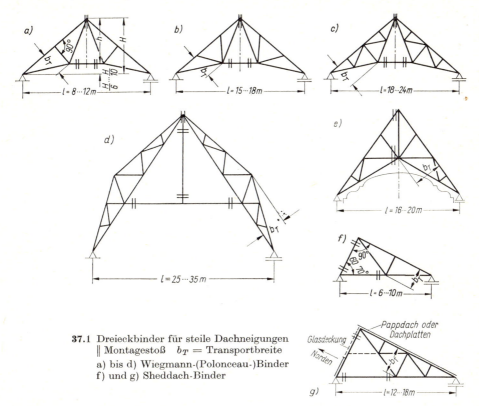

37.1 Dreieckbinder für steile Dachneigungen
∥ Montagestoß b_T = Transportbreite
a) bis d) Wiegmann-(Polonceau-)Binder
f) und g) Sheddach-Binder

Anordnung der Füllstäbe

Bei **Pfostenfachwerken** (**36.1**b) läßt man die Diagonalen nach der Mitte zu fallen, weil so die langen Diagonalen Zug, die kurzen Vertikalen Druck erhalten. Bei Dreieck-Fachwerken (**36.1**c) ist es umgekehrt.

Strebenfachwerke (**36.1**a) haben abwechselnd steigende und fallende Diagonalen. Zwar ist jede zweite Diagonale gedrückt und muß entsprechend kräftig bemessen werden, doch spart man gegenüber dem Pfostenfachwerk die stark auf Druck beanspruchten Vertikalstäbe und praktisch jeden zweiten Gurtknoten ein, so daß das Strebenfachwerk meist wirtschaftlicher als das Pfostenfachwerk ist.

3.1 Fachwerksysteme

Sind am belasteten Gurt zwischen den Knotenpunkten weitere Einzellasten aufzunehmen oder soll die Knicklänge des Druckgurtes verkleinert werden, schaltet man **Zwischenpfosten (36.**1a rechts; **38.**1a, b rechts) oder **Zwischenfachwerke** ein (**38.**2c).

Zwei sich kreuzende Strebenzüge bilden das **Rautenfachwerk**. Das System **38.**1b ist 1fach statisch unbestimmt, das System **38.**1a wäre ohne den (unschönen) Stabilisierungsstab in der Mitte labil. Rautenfachwerke werden als Haupttragwerke weitgespannter Brücken sowie für Windverbände verwendet.

Ebenfalls für Verbände werden das **K-Fachwerk** mit seinen kurzen Druckstäben (**38.**1c) und die Ausfachung mit **gekreuzten Diagonalen** (Andreaskreuz, **38.**1d) gewählt.

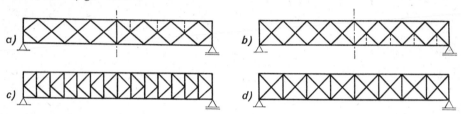

38.1 Für Fachwerkverbände besonders geeignete Anordnungen der Füllstäbe

Man bemißt die gekreuzten Diagonalen nur auf **Zug**, so daß die nach der Mitte zu steigenden und an sich auf Druck beanspruchten Streben als ausgeknickt und nicht vorhanden anzusehen sind; es entsteht dann statisch ein Pfostenfachwerk nach **36.**1b. Bei Umkehr der Lastrichtung werden die anderen Diagonalen wirksam. Bei raschem Wechsel der Lastrichtung, wie im Kranbahnbau und Brückenbau, müssen die Verbandsdiagonalen **drucksteif** gemacht werden, und es wird ihnen jeweils die halbe Feldquerkraft auf Zug und Druck zugewiesen.

Beispiele für Dachbinder

Bei den Bindern nach Bild **38.**2b und **39.**3 ist der Untergurt am Auflager heruntergezogen, um den spitzen Winkel zwischen den Gurten zu vergrößern. Man vermeidet diese unschöne Lösung besser durch Wahl eines Trapezbinders (**38.**2a).

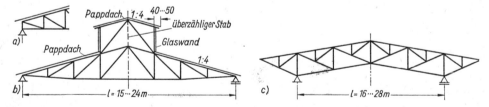

38.2 Dachbinder mit Pfostenfachwerk c) mit Zwischenfachwerk

Erhält der Binderuntergurt Druckkräfte, z. B. bei offenen Bauwerken infolge Windsog, dann kann man ihn mit **Kopfstreben** schräg gegen die Pfetten abstützen, um seitliches Ausknicken zu verhindern. Da die Pfetten meist senkrecht zum Obergurt stehen, müssen die zur Befestigung der Kopfstreben dienenden Füllstäbe ebenfalls senkrecht zum Obergurt vorgesehen werden (**39.**1).

3.1 Fachwerksysteme

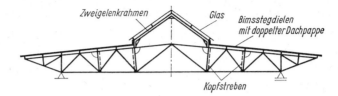

39.1 Anordnung der *V*-Stäbe bei Kopfstrebenpfetten

Laternen oder Firstoberlichter auf den Dachbindern dienen zum Belichten oder Entlüften der darunter befindlichen Räume. Die Glasflächen können in den Dachflächen (**39.2**) oder den Seitenwänden (**38.2**b) der Laterne liegen. Auch die Seitenflächen der Binder können mit Glas eingedeckt sein (**39.2**). Die festen oder beweglichen Lüftungsvorrichtungen (Jalousien) werden stets in den senkrechten Seitenflächen der Laterne eingebaut. Der Binderobergurt ist unter der Firstlaterne auf deren Stützweite knicksicher auszubilden oder durch einen Verband seitlich abzustützen.

Beim Entwurf des Dachaufbaues ist das Bildungsgesetz für Fachwerke zu beachten (s. S. 35), damit das System nicht durch überzählige Stäbe (wie z. B. der in Bild **38.2**b gestrichelte Vertikalstab) statisch unbestimmt wird. Man sollte es vermeiden, das Oberlicht in das Bindernetz einzubeziehen (**39.3**), da konstruktive Schwierigkeiten am Knick des Obergurtes entstehen. Als Tragkonstruktion für die Oberlichtpfetten können auch Rahmen vorgesehen werden (**39.1**).

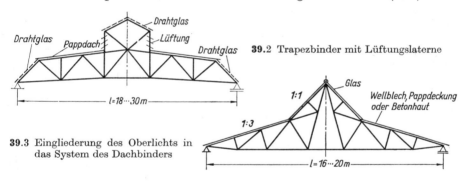

39.2 Trapezbinder mit Lüftungslaterne

39.3 Eingliederung des Oberlichts in das System des Dachbinders

Vordachbinder (**39.4**) werden an höher geführte Gebäude oder an Stützen angehängt. Der obere Lagerpunkt wird meist waagerecht in der Geschoßdecke verankert. Der untere Auflagerpunkt erhält ein Lager, das den schrägen Druck D aufnehmen muß. Falls der gedrückte Untergurt nicht seitlich durch Kopfstreben gegen die Pfetten abgestützt wird, ist seine **Knicklänge** senkrecht zur Binderebene gleich der ganzen Untergurtlänge. Bei größeren Ausladungen wird das freie Ende durch eine Säule oder Aufhängung unterstützt (**39.4**b), und es entsteht ein Pultdachbinder.

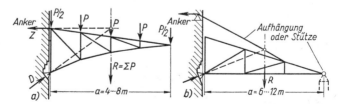

39.4 Vordach-Binder

3.2 Stabquerschnitte

Überhöhung

Bei Stützweiten $\gtrsim 20$ m gleicht man die Durchbiegung der Fachwerke durch eine Überhöhung des Fachwerknetzes aus. Wenn Betriebseinrichtungen, wie Krananlagen, Förderanlagen, Wasserabfluß usw., von der Durchbiegung gefährdet werden, überhöht man für $g + p$, sonst genügt i. allg. Überhöhung für $g + p/2$. Die Ober- und Untergurtknoten werden um das jeweils gleiche Überhöhungsmaß nach oben lotrecht verschoben (40.1). Gegenüber dem nicht überhöhten Bindersystem ändern sich hierbei die Stablängen und die Winkel zwischen den Stäben. Die Nebenspannungen des Fachwerks (s. S. 35) werden durch diese im Hochbau übliche Überhöhung nicht vermindert.

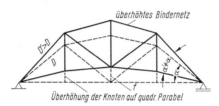

40.1 Überhöhung des Fachwerknetzes

Konstruiert und in der Werkstatt hergestellt wird das überhöhte Fachwerk. Vor Beginn der Konstruktionsarbeit werden die Stablängen seines Fachwerknetzes auf 1 mm genau berechnet, da sie bei der werkstattfertigen Bemaßung der Zeichnung benötigt werden; als Hilfsmittel dienen umfangreiche Tafeln der Quadratzahlen [13].

3.2 Stabquerschnitte

3.21 Grundsätze für die Querschnittswahl

Fachwerkstäbe sollen zur Ebene des Fachwerks symmetrisch sein. Bei Stäben, deren Schwerachse außerhalb der Fachwerkebene liegt (**41.1r, 42.1u und v**), darf beim Spannungsnachweis die Ausmittigkeit des Kraftangriffs nur dann unberücksichtigt bleiben, wenn der Stab Füllstab eines Verbandes ist und nur durch Zusatzkräfte belastet wird. In allen anderen Fällen wird ein unsymmetrischer Querschnitt schwerer als ein symmetrischer und ist daher zu vermeiden.

Gurtprofile werden nach der größten Beanspruchung bemessen und über die ganze Trägerlänge in diesem Profil durchgeführt; am Baustellenstoß kann jedoch ein Profilwechsel stattfinden. Verstärkungen der Querschnitte sind wegen des Arbeitsaufwandes zu vermeiden oder auf kurze Strecken zu beschränken.

Füllstäbe werden jeder für sich für die jeweiligen Stabkräfte bemessen. Zugstäbe erhalten die gleiche steife Querschnittsform wie die Druckstäbe, um sie bei Transport und Montage gegen Beschädigungen zu schützen.

Die Stäbe sollen leicht zu unterhalten sein.

3.22 Stabquerschnitte genieteter Fachwerke

Für Gurte einwandiger Fachwerke (mit 1 Knotenblechebene) werden die Querschnitte 41.1a) und e) am meisten ausgeführt. Die Formen b) und g) sind nur sinnvoll, wenn die Knicklänge $s_{Ky} > s_{Kx}$ ist. Querschnitt c) dient zur Verstärkung des Grundquerschnitts, d) zur Verstärkung, wenn in einem einzelnen Feld zusätzliche Biegemomente auftreten. Wenn allgemein der Gurt auf Biegung beansprucht wird, verwendet man besser die Querschnitte e) oder f).

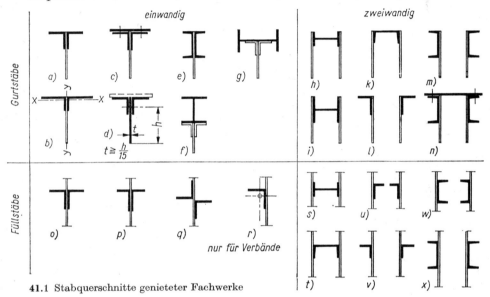

41.1 Stabquerschnitte genieteter Fachwerke

Bei zweiwandigen Fachwerken (mit 2 Knotenblechebenen) finden die Querschnitte h), i) und k) Verwendung als Gurte (Pfosten) von Fachwerkstützen (z.B. Kranbahnstützen); Querschnitt m) mit der Verstärkungsmöglichkeit n) ist üblich als Gurt von Fachwerkträgern und -bindern.

Der Füllstab-Querschnitt (41.1 q) ist gegenüber den anderen Querschnitten knicksicherer und leichter zu unterhalten und sollte bevorzugt verwendet werden. Bei erhöhter Korrosionsgefahr und immer im Freien muß der Zwischenraum zwischen den einzelnen Profilen entweder ausreichend breit sein (41.2a) oder er muß auf der ganzen Stablänge ausgefuttert werden (41.2 b).

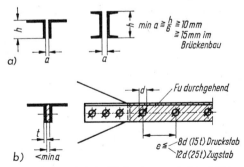

41.2 Konstruktive Maßnahmen bei erhöhter Korrosionsgefahr

3.23 Stabquerschnitte geschweißter Fachwerke

Gurtquerschnitte nach **41.1** sind nicht schweißgerecht; man formt die Gurte vielmehr so, daß die Füllstäbe entweder **ohne** Knotenbleche angeschlossen werden können (**42.1**a,b,d,h,i) oder daß zumindest der Aufwand für die Knotenbleche und ihre Befestigung möglichst klein wird. Die Querschnitte **42.1**e und g sind wirtschaftlich bei $s_{Ky}>s_{Kx}$; Querschnitt f kommt bei zusätzlicher Biegebeanspruchung des Gurtes in Betracht. Für Druckstäbe werden besonders bei zweiwandigen Fachwerken geschlossene Hohlquerschnitte bevorzugt (**42.1**m,n,w,x), da sie auch bei großen Knicklängen kleine Schlankheiten aufweisen. In besonderen Fällen werden außerdem die Querschnitte **41.1**l und m verwendet.

Die Füllstab-Querschnitte **42.1** o und p haben sehr geringe Drucksteifigkeit und kommen nur bei leicht belasteten Fachwerkträgern vor (**60.1**; **61.1**).

Die Querschnittsformen geschweißter Fachwerkstäbe sind vielgestaltig; Bild **42.1** zeigt nur eine Auswahl der gebräuchlichsten Formen.

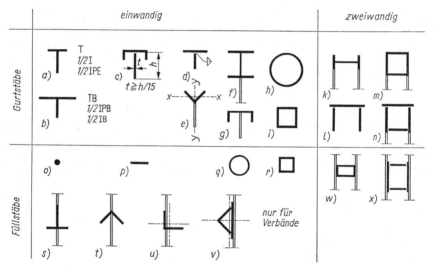

42.1 Stabquerschnitte geschweißter Fachwerke; hierzu gehören auch die Querschnitte o bis x in Bild **41.1**

3.24 Bemessung und Gestaltung der Fachwerkstäbe

Zugstäbe. Bemessung und Spannungsnachweis s. Teil 1 Abschn. Zugstäbe.

Um den Querschnittsverlust ΔF infolge Bohrungen klein zu halten, wählt man Winkel mit dünnen Schenkeln. Bei Senknieten ist ΔF um 20% vergrößert anzusetzen. Über Lochabzug bei gegeneinander versetzten Bohrungen s. Teil 1.

Zum Versteifen der Zugstäbe gegen Beschädigung bei Transport und Montage werden 2teilige Stäbe zwischen den Knotenpunkten (**43.1**) durch einzelne Heftniete mit Futterringen oder durch eingeschweißte Futter (**43.**2b) verbunden. Bei breiten Winkelschenkeln und bei Querschnitten wie **41.**1e verwendet man an Stelle der Heftniete Bindebleche mit je 2 Nieten (**43.**2). Je schwächer der Stab ist, um so enger werden die Verbindungen im Rahmen des im Bild **43.**1 angegebenen Spielraums gesetzt.

Im Kranbahnbau werden Zugstäbe wie Druckstäbe mit Bindeblechen an den Stabenden und in den Drittelspunkten versehen.

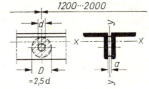

43.1 Verbindung 2teiliger Zugstäbe

Druckstäbe. Bemessung und Stabilitätsnachweis s. Teil 1 Abschn. Druckstäbe.

Knicklängen bei Ausknicken in der Fachwerkebene
Für Gurte und Endstreben von Trapezträgern (**39.**2) ist s_{Kx} = Netzlänge s. Für Füllstäbe ist s_{Kx} = Abstand s_0 der nach der Zeichnung geschätzten Schwerpunkte der Anschlußnietgruppen oder der Schweißanschlüsse (**43.**3).

Ausknicken rechtwinklig zur Fachwerkebene
Bei Füllstäben ist s_{Ky} = Netzlänge s. Bei sich kreuzenden, gleich langen Stäben (**38.**1d), von denen der eine Druck, der andere eine mindestens gleich große Zugkraft erhält, ist der Kreuzungspunkt als in der Fachwerkebene festgehalten anzunehmen, wenn der durchgehende Stab mit einem Viertel der zum Anschluß des gedrückten Stabes erforderlichen Niete oder Schweißnähte an die Kreuzungsstelle angeschlossen wird. Bei Gurten ist s_{Ky} = Abstand der seitlich unverschieblich festgehaltenen Knotenpunkte. Nur diejenigen Pfetten oder Wandriegel halten den Druckgurt seitlich fest, die an die Knotenpunkte von Verbänden angeschlossen sind.

Zweiteilige Druckstäbe müssen durch Bindebleche (s. Teil 1) mit statisch nachzuweisendem Mittenabstand s_1 wenigstens in den Drittelspunkten miteinander verbunden werden (**43.**2). Sie sind so zu verteilen, daß ihre Lichtabstände w annähernd gleich groß werden (**43.**3). Wenn der Spannungsnachweis nichts anderes erfordert, ist jedes Bindeblech mit ≥ 2 Nieten in jeder Nietreihe oder gleichwertigen Schweißnähten anzuschließen; Schrauben sind unzulässig, nur in besonderen Fällen dürfen Paßschrauben verwendet werden. In 2wandigen Fachwerken kann bei großer Spreizung der Einzelprofile eine Vergitterung vorgesehen werden (Teil 1).

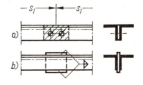

43.2 Bindebleche für 2teilige Druckstäbe

43.3 Verteilung der Bindebleche

3.2 Stabquerschnitten — 3.3 Fachwerkkonstruktion

An den Stabenden müssen die Druckstäbe **Endbindebleche** erhalten, die mit $\geqq 3$ Nieten in jeder Reihe bzw. gleichwertigen Schweißnähten anzuschließen sind **(44.1)**. Bei Stäben, deren Lichtabstand der Knotenblechdicke entspricht, sind sie jedoch nicht erforderlich, da die Aufgabe der Endbindebleche vom Knotenblech wahrgenommen wird. Erfolgt in diesem Falle der Stabanschluß mit rohen Schrauben, ist der Bindeblechabstand an den Stabenden auf $0{,}75\ s_1$ zu verringern **(44.2)**.

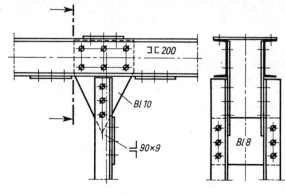

44.1 Endbindebleche bei Druckstäben mit großer Spreizung

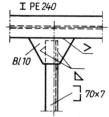
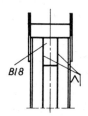

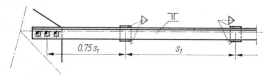

44.2 Verkleinerte Bindeblechabstände bei einem Stabanschluß mit rohen Schrauben

3.3 Fachwerkkonstruktion

3.31 Arbeitsgänge für die Anfertigung der Werkstattzeichnung

Sie werden in folgender Reihenfolge durchgeführt:
1. Berechnen der Netzlängen des Fachwerksystems (s. Abschn. 3.1).
2. Aufzeichnen des Fachwerknetzes im Zeichnungsmaßstab (1:10 oder bei großen Fachwerken 1:15) in schmalen Strichpunktlinien. Die Netzlinien schneiden sich in einem Punkt.
3. Einzeichnen der Fachwerkstäbe. Die Stabschwerlinien fallen mit den Netzlinien zusammen. Bei leichten, genieteten Hochbaukonstruktionen aus Winkelstählen ist es auch üblich, die der Schwerlinie nächstliegende Nietrißlinie auf die Netzlinie zu legen **(50.1a)**.
4. Konstruktion sämtlicher Knotenpunkte im Maßstab 1:1. Diese **Naturgrößen** werden auf kräftigem (Pack-)Papier gezeichnet.

3.31 Arbeitsgänge für die Anfertigung der Werkstattzeichnung

Aus den Naturgrößen lassen sich die Maße zwischen Systempunkt und Stabende genau abmessen (a und b in 45.1); damit errechnet sich die **Schnittlänge** eines Fachwerkstabes als Differenz zwischen der Netzlänge s und diesen Anfangsmaßen a und b.

Den Spielraum zwischen den Stäben wählt man innerhalb des Knotenpunktes mit 3···8 mm so groß, daß sich die Schnittlänge des Stabes möglichst auf 5 mm gerundet ergibt. Auch die Maßketten der Gurte werden mit den Maßen c und c' (45.1) an jedem Systempunkt, an dem sie vorbeiführen, „angebunden", um in Verbindung mit den bekannten Netzlängen die Einzelmaße für die Anordnung der Bindebleche und anderer Einzelheiten berechnen zu können.

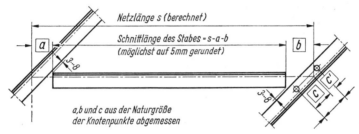

45.1 Berechnung der Schnittlänge eines Fachwerkstabes

Die Naturgrößen dienen später in der Werkstatt als **Schablonen** zum Vorzeichnen der Knotenbleche; dadurch erübrigt sich eine Bemaßung der Knotenbleche auf der Werkstattzeichnung. Die Lochdurchmesser auf Naturgrößen werden mit besonderen Sinnbildern gekennzeichnet, die die Lochmitten freihalten (45.2).

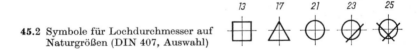

45.2 Symbole für Lochdurchmesser auf Naturgrößen (DIN 407, Auswahl)

5. Übertragen der Knotenpunkte von den Naturgrößen in die Werkstattzeichnung.
6. Einzeichnen der übrigen Einzelheiten, wie Pfetten- und Trägeranschlüsse, Stabverbindungen, Stöße usw.
7. Vollständige Bemaßung und Bezeichnung der Profile.

Auf jede Fachwerkzeichnung gehört eine Systemskizze in kleinem Maßstab mit Angabe der Netzlängen.

3.32 Genietete Fachwerke

Stabanschlüsse

Als Verbindung der Fachwerkstäbe dienen **Knotenbleche**, mit denen die Stäbe fest vernietet oder verschraubt werden. Nicht nur die Schwerachsen der Stäbe, sondern auch die Schwerpunkte der Niet- oder Schraubanschlüsse sollen mit den Systemlinien zusammenfallen. Bei symmetrischen Stäben lassen sich beide Forderungen erfüllen; beim Anschluß von Winkelstählen liegt jedoch der Nietriß

3.3 Fachwerkkonstruktion

neben der Schwerachse. Das hierdurch im Anschluß entstehende Moment $M = S \cdot a$ (**43**.3) wird bei der Bemessung des Nietanschlusses meist vernachlässigt, obwohl sein Einfluß bei kurzen Anschlüssen oft nicht gering ist.

In einem Knotenpunkt endende Stäbe sind mit ihren Stabkräften anzuschließen, Gurtstäbe mit der Resultierenden aus der Stabkraft und der unmittelbar auf sie wirkenden äußeren Knotenlast (**46.1a**).

Durchlaufende Gurtstäbe, auf die keine Knotenlasten wirken oder bei denen diese direkt in das Knotenblech eingeleitet werden, sind mit ihrer Differenz (z. B. $U_1 - U_2$) anzuschließen (**46.1b und c**). Wird die Knotenlast dagegen vom durchlaufenden Gurt getragen, so ist dieser mit der Resultierenden aus den beiden Gurtkräften und der Knotenlast anzuschließen (**46.1d**).

Die größte Anschlußkraft max R tritt in der Regel nicht bei Voll-, sondern bei Teilbelastung des Fachwerks auf, so daß nicht die maximalen Gurtstabkräfte für die Bildung der Differenz maßgebend werden: max $R \neq$ max $U_1 -$ max U_2. Bei wechselnden Verkehrslasten (Kranbahnen, Brücken) muß die Einflußlinie für R aufgestellt und ausgewertet werden; im Hochbau begnügt man sich näherungsweise mit einem Zuschlag zur Differenz der maximalen Gurtkräfte:

$$\max R \approx 1{,}2 \cdots 1{,}5 \,(\max U_1 - \max U_2)$$

Wahl der Niete: Für einen Stab verwendet man nur einen Lochdurchmesser, um häufiges Wechseln des Bohrers zu vermeiden. Der kleinste Lochdurchmesser ist 13 mm; daher ist die kleinste Winkelschenkelbreite 45 mm. Bei Füllstäben kann man den zulässigen größten Lochdurchmesser ausnützen, um die Zahl der Anschlußniete klein zu halten. Bei Gurtstäben wählt man den Nietdurchmesser besser etwas kleiner, weil sonst an den Stößen Schwierigkeiten auftreten können, wenn der Größtlochdurchmesser der Stoßdeckungswinkel kleiner ist als der für die Gurtwinkel. Jeder Querschnittsteil eines Stabes ist mit $\geqq 2$ Nieten oder Schrauben anzuschließen, ausgenommen leichte Vergitterungen (DIN 1050, 8.1). Weitere Angaben über größte Nietzahl in einer Reihe, Anordnung der Niete und Schrauben, Beiwinkelanschluß sowie Berechnungsbeispiele s. Teil 1 Abschn. Verbindungsmittel.

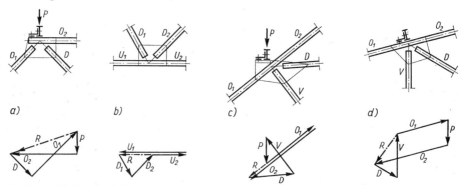

46.1 Anschlußkräfte R der Gurte an den Knotenpunkten

Stabenden sind rechtwinklig abzuschneiden; nur ausnahmsweise werden die Ecken der anliegenden Winkelschenkel im Anschluß an den rechtwinkligen

3.32 Genietete Fachwerke

Scherenschnitt schräg geschnitten, um die Knotenbleche klein zu halten (**47.1a**), doch lohnt sich diese Maßnahme nur bei größeren Schenkelbreiten ab ≈ 75 mm.

Die Schrägschnitte nach Bild **47.1**b und c müßten statt mit der Winkelschere mit der Säge ausgeführt werden (teuer) und hätten den Nachteil, daß der Stab unnötig lang gemacht werden muß und außerdem der Randabstand e unzulässig groß wird.

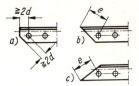

47.1 Schrägschnitt eines Winkels
a) richtig, b) und c) falsch

Knotenbleche

Ihre äußere **Form** richtet sich nach den anzuschließenden Stäben und den unterzubringenden Nieten. Nach dem Aufzeichnen der Stäbe trägt man die Niete ein und schlägt um die äußersten Niete einen Kreis mit dem Halbmesser $2 \cdots 3\,d$ (**47.2**). Die Tangenten an diese Kreise bilden den Umriß des Knotenblechs. Alle Ecken und Kanten des Knotenblechs sollen einige mm innerhalb der Stabumrisse verschwinden. Die Knotenbleche sollen eine einfache Form mit wenigen Ecken erhalten, am besten mit 2 parallelen Kanten, so daß sie aus einem Blechstreifen von der notwendigen Breite b ohne Verschnitt abgeschnitten werden können (**47.3**).

Die Tragfähigkeit der Knotenbleche ist im Brücken- und Kranbahnbau immer, im Hochbau bei großen Stabkräften nachzuweisen, und zwar einmal an den Enden der Füllstabanschlüsse und dann in einem maßgebenden Querschnitt.

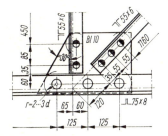

47.2 Einfacher Fachwerkknoten

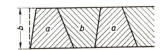

47.3 Knotenbleche von einem Blechstreifen abgeschnitten

Beispiel 1 (**47.4**): Am Ende des Diagonalstab-Anschlusses ist der Spannungsnachweis des Knotenbleches zu führen.

Es wird vereinfachend angenommen, daß sich die Stabkraft vom 1. Anschlußniet (bei geschweißten Fachwerken vom Beginn der Schweißnaht) nach beiden Seiten hin unter $\approx 30°$ ausbreitet. Dann lautet der Spannungsnachweis

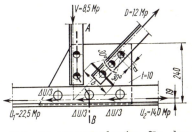

47.4 Spannungsnachweise für das Knotenblech von Bild **47.2**

$$\sigma = \frac{S}{F_n} = \frac{S}{t\,(b-d)} \qquad (47.1)$$

Mit $b = 12{,}7$ cm wird für den Anschluß der Diagonale

$$\sigma = \frac{12}{1{,}0\,(12{,}7 - 1{,}7)} = 1{,}09 \text{ Mp/cm}^2 < \text{zul } \sigma$$

3.3 Fachwerkkonstruktion

Dieser Nachweis wird in der Regel nur bei gedrungenen Anschlüssen mit mehrreihiger Nietung (z. B. Beiwinkelanschluß) maßgebend.

Die im Beispiel 1 angenommene Kraftverteilung unter 30° führt zu einer wichtigen Konstruktionsregel:

Knotenblechkanten sollen mit der Stabachse von Füllstäben einen Winkel von $\geq 30°$ bilden (47.2).

Beispiel 2 (47.4): Im Schnitt A–B ist der Spannungsnachweis für das Knotenblech zu führen.

Für den Schnitt A–B wird bei $\approx 15\%$ Lochschwächung

$$F_n = 0{,}85 \cdot 1{,}0 \cdot 24{,}0 = 20{,}4 \text{ cm}^2 \qquad W_n = 0{,}85 \cdot 1{,}0 \cdot \frac{24{,}0^2}{6} = 81{,}6 \text{ cm}^3$$

Die Differenzkraft der anschließenden Untergurte

$$\Delta U = U_1 - U_2 = 22{,}5 - 14{,}0 = 8{,}5 \text{ Mp}$$

wird auf die 3 Anschlußnieten des Gurtes gleichmäßig verteilt. Von links her wirkt dann die Kraft von 2 Nieten auf die Schnittfläche ein:

$$2 \cdot \frac{\Delta U}{3} = 2 \cdot \frac{8{,}5}{3} = 5{,}67 \text{ Mp}$$

Biegemoment für die Schnittfläche:

$$M = 5{,}67 \left(\frac{24{,}0}{2} - 1{,}9 \right) = 57{,}3 \text{ Mpcm}$$

$$\sigma = \frac{5{,}67}{20{,}4} \pm \frac{57{,}3}{81{,}6} = 0{,}278 \pm 0{,}702 = 0{,}980 < 1{,}600 \text{ Mp/cm}^2$$

Liegt im Knotenpunkt ein ungedeckter **Gurtstoß** (48.1), dann muß das Knotenblech die Stoßdeckung übernehmen, und im Schnitt A–B wird statt des Anteils $\frac{2}{3} \Delta U = 5{,}67$ Mp nunmehr die gesamte Stabkraft $U_1 = 22{,}5$ Mp wirksam. Damit wird die Spannung im Knotenblech $\approx$ 4mal so hoch und liegt bereits über der Zugfestigkeit des Stahles.

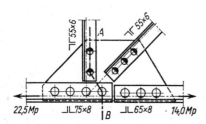
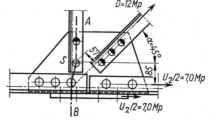

48.1 Zu hohe Knotenblechspannungen bei fehlender Stoßdeckung des Gurtes

48.2 Unzureichend verminderte Knotenblechbeanspruchung durch teilweise Stoßdeckung

Beispiel 3 (48.2): Im Schnitt A–B ist der Spannungsnachweis für das Knotenblech zu führen.

Die Stoßdeckungslasche der abstehenden Gurtwinkelschenkel übernimmt die halbe Stabkraft von U_2; die Restkraft $U_2/2 = 7{,}0$ Mp der anliegenden Winkelschenkel muß durch das Knotenblech gedeckt werden.

3.32 Genietete Fachwerke

Auf den Schwerpunkt des Schnittes A–B bezogen wird für das Knotenblech

die Normalkraft $\quad Z = 7{,}0 + 12 \cos 45° = 7{,}0 + 8{,}5 = 15{,}5 \text{ Mp}$

und das Moment $\quad M = 12{,}0 \cdot 5{,}7 + 7{,}0 \cdot 8{,}5 = 68{,}4 + 59{,}5 = 127{,}9 \text{ Mpcm}$

Die Knotenblechspannung ist mit den gleichen Querschnittswerten wie im Beispiel 2

$$\sigma = \frac{15{,}5}{20{,}4} \pm \frac{127{,}9}{81{,}6} = 0{,}760 \pm 1{,}567 = 2{,}327 > 1{,}600 \text{ Mp/cm}^2 \quad (!)$$

Trotz teilweiser Deckung des Gurtstoßes liegt die Knotenblechspannung noch viel zu hoch!

Nach DIN 1050, 5.65, dürfen Knotenbleche nur dann zur Stoßdeckung herangezogen werden, wenn der rechnerische Nachweis für die Tragfähigkeit erbracht wird. Das Beispiel 3 zeigt, daß dieser Nachweis selbst bei nur teilweiser Heranziehung des Knotenbleches zur Stoßdeckung i. allg. eine Überschreitung der zulässigen Spannung erbringt. Grundsätzlich soll daher die gesamte Stoßdeckung besonderen **Stoßdeckungslaschen** zugewiesen werden (**49.1**). Es ist darauf zu achten, daß die Niete geschlagen werden können (Maß e_1) und daß in jedem Gurtwinkel nur 1 Loch abgezogen werden muß (Maß e_2). Zur Stoßmitte hin kann der gegenseitige Nietabstand allmählich kleiner als e_2 werden, weil die Stabkraft zum Stabende abnimmt. Der Gurtstoß kann natürlich auch außerhalb des Knotenpunktes liegen. Konstruktion und Berechnung von Stabstößen s. Teil 1.

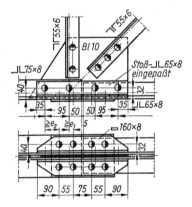

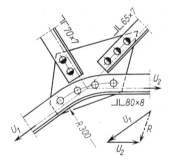

49.1 Volle Stoßdeckung des Gurtes im Knotenpunkt

49.2 Im Knotenpunkt gebogener Gurtstab

Ist der Gurt im Knotenpunkt **geknickt**, kann man ihn mit möglichst großem Rundungshalbmesser warm biegen und für die Resultierende R am Knoten anschließen (**49.2**). Das Knotenblech wird unten geradlinig begrenzt; Knotenbleche dürfen keinesfalls einspringende Ecken erhalten.

Wird bei unterschiedlichen Gurtkräften das Profil im Knotenpunkt gewechselt und will man bei **schwachem** Knick nur die abstehenden Profilteile decken (Spannungsnachweis für das Knotenblech erforderlich), dann wird die Flachstahllasche so angeordnet (**50.1a**), daß sie durch die Winkelschenkel gehindert wird, sich zu strecken; anderenfalls würde sie sich der Kraftaufnahme entziehen und wäre wirkungslos.

3.3 Fachwerkkonstruktion

Bei stark geknicktem Gurt reicht die Stützwirkung der Winkelschenkel nicht aus, um die Flachstahllasche zur Mitwirkung zu zwingen. Man ersetzt den Flachstahl dann durch einen Winkel, der unter die Gurtwinkelschenkel gelegt werden kann (**50.1**b).

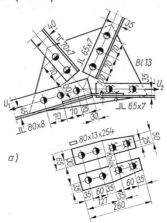
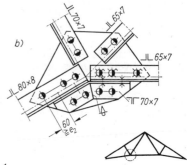

50.1 Geknickter Gurtstab mit Stoßdeckungslaschen für die abstehenden Profilteile
a) schwacher Knick mit Flachstahllasche
b) starker Knick mit Winkelstahllasche

Für die **Stöße der Druckgurte** gelten die gleichen Regeln, nur braucht das für den Lochabzug maßgebende Nietabstandsmaß e_2 hier nicht beachtet zu werden. Im Firstpunkt des Dachbinders **50.2** müßte die Flachstahllasche für die abstehenden Winkelschenkel eigentlich unter den Winkelschenkeln liegen, um ein Hochwölben infolge der Druckkräfte zu vermeiden. Da jedoch die Doppelpfetten im First niedriger sind als die Mittelpfetten und durch die Lasche um 20 mm unterfuttert werden, ist die Lasche steif genug, um den Umlenkkräften (s. Abschnitt 2.212) zu widerstehen. Die anliegenden Gurtwinkelschenkel sind ebenfalls durch Flachstahllaschen gedeckt.

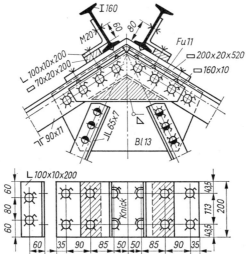

50.2 Stoß des Druckgurtes im Binderfirst

3.32 Genietete Fachwerke

Im oberen Eckpunkt des Trapezbinders **51.1a** wurde die **Enddiagonale** als Verlängerung des geknickten Obergurtes aufgefaßt; zur Stoßdeckung wird wegen der geringen Dicke der Flachstahllasche mit Rücksicht auf die Ablenkungskräfte ein eingepaßter, geknickter Stoßwinkel ausgeführt. Zur Aufnahme des Dachschubes ist die Traufpfette auch horizontal biegefest bemessen, und die Pfettenbefestigung ist zur Aufnahme des Horizontalschubes besonders kräftig ausgebildet.

Man kann sich aber auch den Obergurt im Knoten endend vorstellen und demgemäß die **Enddiagonale** als **Füllstab** behandeln. Stoßdeckung zwischen Diagonale und Gurt ist dann unnötig; dafür darf aber jetzt die Knotenblechkante mit der Achse der Diagonalen keinen zu spitzen Winkel einschließen, wie es bei Füllstäben zu fordern ist (**51.1** b). Nachteilig ist die konstruktiv meist unvermeidbare Lagerung der Pfette weit neben dem Systempunkt.

51.1
Eckpunkt B des Trapezfachwerks
a) Enddiagonale als Verlängerung des geknickten Obergurts
b) im Knotenpunkt endender Obergurt

52 3.3 Fachwerkkonstruktion

Bei Auflagerpunkten (52.1) muß sich die Auflagervertikale stets mit den Stabschwerlinien in einem Punkt schneiden; bei Linienkipplagern geht sie durch die Berührungslinie, bei Flächenlagern durch deren Schwerpunkt hindurch. Die Aussteifung ⌐⌐ 80 × 10 soll den Auflagerknoten allgemein versteifen und muß insbesondere verhindern, daß sich die abstehenden Schenkel der Auflagerwinkel mit der oberen Lagerplatte durch Verformung der gleichmäßigen Übertragung der Auflagerkraft entziehen; die Aussteifung wird deswegen auf die abstehenden Schenkel der Lagerwinkel eingepaßt. Der Auflagerwinkel muß dieselbe Schenkeldicke wie der Obergurt haben. Die Horizontalkomponente A_h der Auflagerkraft (z. B. infolge Wind) wirkt im Systempunkt, wird aber erst von den Anschlagknaggen des Lagers aufgenommen. Das Moment $M = A_h \cdot a$ muß von den Fachwerkstäben proportional ihrer Steifigkeit übernommen werden. Wegen des kleinen Widerstandsmoments W_x einfachsymmetrischer Stabquerschnitte sind die entstehenden Biegespannungen relativ groß; a muß daher möglichst klein gehalten werden.

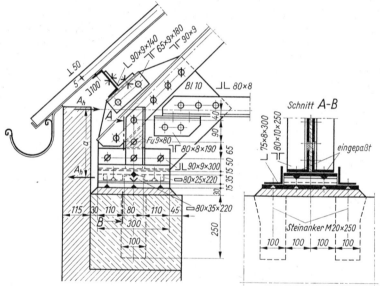

52.1 Auflagerpunkt A des Dachbinders 51.1

Bei dem Vertikalverband 53.1 für einen Stahlskelettbau schneiden sich die Stabschwerlinien abweichend von der bisherigen Regel nicht in einem Punkt. Der konstruktive und wirtschaftliche Vorteil dieser Lösung wird durch den Vergleich der Knotenblechgröße des Punktes B (53.1) mit Bild 53.2 ersichtlich.

Bei sich schneidenden Systemlinien (53.2) wirkt die Horizontalkomponente der Anschlußkraft R_h mittig auf den Unterzug ein, doch wird der Anschluß des Knotenblechs nicht nur auf Abscheren, sondern auch durch das Moment $M = R_h \cdot h/2$ beansprucht. Bei der Befestigung des Knotenblechs mit Anschlußwinkeln müssen wegen der auftretenden Zugbeanspruchung Schrauben anstelle von Nieten verwendet werden (53.2); ist das Knotenblech angeschweißt, ist für die Schweißnaht der Vergleichswert σ_v nachzuweisen.

3.32 Genietete Fachwerke

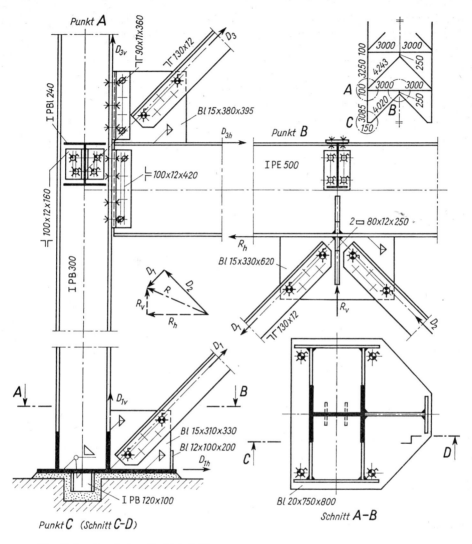

53.1 Vertikalverband eines Stahlskelettbaues

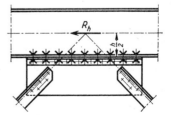

53.2 Langes Knotenblech bei sich schneidenden Systemlinien (Punkt B von Bild **53.1**)

54 3.3 Fachwerkkonstruktion

Legt man andererseits den Schnittpunkt der Diagonalen in die Anschlußebene (**53.**1), dann beansprucht R_h den Anschluß nur auf Abscheren; dafür erhält jetzt der Unterzug IPE 500 das Moment. Da der Unterzug wegen der Biegung durch Decken- und Wandlasten ohnehin biegesteif ist, kann er das zusätzliche Moment bei entsprechendem Nachweis meist ohne Verstärkungsmaßnahmen übernehmen.

In den Punkten A und C des Bildes **53.**1 gehen die Systemlinien der Diagonalen durch den Schnittpunkt der Anschlußebenen der Knotenbleche. Die Anschlüsse bleiben momentenfrei, Stütze und Unterzug erfahren eine Biegebeanspruchung durch D_v bzw. D_h. Am Stützenfuß soll D_{1h} nicht den Rundstahlankern zugewiesen werden, sondern das Trägerstück IPB 120 verdübelt den Stützenfuß mit dem Fundament.

3.33 Geschweißte Fachwerke

T-förmige Gurte

Gurtquerschnitte nach Bild **42.**1a···d sollen so hohe **Stege** aufweisen, daß die für den Anschluß der Füllstäbe notwendigen Schweißnähte Platz finden (**54.**1 und 2). Wegen der fast immer gegenüberliegenden Schweißnähte muß die Stegdicke nach DIN 4100, 6.2.2, $t \geq 6$ mm sein; es darf daher für den Gurt kein kleineres Profil als 1/2 IPE 240 Verwendung finden.

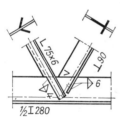

54.1 Unmittelbarer Anschluß der Füllstäbe am Steg des Gurtprofils

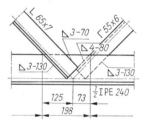

54.2 Der Schwerpunkt der Füllstäbe liegt außerhalb der Fachwerkebene

Beim Anschluß der großen Stabkräfte der Enddiagonalen und des Untergurts am Auflager ist allerdings eine Verbreiterung der Stegfläche durch stumpf angeschweißte **Knotenbleche**, deren Dicke der Stegdicke des Gurtes entsprechen soll, oft nicht zu vermeiden (**54.**3; **55.**1; **64.**1). Diese Maßnahme wird teuer, wenn die Stumpfnaht zwischen Gurt und Knotenblech im Bereich der anschließenden Füllstäbe blecheben bearbeitet werden muß (**54.**3; **64.**2); zur Vermeidung von Nahtkreuzungen sollen die Anschlußnähte der Füllstäbe an der Stumpfnaht unterbrochen werden.

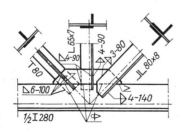

54.3 Geschweißte Stabanschlüsse mit Knotenblech

3.32 Genietete Fachwerke — 3.33 Geschweißte Fachwerke

55.1 Auflagerung eines geschweißten Dreieckbinders auf einem Stützenkopf

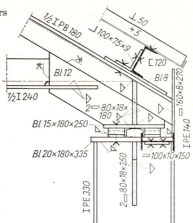

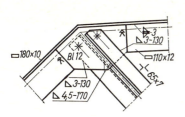

55.2 In den Steg des zusammengesetzten Gurtprofils eingeschweißtes Knotenblech

Diese Nachteile entfallen, wenn das Knotenblech bei zusammengesetzten Gurtprofilen in die Stegebene stumpf eingesetzt werden kann (**55.2**). Bei nachgewiesener Fehlerfreiheit bilden die Stumpfnähte auch im Zuggurt keine schwachen Stellen. Der Arbeitsaufwand für die Herstellung des Stabes ist zwar groß, doch kann man beim Druckgurt durch richtige Wahl der Flachstähle gleiche Knicksicherheit für beide Achsen erreichen. Die hier im Knickpunkt des Gurtes auftretende Umlenkkraft im Flansch muß gegebenenfalls bei großem Knickwinkel und großen Gurtkräften durch Aussteifungen aufgenommen werden.

Bei unmittelbarem Anschluß der Füllstäbe am Gurtprofil (**54.1**) wird der durch die Gurtstabkraft bereits ausgelastete Steg innerhalb des Knotens zusätzlich durch den Ausgleich der Vertikalkomponenten der Füllstabkräfte beansprucht. Im Hochbau wird hierfür in der Regel kein Nachweis geführt, weil die zulässige Vergleichsspannung zul σ_v höher als die zulässige Normalspannung zul σ liegt, also Spannungsreserven zur Verfügung stehen, und weil bei frei aufliegenden Fachwerken große Füllstabkräfte nur in der Nähe des Auflagers wirken, wo der Gurtstab bei durchgehend gleichem Profil nur noch eine geringe Normalspannung σ aufweist. – Treffen allerdings an den Innenstützen durchlaufender Fachwerke große Gurtkräfte mit großen Anschlußkräften der Füllstäbe zusammen, ist entweder bei der Bemessung der Gurtquerschnitte Vorsicht geboten, oder man verzichtet besser auf den unmittelbaren Füllstabanschluß und ordnet Knotenbleche an.

Gurte aus Stab- und Formstählen

Für den Anschluß der Füllstäbe sind normalerweise Knotenbleche notwendig (**42.1g,k**; **55.3** bis **56.2**).

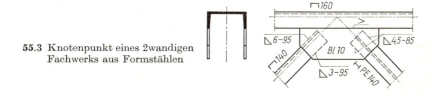

55.3 Knotenpunkt eines 2wandigen Fachwerks aus Formstählen

3.3 Fachwerkkonstruktion

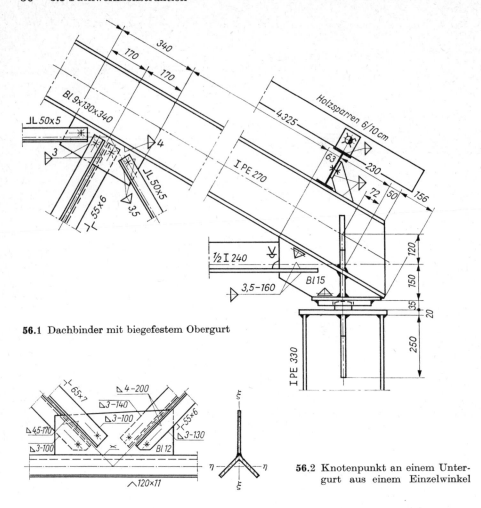

56.1 Dachbinder mit biegefestem Obergurt

56.2 Knotenpunkt an einem Untergurt aus einem Einzelwinkel

Da bei gleichschenkligen Winkeln $i_\xi : i_\eta \approx 2 : 1$ ist, werden für Druckstäbe aus Einzelwinkeln die Schlankheitsgrade $\lambda_\xi = s_{K\xi}/i_\xi$ und $\lambda_\eta = s_{K\eta}/i_\eta$ gleich groß, wenn die Knicklänge in Fachwerkebene halb so groß ist wie senkrecht dazu. Für den Druckgurt wird dieses ideale Verhältnis beim ME-Leichtbinder (57.1) dadurch erreicht, daß zwischen die belasteten Knoten, die durch die Pfetten und Verbände gegen seitliches Ausknicken gesichert sind, mittels der Diagonalen noch je ein Zwischenknoten eingeschaltet wird. Die gering belasteten Pfosten werden am oberen Ende schräg geschnitten und ohne Knotenblech unmittelbar mit dem Gurt verschweißt. Im First ist der Obergurt mit einem Stoßquerblech gestoßen. Die erste Zwischenpfette ist zur Aufnahme des Dachschubes durch ein ⊏-Profil verstärkt. Wie bei allen einteiligen Stäben entfallen die sonst notwendigen Bindebleche, und die Erhaltung der Konstruktion ist erleichtert.

3.33 Geschweißte Fachwerke

Damit die **Knotenbleche** im vorgesehenen Abstand am Gurt angeschweißt werden, sind sie in die Maßkette einzubeziehen, wie es für den Obergurt in den Bildern **56.1** und **57.1** gezeigt wird; die Anschlußmaße an den Systempunkt werden einer Naturgröße entnommen (vgl. **45.1**). Die richtige Lage der **Füllstäbe** beim Zusammenbau gewährleistet man entweder durch angezeichnete Markierungen für Schnittpunkte charakteristischer Profilkanten, die wieder der Naturgröße entnommen werden (**54.2**), oder man benutzt bei großen Stückzahlen Vorrichtungen, die auf die Fachwerkform eingerichtet sind und in die die Stäbe in planmäßiger Lage eingelegt werden. Um diese Schwierigkeiten zu umgehen, kann man bei geeigneten Profilen Stabenden und Knotenbleche mit Bohrungen versehen, wodurch der Zusammenbau so einfach wie bei genieteten Fachwerken wird (**55.2**; **56.1** und 2).

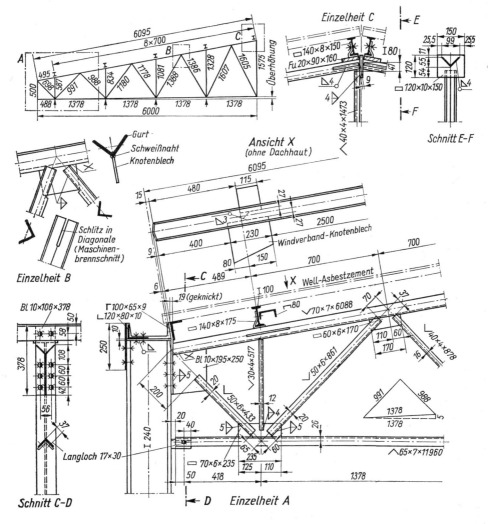

57.1 Dachbinder mit Gurten und Füllstäben aus Einzelwinkeln (Maschinenfabrik Esslingen)

Buchenau/Thiele, Stahlhochbau 2

Biegesteife Gurtprofile

Ist der Obergurt durch Lasten zwischen den Knotenpunkten auf Biegung beansprucht und biegefest z. B. als IPE-Profil bemessen (**56.**1), kann man die in Verlängerung des Gurtsteges angeschweißten Knotenbleche dadurch klein halten, daß man auf mittigen Anschluß verzichtet und die Systemlinien der Diagonalen in der Anschlußnaht zusammenführt (s. S. 52f.). Die durch den exzentrischen Anschluß der Füllstäbe bzw. des Untergurts im Obergurt entstehenden Biegemomente sind mit den Momenten aus der Querbelastung des Gurtes zu überlagern.

Für Druckstäbe, die zusätzlich auf Biegung beansprucht werden, ist neben dem allgemeinen Spannungsnachweis folgender Stabilitätsnachweis zu führen:

Liegt die Stabschwerachse gleich weit von den Rändern ($e_z = e_d$; **58.**1a) oder näher am Biegezugrand ($e_z < e_d$; **58.**1b), dann gilt

$$\frac{\omega \cdot S}{F} + 0{,}9 \cdot \frac{M}{W_d} \leqq \text{zul } \sigma_D \qquad (58.1)$$

a) $e_z = e_d$ b) $e_z < e_d$ c) $e_z > e_d$

58.1 Abstände des Biegezug- bzw. Biegedruckrandes vom Querschnittsschwerpunkt

Liegt die Stabschwerachse näher am Biegedruckrand ($e_z > e_d$; **58.**1c), dann ist außer dem Nachweis nach Gl. (58.1) noch ein zweiter erforderlich:

$$\frac{\omega \cdot S}{F} + \frac{300 + 2\lambda}{1000} \cdot \frac{M}{W_z} \leqq \text{zul } \sigma_D \qquad (58.2)$$

mit S und M = Absolutwerte der Druckkraft und des Biegemoments, F = voller Stabquerschnitt, ω = Knickzahl zum Schlankheitsgrad λ des Stabes in der Momentenebene und W_d bzw. W_z = Widerstandsmomente des unverschwächten Stabquerschnitts, bezogen auf den Biegedruck- bzw. Biegezugrand.

Will man auf den zentrischen Anschluß des Untergurts am Auflager nicht verzichten, wird das Knotenblech besonders bei spitzen Winkeln sehr lang (**58.**2); im Schnitt B–C muß der Biegespannungsnachweis für das Moment infolge der Auflagerlast A geführt werden, und der Unterflansch □ 300 × 15 ist seiner Kraft entsprechend vorzubinden.

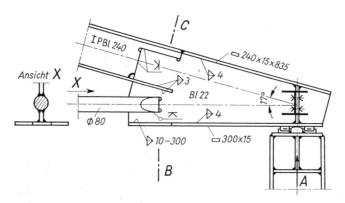

58.2 Auflagerknoten eines Dreieckfachwerks mit zentrischen Stabanschlüssen bei biegefestem Obergurt

Bei Füllstäben aus Rund- oder Vierkantrohren (**59**.1) kann man auf Knotenbleche meist verzichten. Die Rohrenden brauchen nur schräg abgeschnitten zu werden. Wie die Draufsicht auf den Unterflansch des Gurtes zeigt, wirken die Anschlußkräfte der Rohrdiagonalen weit ab vom Steg auf die Flansche ein. Um die Kraftübertragung auch bei dicken Rohren und dünnen Gurtflanschen zu gewährleisten, müssen die Flansche durch eingeschweißte **Aussteifungen** gegen Verformungen gesichert werden.

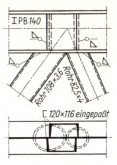

59.1 Biegefester Gurt mit Rohrdiagonalen

Wahl der Füllstabquerschnitte

Einzelwinkel sind allseits gut zugänglich, haben aber geringe Knicksteifigkeit. Der stark ausmittige Anschluß nach Bild **54**.2 kommt wegen der bei der Bemessung zu berücksichtigenden Biegebeanspruchung der Winkel nur für sehr kleine Stabkräfte in Betracht, doch ist praktisch keine Bearbeitung des Stabes notwendig. Der übereck gestellte Winkel wird geschlitzt und mit Kehlnähten, die ein Zusatzmoment erhalten, angeschlossen (**54**.1). Bei Zugstäben ist der Querschnittsverlust zu beachten, das Schlitzen ist teuer, ebenso bei der Ausführung nach Bild **54**.3 Mitte, die wegen des außerhalb der Fachwerkebene liegenden Stabschwerpunkts kaum ausgeführt wird.

Doppelwinkel nach Bild **54**.3 rechts oder – wegen besserer Zugänglichkeit – nach Bild **55**.2 können mit Kehlnähten voll angeschlossen werden, haben keinen Querschnittsverlust und nur wenig zu bearbeitende Stabenden, benötigen jedoch zwischen den Knotenpunkten eingeschweißte Bindebleche. Sie werden sehr häufig gewählt.

T-förmige Profile werden im ausgeklinkten Steg durch eine Stumpfnaht und im geschlitzten Flansch mit 4 Kehlnähten angeschlossen (**54**.1 u. **55**.1). Bei Zugstäben ist wieder der Querschnittsverlust zu berücksichtigen, und wegen des Zusammenwirkens von Stumpf- und Kehlnähten nach DIN 4100, 3.1.3 und 5.3, kann die zulässige Stabkraft nicht voll angeschlossen werden. Die Bearbeitung der Stabenden ist teuer; die Ausführung nach Bild **54**.3 links hat dazu noch den Nachteil der exzentrischen Schwerpunktlage, und wegen der Neigung der inneren Flanschseiten liegt der Flansch nicht glatt am Gurt an.

Rund-, Vierkant- und Flachstähle können in das geschlitzte Knotenblech eingeführt und mit ihm durch Stumpf- oder Kehlnähte für die volle Stabkraft verschweißt werden (**58**.2). **Flachstähle** können auch selbst geschlitzt und über das Knotenblech geschoben werden (**63**.1); weiterhin sind sie für 2wandige Fachwerke ebenso geeignet (**61**.1) wie **Formstähle** (**100**.2a).

Besondere Bauweisen

Beim parallelgurtigen R-Träger (**60**.1) bestehen die Gurte aus T-Profilen, die durch eine angeschweißte **Rundstahlschlange** verbunden sind. Da Rundstahl nur sehr wenig knicksteif ist, muß die Knicklänge der Diagonalen durch

3.3 Fachwerkkonstruktion

niedrige Netzhöhe ($h \approx l/15$) klein gehalten werden (Durchbiegung!). Die Knicklänge s_K der Druckstreben kann bei besonderem Nachweis [7] nach Vereinbarung mit der Prüfstelle kleiner als die Netzlänge angesetzt werden. In die Fugen der Bimsstegdielen einbindende Flach- und Rundstähle sichern den Obergurt gegen seitliches Ausknicken (**60.**1a). Eine andere Verbindung zwischen dem Gurt und den Dachplatten zeigt Bild **60.**1b. R-Träger sind nur für leichte Lasten geeignet, z. B. als weit gespannte Pfetten und Deckenträger. Zur wirtschaftlichen Herstellung ist eine weitgehende werksseitige Typisierung der Träger zweckmäßig.

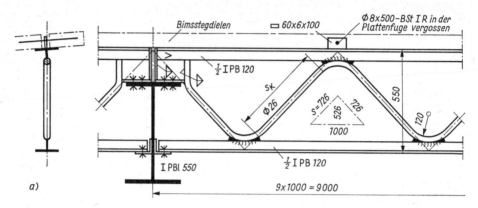

60.1 R-Träger als Pfette

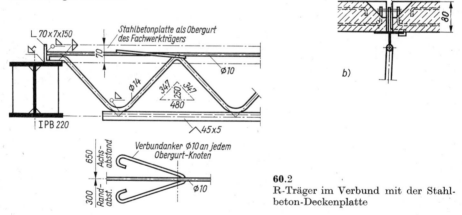

60.2
R-Träger im Verbund mit der Stahlbeton-Deckenplatte

Das vorgefertigte Deckenelement nach Bild **60.**2 besteht aus 2 parallelen R-Trägern, deren Obergurt von der Stahlbetonplatte gebildet wird, in die sie einbetoniert sind; Verbundanker stellen die schubfeste Verbindung her. Der Rundstahlobergurt ⌀ 10 dient nur zur Fertigung.

Wird je ein Diagonalenpaar von einem gebogenen Vierkant- oder Flachstahl gebildet, kann man im Gegensatz zur Rundstahlschlange die Füllstabquerschnitte den Stabkräften anpassen (**61.**1). Bei Deckenträgern erleichtert die Fachwerkbauweise das Verlegen von Rohrleitungen aller Art.

3.33 Geschweißte Fachwerke

Geschweißte Fachwerke nach Bild **61.2** kommen bei schweren Fachwerkträgern des Hochbaues, bei Kran- und Brückenhauptträgern vor. Der Obergurt ist ein geschlossener Kastenquerschnitt; der neben dem Knoten befindliche Baustellenstoß ist durch eine Öffnung zwischen den Knotenblechen zugänglich. Der entstandene Querschnittsverlust wird durch eine Vergrößerung der Dicke des Bodenblechs ähnlich wie in Bild **13.1** gedeckt. Beiderseits der Öffnung wird der Hohlquerschnitt durch Schottbleche luftdicht verschlossen. Die Zugdiagonale hat einen geschweißten I-Querschnitt; der Lochabzug im geschraubten Anschluß wird von einem dickeren Flanschstück ausgeglichen, das mit einer Stumpfnaht 1. Güte angeschweißt ist.

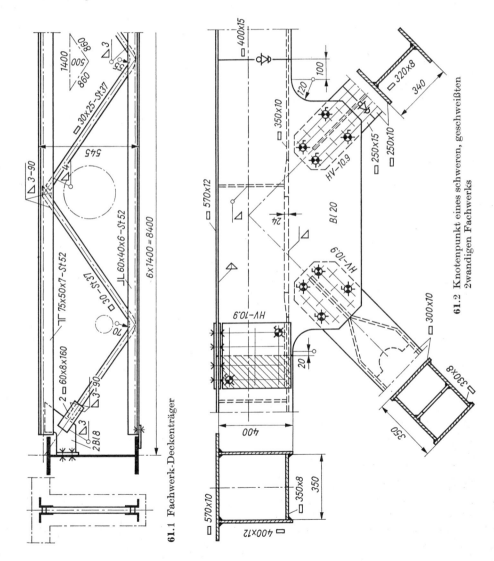

61.1 Fachwerk-Deckenträger

61.2 Knotenpunkt eines schweren, geschweißten 2wandigen Fachwerks

3.3 Fachwerkkonstruktion

Die **Druckdiagonale** ist wegen besserer Knicksicherheit wieder als Kastenquerschnitt ausgebildet. Die Seitenwände wurden zur einfacheren Herstellung des Schraubenanschlusses zu einem offenen I-Querschnitt zusammengezogen; die Umlenkkräfte an den Knickstellen werden von einem Längsschott aufgenommen, doch muß der Knickwinkel in jedem Fall möglichst klein gehalten werden [6]. Die **Knotenbleche** liegen in den Ebenen der Gurtseitenwände. Bei dynamisch beanspruchten Konstruktionen muß Rücksicht darauf genommen werden, daß sie neben ihrer Funktion als Knotenblech zugleich noch Bestandteil des Gurts sind; sie werden deswegen $\approx$ 6 mm dicker als die Gurtseitenwände ausgeführt. Der Übergang der Knotenblechkante zum Gurt muß mit besonders großem Radius ausgerundet werden, weil hier durch Kerbwirkung Spannungserhöhungen entstehen, die die Dauerfestigkeit erheblich herabsetzen können. Damit nicht noch die Eigenspannungen der Stumpfnaht hinzukommen, ist diese um $\geq$ 100 mm seitlich versetzt.

3.34 Unterspannte Träger

Werden auf Biegung beanspruchte Träger durch einen oder mehrere kurze Pfosten auf die Knickpunkte eines unterhalb des Trägers liegenden und mit den Trägerenden verbundenen Zugbandes abgestützt, so entstehen einfach oder mehrfach unterspannte, 1fach statisch unbestimmte Träger (**62.1**). Sie werden als Gerüstträger, Pfetten und Leitern (oft in Leichtbauweise), als Brücken für Rohrleitungen, Förderanlagen und leichten Verkehr sowie im Waggonbau verwendet. Besonders geeignet ist die Unterspannung für die nachträgliche Verstärkung überlasteter Träger.

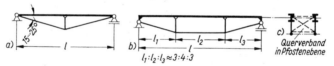

62.1 Unterspannte Träger
    a) einfach unterspannt mit mittigem Zugbandanschluß
    b) zweifach unterspannt mit ausmittigem Zugbandanschluß
    c) Sicherung der Pfosten gegen seitliches Ausweichen

Die **Unterspannung** erhält Zug, die Pfosten erhalten Druck, und der **Streckträger** wird auf Biegung und durch die Horizontalkraft der Unterspannung auch auf Druck beansprucht. Der Stabilitätsnachweis erfolgt mit Gl. (58.1 und 2).

Die Systemlinien schneiden sich in einem Punkt (**62.1a**), jedoch kann man das Zugband am Auflager auch ausmittig anschließen, wenn sich die Konstruktion dadurch vereinfacht und wenn der Streckträger das Zusatzmoment aufnehmen kann (**62.1b** und **63.1**). Die Unterspannung und die Pfosten werden in Trägerebene biegeweich ausgeführt, um die Biegemomente aus der Verformung des Streckträgers nicht auf die Unterspannung zu übertragen. Das Zugband wird aus Rundstahl mit Gelenkbolzen und eventuell mit Spannschloß, oder aus Flach- oder Profilstählen hergestellt. Ein Spannschloß ermöglicht, die Momentenverteilung durch Vorspannung in wirtschaftlich günstiger Weise zu beeinflussen. Das untere Pfostenende muß gegen seitliches Ausweichen gesichert werden. Bei 2 parallel nebeneinanderliegenden Trägern gewährleistet ein **Querverband in Pfostenebene** (**62.**1c) oder ein Halbrahmen aus Pfosten und Querträger (**63.**1) die Querstabilität. Bei nur einer Tragwerksebene muß der Pfosten biegesteif am Streckträger angeschlossen und dieser gegen Verdrehen gesichert werden, indem man ihn z. B. als torsionssteifen Hohlquerschnitt ausbildet. An der **Umlenkstelle** ist das Zugband mit großem Radius auszurunden; die Umlenkkräfte (**23.**2 und Gl. (23.1)) werden von den über die Zugbandbreite in engem Abstand verteilten Aussteifungen übernommen (**63.**1 Schnitt C–D). Die Bohrungen zwischen den Aussteifungen dienen dem Wasserabfluß.

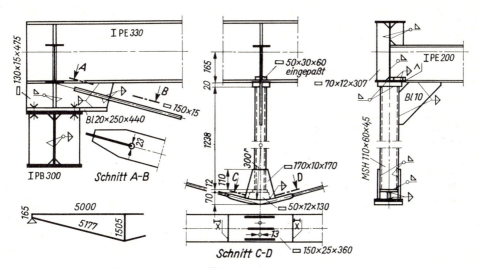

63.1 Konstruktion eines unterspannten Trägers

3.35 Auflager

Freigespannte Fachwerke erhalten wie einfache Träger (Teil 1) ein **festes** und ein **bewegliches Lager**. Bei einfachen Dachbindern oder Trägern mit ≦ 15 m Spannweite werden beide als **Flächenlager**, bei größeren Stützweiten jedoch als **Linienkipplager** ausgebildet, um zu große Kantenpressungen zu vermeiden, die als Folge der Durchbiegung entstehen.

Festlager

Das **Flächenlager** erhält nur eine am Binder befestigte Lagerplatte, die mit Mörtelfuge auf der Auflagerbank ruht und mit ihr verankert wird (**64.**1).

Bei offenen Hallen sowie bei hohen Dächern werden die Auflager der Dachbinder gegen Abheben durch Wind mit der Auflagerbank verankert. Die Anker hängen in ausreichend tief eingemauerten Ankerbarren (**64.**1); die Ankerkanäle werden gleichzeitig mit der Lagerfuge vergossen.

64   3.3 Fachwerkkonstruktion

Die bei Kragbindern (**39.4**) auftretenden Horizontalkräfte können nur bei sehr großer Auflast in die Mauern, besser in die Deckenscheiben geleitet werden (**64.2**). Am oberen Lager B werden die Vertikallast B_v durch ein Flächenlager, die Zugkraft B_h durch Rundstahlanker übernommen, die durch die Mauer hindurch an einem Ankerwinkel ⌊ 80×10 befestigt sind, der seinerseits durch angeschweißte und einbetonierte Flach- oder Rundstähle in der Decke zu verankern ist. Am Lager A ist die Strebenkraft nicht in ihre Komponenten zerlegt worden, sondern das Flächenlager steht senkrecht zur Wirkungslinie von A.

Auch hier muß das Lager mit Rücksicht auf Zugkräfte infolge Unterwind verankert werden; durch eine in die Deckenscheibe einbindende Rundstahlbewehrung ist der Auflagerquader gegen Herausreißen zu sichern.

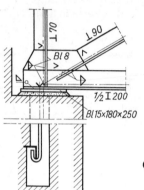

64.1   Flächenlager (Festlager) mit Verankerung

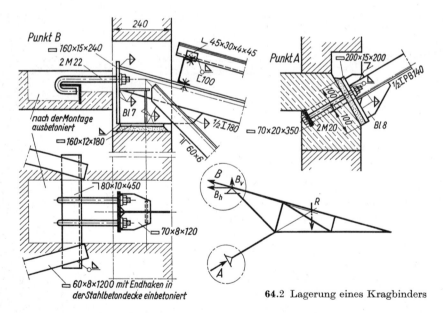

64.2   Lagerung eines Kragbinders

Für Linienkipplager verwendet man nur noch selten gegossene Lagerplatten; meist setzt man sie aus Zentrierleiste, Anschlagknaggen und seitlichen Führungen durch Schweißen zusammen (**52.1, 55.1**).

Bewegliche Lager

Bei den oft geringen Auflagerlasten und mäßigen Stützweiten der Hochbaukonstruktionen genügt es i. allg., die beweglichen Lager als **Gleitlager** auszubilden.

Beim **Flächenlager (65.**1) ist die am Binder angeschweißte obere Lagerplatte in Langlöchern so geführt, daß sie auf der unteren, in Rundlöchern verankerten Lagerplatte gleiten kann.

Wegen des hohen Reibungsbeiwertes $\mu_G \approx 0{,}2$ beanspruchen große horizontale **Reibungskräfte** die unterstützenden Konstruktionen. Durch einen **Schmierfilm** zwischen den beiden Platten – z.B. Gleitlack mit Molybdän-Disulfid (Molykote) – kann die Reibung vermindert und die Gleitfläche gegen Korrosion geschützt werden.

Bei **Teflonplatten**, die mit Spezialkleber auf die beiden Lagerplatten geklebt werden, sinkt die Gleitreibung fast bis auf die Größe der Rollreibung herab (**65.**2a). Da ferner ihr Reibungsbeiwert mit wachsender Flächenbelastung sinkt, kann man die zulässige Druckspannung von ≈ 70 auf ≈ 400 kp/cm^2 erhöhen, wenn eine Einfassung (**65.**2b) verhindert, daß der paraffinartige Kunststoff seitlich ausweicht, und wenn man graphit- oder glasfasergefülltes Teflon verwendet.

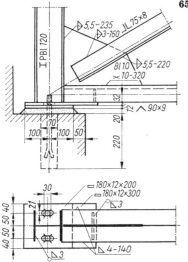

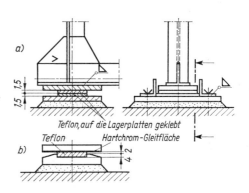

65.1 Flächenlager als längsbewegliches Gleitlager

65.2 Flächenlager mit Teflon-Gleitschichten
 a) Teflonplatten eingeklebt
 b) Teflonplatte in Nut eingelassen

Kipplager als Gleitlager entstehen aus den Festlagern (**52.**1) durch Fortlassen der die Längsverschiebung behindernden Anschlagknaggen.

Bewehrte Gummilager mit rechteckiger Grundfläche (150/200, 200/300 mm...) bestehen aus mehreren waagerechten, 5 mm dicken Schichten des Kunstgummis **Neoprene** mit dazwischen einvulkanisierten 2 mm dicken **Stahlblechen** aus St 50, die die Querdehnung des Kunststoffs verhindern und dadurch die lineare Zusammendrückung des Lagerkörpers unterbinden. Mittlere Lagerpressung zul $\sigma = 100$ kp/cm^2. Elastische **Verdrehungen** und **Horizontalverschiebungen** des Auflagers um jeweils 2 Achsen sind jedoch möglich, wobei die horizontale Steifigkeit zur Aufnahme von Horizontallasten (Wind) ausreicht. Die bewehrten Gummilager nehmen demzufolge eine Stellung zwischen festen und beweglichen Linienkipplagern ein und werden meist unter beiden Auflagern des Trägers angeordnet. Seitenführungen können die Bewegung in einer Richtung begrenzen (s. Bild **78.2**).

Bei besonders großen und schweren Hochbaukonstruktionen, deren Abmessungen, Lasten und Formänderungen den Brücken vergleichbar sind, werden die festen und beweglichen Lager wie im Brückenbau durchgebildet. Für die beweglichen Lager kommen bei Stützweiten > 25 m Rollenlager in Betracht, weil wegen ihrer niedrigen Rollreibung ($\mu_R \approx 0{,}03$) die Horizontalbelastung der Stützkonstruktionen durch Reibungskräfte gering bleibt. Lagerkonstruktionen s. Abschn. 10.36.

4 Stahlleichtbau und Stahlrohrbau

4.1 Allgemeines

Während DIN 1050, 1.1, die Mindestdicke tragender Bauteile aus Stahl mit 4 mm vorschreibt, ist sie in DIN 4115 für Stahl-Leichtbauteile auf $\geq 1{,}5$ mm festgesetzt, wenn sich die Bauteile im Inneren von geschlossenen Gebäuden mit normalen Korrosionsbedingungen ohne Schwitzwasserbildung befinden; in allen anderen Fällen muß die Wanddicke $\geq 3{,}0$ mm sein. Bei besonders ungünstigen Korrosionsbedingungen müssen geschlossene Querschnitte verwendet werden. Für Flächentragwerke aus Well- und Trapezblechen sind auch geringere Dicken zugelassen, in der Regel $\geq 0{,}75$ mm. Mit den kleineren Wanddicken erreicht man bei gleichem Stahlaufwand eine Vergrößerung der Tragfähigkeit der Profile bei **Biege- und Druckbeanspruchung**, weil die Querschnittsteile weiter von den Schwerachsen des Querschnitts entfernt liegen und dadurch einen größeren Beitrag zum Trägheits- und Widerstandsmoment liefern.

Die beiden quadratischen Hohlquerschnitte 67.1a und b haben gleichgroße Querschnittsflächen F. Durch Halbieren der Wanddicke t von 4 mm auf 2 mm wird das Trägheitsmoment vervierfacht (die Durchbiegung auf $\frac{1}{4}$ verkleinert), der Trägheitsradius i verdoppelt (der Schlankheitsgrad des Druckstabes halbiert), das Widerstandsmoment W verdoppelt (die Biegespannung halbiert). Bei geforderter Tragfähigkeit ist der Stahlbedarf einer Stahlleichtkonstruktion daher geringer als der einer „normalen" Stahlkonstruktion: Der Querschnitt 67.1c benötigt für das gleiche Widerstandsmoment W eine um 30,2% kleinere Querschnittsfläche F als der Querschnitt 67.1a.

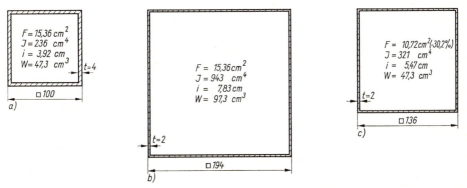

67.1 Vergleich der Querschnittswerte von Profilen mit unterschiedlicher Wanddicke
  a) Vergleichsquerschnitt mit 4 mm Wanddicke
  b) Querschnitt mit 2 mm Wanddicke und gleicher Fläche F
  c) Querschnitt mit 2 mm Wanddicke und gleichem Widerstandsmoment W

Weitere Gewichtsverminderung ergibt sich durch Verwenden von Stählen höherer Festigkeit. Der Verbindung der dünnwandigen Profile dienen neben den üblichen Verbindungsmitteln auch neuartige Mittel oder Verfahren, wie z.B. das Punktschweißen oder das Metallkleben.

Für Zugstäbe bietet die Leichtbauweise keinen Vorteil, weil die Tragfähigkeit nur von der Querschnittsfläche F bestimmt wird.

Die geringen Wanddicken der Stahlleichtbauten führen andererseits aber in erhöhtem Maße zu Instabilitäten, wie Beulen und Drehknicken. Bei den Querschnitten 67.1c und erst recht 67.1b ist das schon gefühlsmäßig erkennbar. Druckstäbe mit einem Schlankheitsgrad $\lambda > 200$ sind nach DIN 4115, 4.31, zu vermeiden. Wenn zur Stabilitätssicherung zusätzlicher Baustoff aufgewendet werden muß (71.2), erreicht die Stahlersparnis nicht das oben erwähnte Ausmaß.

Anwendungsbereiche

Stahlleichtbau ist i. allg. besonders lohnintensiv. Seine Wirtschaftlichkeit hängt daher davon ab, ob die Baustoffeinsparungen die vermehrten Lohnkosten decken. Da das ohne weiteres meist nicht der Fall ist, wird man die Lohnkosten durch verstärkten Maschineneinsatz senken. Diese Investitionen lohnen sich jedoch nur bei großen Stückzahlen gleicher Bauteile. Die Stahlleichtbauweise ist daher besonders geeignet für die Serienherstellung typisierter Bauteile, wie Decken- und Schalungsträger, Dachbinder, Hallenkonstruktionen, Dach-, Decken- und Wandelemente sowie Fertighäuser, die dann „nach Katalog" bestellt werden können.

Stahlleichtbauteile dürfen nur für vorwiegend ruhend belastete Konstruktionen ausgeführt werden; lediglich für Krane und Kranbahnen der Gruppen I und II können Rohrkonstruktionen verwendet werden. Nur zugelassene Werke dürfen Stahlleichtbauteile und Rohrtragwerke herstellen.

Korrosionsschutz

Die geringe Wanddicke begründet eine erhöhte Korrosionsgefahr, die den Stahlleichtbau i. allg. bei außergewöhnlichen Korrosionsbedingungen (z.B. in chem. Betrieben) ausschließt. Gedecktes Lagern des Werkstoffes, Entrosten vor dem Verarbeiten und dem Aufbringen der Korrosionsschutzschicht im Werk sowie deren Ausbesserung nach der Montage sind Grundbedingungen. Noch mehr als sonst im Stahlbau sind die allgemeinen und konstruktiven Maßnahmen für den Rostschutz zu beachten (Teil 1).

DIN 4115, 4.11, schreibt je nach Anwendungsgebiet 2 Arten des Korrosionsschutzes vor: Korrosionsschutz II kommt nur bei normalen Korrosionsbedingungen in Betracht, und zwar allgemein im Inneren von Gebäuden und bei geschlossenen Querschnitten mit $\geqq 3$ mm Wanddicke im Freien. Es besteht aus Spritzverzinkung oder galvanischer Verzinkung, einfacheren Rostschutzanstrichen mit Rostschutzfarben bzw. Bitumen oder aus Phosphatierung mit 2 Deckanstrichen. In allen anderen Fällen ist Korrosionsschutz I anzuwenden. Dieser besteht aus Feuerverzinkung oder galvanischer Verbleiung oder aus 2 Bleimennige-Grundanstrichen mit 2 Deckanstrichen. In den Zulassungen besonderer Bauweisen können noch weitergehende Auflagen für den Korrosionsschutz gemacht werden.

Einbetonierte Bauteile bleiben ohne Korrosionsschutz, müssen aber von ≧ 15 mm dickem, gegen Abfallen gesichertem Beton überdeckt sein. Nach dem Entwurf der Neufassung der DIN 4115 muß die Betonüberdeckung ≧ 35 mm, im Inneren von Gebäuden ohne wechselnde Durchfeuchtung ≧ 25 mm sein.

4.2 Werkstoffe und Verbindungsmittel

Werkstoffe

Der Leichtbau stellt über die im gewöhnlichen Stahlbau vom Werkstoff geforderten hohen Werte für Zugfestigkeit und Streckgrenze hinaus besondere Ansprüche an Kaltverformbarkeit und Schweißbarkeit; Stähle mit ≧ 0,36% Kohlenstoffgehalt scheiden daher aus.

Nahtlos warmgewalzte Rohre werden aus St 35, St 52 u. St 55 nach DIN 1629 oder aus gut schweißbarem Sonderstahl hergestellt, Bandstahlprofile aus warmgewalztem Bandstahl durch nachträgliches kaltes Falzen, Ziehen oder Kaltwalzen meist aus St 37. Zugfestigkeit und Streckgrenze des Stahles steigt durch die Kaltverformung bis zu 50% an, doch darf dies nicht zur Erhöhung der zulässigen Spannung ausgenutzt werden, wenn nicht eine besondere Zulassung hierfür vorliegt. Kaltverformung erhöht aber auch die Sprödigkeit, bei kleinen Wanddicken allerdings nicht so stark wie bei den dickeren Walzprofilen. Soll in kaltgeformten Bereichen geschweißt werden, sind geeignete Stahlgütegruppen zu wählen und die Bedingungen der DIN 4100, 6.3, zu beachten.

Verbindungsmittel

Kaltnietung ist zulässig bis ⌀ 10 mm. Löcher in tragenden Teilen dürfen nur bei Blechdicken < 4 mm gestanzt werden, wenn die Lochränder mit Reibahlen um 1 mm aufgerieben werden. Im Sinne des Leichtbaus liegt es jedoch, wegen der Querschnittsschwächung und Gewichtsvergrößerung das Nieten zu vermeiden. Lichtbogenschweißung wird besonders bei Rohrkonstruktionen angewendet. Mindestdicke der zu verbindenden Teile und der Schweißnähte ist ≧ 2 mm.

Punktschweißung ist eine elektrische Widerstandsschweißung, bei der die zu verbindenden Stahlteile durch Kupferelektroden zusammengedrückt und verschweißt werden (**69.**1 bis 4). Stärke und Dauer des mechanischen Druckes und

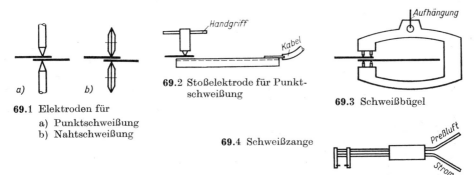

69.1 Elektroden für
a) Punktschweißung
b) Nahtschweißung

69.2 Stoßelektrode für Punktschweißung

69.3 Schweißbügel

69.4 Schweißzange

4.2 Werkstoffe und Verbindungsmittel — 4.3 Konstruktionen aus Kaltprofilen

elektrischen Stromes – Auslösung durch Fußschalter – sind den Blechdicken und den zu erzielenden Schweißpunktdurchmessern anzupassen.

Außer ortsfesten Schweißmaschinen verwendet man Stoßelektroden (**69.2**), mit denen auch schlecht zugängliche Punkte geschweißt werden können, sowie durch Hebezeuge oder von Hand bewegte Schweißbügel (**69.3**) und Schweißzangen (**69.4**). Durchlaufende Schweißnähte können mit Nahtschweißmaschinen hergestellt werden, deren Elektroden als Rollen ausgebildet sind (**69.1b**).

Für die Güte der Punktschweißverbindung ist Entrosten und **Entzundern** der Verbindungsstellen von wesentlicher Bedeutung. Zulässige **Blechdicken** und Schweißpunktdurchmesser s. Bild **70.1**. Die Schweißpunkte werden wie Niete vom Durchmesser d berechnet mit zul $\tau_A = 0{,}65$ zul σ und zul $\sigma_L = 1{,}8$ zul σ bei einschnittigen, zul $\sigma_L = 2{,}5$ zul σ bei zweischnittigen Verbindungen. Es müssen mindestens 2 und es dürfen höchstens 5 Schweißpunkte in Kraftrichtung hintereinander angeordnet werden. Die Regeln für die Abstände der Schweißpunkte untereinander und vom Rand s. Tafel **70.2**.

Die regelmäßige **Prüfung** der Punktschweißung ist in DIN 4115, 4.44, geregelt.

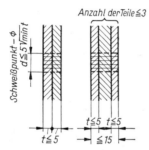

70.1 Zulässige Blechdicken bei Punktschweißung

Tafel **70.2** Abstände der Schweißpunkte. Schweißpunktdurchmesser $d \leq 5\sqrt{\min t}$

		in Kraftverbindungen	in Heftverbindungen			
					ohne	mit
gegenseitige Abstände					umgebördeltem Rand	
		$6{,}0\,d \geq e_1 \geq 3{,}0\,d$	$e_H \leq$	Druckstäbe	$8\,d$ $20 \min t$	$12\,d$ $30 \min t$
				Zugstäbe	$12\,d$ $30 \min t$	$18\,d$ $45 \min t$
Randabstände	∥ Kraft	$4{,}5\,d \geq e_2 \geq 2{,}5\,d$	$e_r \leq \dfrac{e_H}{2}$			
	⊥ Kraft	$4{,}0\,d \geq e_3 \geq 2{,}0\,d$				

4.3 Konstruktionen aus Kaltprofilen

4.31 Querschnitte

Die zum Teil genormten Kaltprofile sind sehr vielgestaltig und können jedem Verwendungszweck angepaßt werden (Teil 1, Abschn. Kaltprofile). Die in DIN 59413 Bl.1 genormte Bezeichnungsweise der Kaltprofile ist aus den Bildern **72.1** und **73.1** ersichtlich. Knick- und torsionssteife **Hohlquerschnitte** (**71.1**) können aus einzelnen Grundformen zusammengesetzt werden. Die Profilabmessungen **gedrückter Bauteile** müssen in der Regel gemäß DIN 4114, 9, und DIN 4115, 4.33, dem Bild **71.2** entsprechen, sofern kein genauerer Stabilitätsnachweis erbracht wird; eingepreßte Sicken erhöhen erforderlichenfalls die Beulsicherheit.

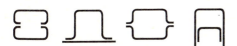

71.1 Beispiele für aus Kaltprofilen zusammengesetzte Hohlquerschnitte

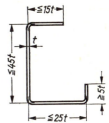

71.2 Mindestabmessungen von Druckstäben

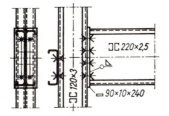

71.3 Trägeranschlüsse an eine Stütze

4.32 Träger und Stützen

Die Grundformen der Kaltprofile werden konstruktiv in der gleichen Weise verwendet wie die entsprechenden Walzprofile. Für das Skelett eines Wohn- oder Geschäftshauses zeigt Bild **71.3** den Anschluß des Unterzuges und des Deckenträgers an die Stütze. Bei den Trägern ist eine ausreichende Kippsicherheit nachzuweisen und ggf. durch Verspannungen oder andere geeignete Maßnahmen herzustellen.

4.33 Fachwerke

Aus der Vielzahl der Stahlleichtbauerzeugnisse werden im folgenden 3 typische Bauweisen im Beispiel vorgestellt:
Die Dachbinder der Fa. **Wuppermann** (**72.1**) werden serienmäßig mit 15° Dachneigung und mit Stützweiten von 7,5···25 m hergestellt. Es werden einfache, mindestens 3 mm **dicke**, schachtelbare Profilformen verwendet, die durch

4.3 Konstruktionen aus Kaltprofilen

Lichtbogenschweißung miteinander verbunden sind. Dadurch unterscheidet sich die Durchbildung nicht von geschweißten Fachwerken üblicher Konstruktion. Wegen der großen Maßgenauigkeit der Kaltprofile passen der Untergurt und die Diagonalen mit ihrer Breite in das Hutprofil des Obergurtes hinein und werden ohne Knotenbleche angeschweißt. Bimsstegdielen als Eindeckung liegen unmittelbar auf den in $2 \cdots 2{,}5$ m Abstand angeordneten Bindern auf und beanspruchen den Obergurt zusätzlich auf Biegung; der ⌑ 50×5 am unteren Ende des Obergurtes verhindert das Abgleiten der Dachplatten, die in regelmäßigen Abständen aufgeschweißten ⌑ 40×4 sichern den Obergurt gegen seitliches Ausknicken, indem sie in die Fugen der Bimsplattenscheibe einbinden. Bei leichter Dacheindeckung (Wellasbestzement) kann der Binderabstand bei Anordnung von Pfetten bis auf 4 m vergrößert werden.

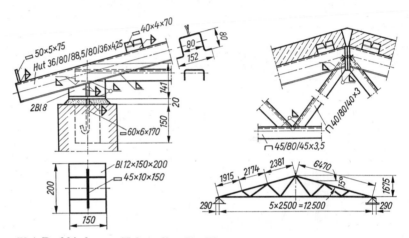

72.1 Dachbinder aus Kaltprofilen (Fa. Wuppermann)

Aus sehr dünnwandigen Grundtypen der Kaltprofile wird der Dachbinder von Bild **73.**1 mit Stützweiten von 10 und 12,5 m serienmäßig hergestellt. Die je nach Belastung in $2{,}0 \cdots 2{,}5$ m Abstand angeordneten Binder tragen ohne Pfetten ≈ 8 cm dicke Bimsstegplatten, wofür der Obergurt biegefest ausgebildet ist mit Abstützung der Gurtwinkel gegen den Steg. Die einzelnen Profile sind durch Schweißpunkte von ⌀ 5 mm in ≈ 50 mm Abstand verbunden. Die Diagonalen aus übereckgestellten L werden an die breiten Stege der Gurte ohne Knotenbleche durch Punktschweißung angeschlossen. Die Montagestöße in Bindermitte sind verschraubt, wobei die dünnen Stege zur Erzielung der erforderlichen Lochwanddicke durch aufgepunktete Beibleche verstärkt sind. Wegen der Häufung der Blechlagen müssen die mittleren Diagonalen an den Obergurt mit Nieten ⌀ 5 angeschlossen werden. Der Obergurtstoß ist als Kontaktstoß ausgebildet. Der Steg des Obergurtes bindet zwecks Knicksicherung in die Fugen der Dachplatten ein. Zusätzlich wird der Obergurt durch Verbindungsstäbe zwischen den Bindern in den Viertelspunkten der Stützweite gegen die Dachverbände abgestützt.

4.33 Fachwerke

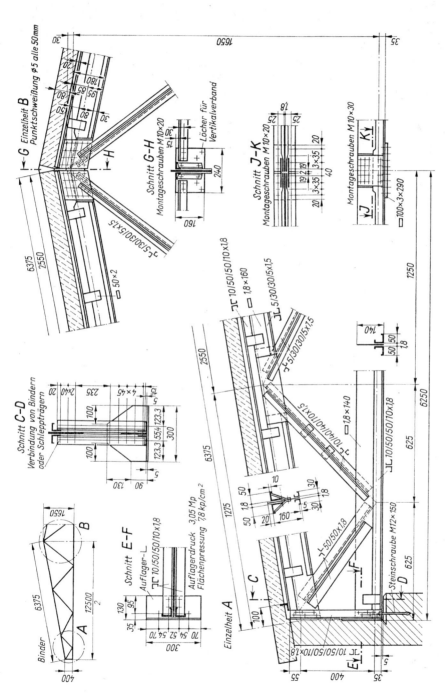

73.1 Punktgeschweißter Fachwerkbinder

4.3 Konstruktionen aus Kaltprofilen

Für die serienmäßig hergestellten Zweigelenkrahmen der Fa. Donges Stahlbau (74.1) werden eigens entwickelte Sonderprofile verwendet; wegen der Kaltverfestigung wurden erhöhte zulässige Spannungen genehmigt. Durch die Querschnittform (74.2) hat der Rahmen eine große Seitensteifigkeit. Das breite Obergurtprofil erlaubt unmittelbares Auflagern von Dachplatten. Die Tragfähigkeit des im Bereich der Rahmenecke auf Biegedrillknicken beanspruchten Untergurtes wird durch Ausbetonieren beträchtlich erhöht.

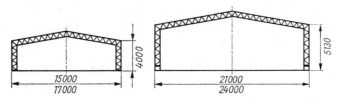

74.1 Dolesta-Standard-Binder

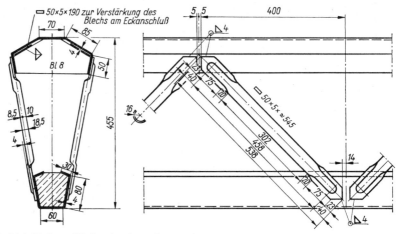

74.2 Dolesta-Binder für 17 m Stützweite

4.34 Vollwandige Konstruktionen

Vollwandträger für leichte Binder und Unterzüge können aus einem Stegblech und Winkelprofilen für die Gurte durch Punktschweißung zusammengesetzt werden (74.3a); das nach oben herausragende, in die Dach- oder Deckenplatte einbindende Stegblech sichert den Träger gegen Kippen (74.3b).

74.3 Vollwandträger aus Bandstahl
    a) und b) Stegblech mit Gurtwinkeln
    c) aus abgekantetem Blech

Durch Abkanten der Bleche lassen sich vielgestaltige Querschnitte z.B. für Deckenträger herstellen (**74.3**c); der torsionssteife Hohlquerschnitt des Obergurtes verbessert die Kippsicherheit.

Das Tektal-Dach (**75.1**) ist ein Flächentragwerk mit längsversteifenden Rippen in 1 m Abstand und querversteifenden eingeprägten Sicken (Schnitt A–B). Die durch Kaltwalzen und Tiefziehen eingetretene Werkstoffverfestigung wird aufgrund von Traglastversuchen bei der Tragfähigkeit berücksichtigt. Die Dachbleche werden mit den Längsrippen auf der Baustelle durch Bohrschrauben oder durch Kaltniete schubfest verbunden, so daß sie als Obergurt der Längsrippen mitwirken und zugleich bei Belastung in Rippenlängsrichtung eine zusammenhängende Dachscheibe bilden, die Dachverbände entbehrlich macht. Bis zu 10 m Stützweite kann das Tektal-Dach als selbständige Dachkonstruktion verwendet werden; bei größeren Stützweiten sind Binder vorzusehen. Der verwendete Bandstahl ist feuerverzinkt und erhält auf Wunsch eine zusätzliche Einbrennlackierung.

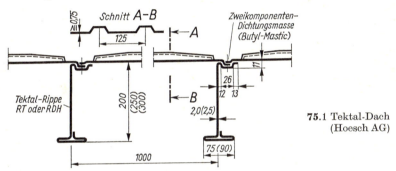

75.1 Tektal-Dach (Hoesch AG)

Bei steiler Dachneigung kann man die Wärmedämmung unter die Rippen hängen, wobei der Raum unter dem Dachblech gut belüftet werden muß (Kaltdach). Meist wird die Wärmedämmung aber auf die Bleche gelegt (Warmdach); die Sicken zeigen dann nach unten, und durch Abdichtung der Fuge über der Vernietung mit einer selbstklebenden Aluminiumfolie wird das Dach dampfdiffusionsdicht.

Eine gleichartige Konstruktion wird in 4 Profilreihen als Bandstahldecke mit zulässigen Stützweiten von 4,25···10,0 m und 62,5 cm Rippenabstand hergestellt.

4.4 Rohrkonstruktionen

4.41 Allgemeines

Rohre haben einen günstigen Querschnitt für Druckstäbe, da der für die Knicksicherheit maßgebende Trägheitshalbmesser i bei geringstem Werkstoffaufwand einen großen Wert annimmt.

Für Schlankheitsgrade $\lambda < 115$ gelten nach ergänzenden Bestimmungen zu DIN 4114, Abschn. 7 und 10, für einteilige Druckstäbe aus Hohlprofilen unter den nachfolgenden Bedingungen kleinere **Knickzahlen** ω. Mit $t=$ Wanddicke, $D=$ Außendurchmesser und $r=$ mittlerer Halbmesser des Rundrohres, $a=$ größere und $b=$ kleinere Seite des Rechteckrohres muß sein:

$$\frac{D}{t} \text{ bzw. } \frac{a}{t} \geq 6 \qquad \frac{a}{b} \leq \frac{7}{3}$$

Nach DIN 4114, 9 muß die Beulsicherheit der größeren Seite des Rechteckhohlprofils mindestens gleich der Knicksicherheit des Stabes sein:

$$\frac{a}{t} \leq 60 - 15 \cdot \frac{b^2}{a^2} \quad \text{für} \quad \lambda \leq 75 \qquad \frac{a}{t} \leq \left(0{,}8 - 0{,}2 \cdot \frac{b^2}{a^2}\right)\lambda \quad \text{für} \quad \lambda > 75$$

Bei Rundrohren muß hierfür die Bedingung $\qquad \dfrac{t}{r} \geq \dfrac{25\,\beta_S}{E} \qquad$ erfüllt sein.

Es werden geschweißte bzw. nahtlose Stahlrohre oder auch Rechteckhohlprofile angewendet (s. Teil 1); bei Rundrohren ist das Verhältnis D/t so abgestimmt, daß bei Druckstäben üblicher Schlankheit örtliches Ausbeulen nicht eintreten kann. Die wirtschaftlichen Durchmesser sind i. allg. $\approx 50\cdots 300$ mm, wobei für jeden Rohrdurchmesser $10\cdots 15$ verschiedene Wanddicken verfügbar sind. Durch Verändern der Wanddicken ist es möglich, die Querschnitte scharf auszunutzen bzw. sie bei gleichbleibendem Außendurchmesser unterschiedlichen Beanspruchungen anzupassen (z. B. gleiche äußere Stützenabmessungen in allen Geschossen eines Hochhauses). Weitere Vorteile bieten Erleichterungen bei Transport und Montage sowie die geringen Anstrich- und Unterhaltungskosten, da die Rohre innen nicht rosten und einfache und kleine Anstrichflächen haben.

4.42 Stützen

Eingeschossige Rohrstützen mit Trägerauflagerung s. Teil 1. Durch **Ausbetonieren** mit Beton Bn 250 kann die Tragfähigkeit der Rohre erheblich gesteigert werden[1]); besondere Brandschutzmaßnahmen s. Teil 1 Abschn. Feuerschutz.

Bei durchgehenden Stützen und kleinen Auflagerdrücken schließt man den Trägersteg mit einem an der Stütze angeschweißten Anschlußblech an (**77.1**). Stärker belastete Unterzüge können mittels Stirnblechs auf einer dicken, mit der Stütze verschweißten und dem Rohrquerschnitt angepaßten Knagge aufgelagert werden; das Anschlußblech sichert den Träger gegen Abrutschen. Der **Baustellenstoß** der Stütze ist mit Kopf- und Fußplatte als Kontaktstoß ausgebildet. Durch Vorkrümmen vor dem Schweißen muß den Schrumpfverformungen der Platten entgegengewirkt werden, oder man muß die Platten nach dem Schweißen eben bearbeiten.

Bei dem Kontaktstoß in Bild **77.2** stehen die rechtwinklig bearbeiteten Stirnflächen der Rohre aufeinander. Ihre Lage wird durch ein als Muffe an die untere Stütze geschweißtes Rohrstück gesichert, das auf der Baustelle mit dem oberen Stützenschuß mit Kehlnähten ebenfalls verschweißt wird.

---

[1]) Klöppel, K. und Goder, W.: Traglastversuche mit ausbetonierten Stahlrohren und Aufstellung einer Bemessungsformel. Der Stahlbau (1957), H. 2

4.41 Allgemeines — **4.42** Stützen — **4.43** Fachwerke

77.1 Mehrgeschossige Rohrstütze mit geschraubtem Baustellenstoß und Trägeranschlüssen

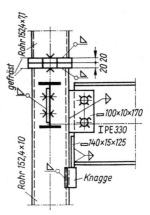

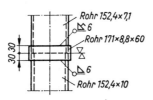

77.2 Kontaktstoß einer Rohrstütze

4.43 Fachwerke

Rohrfachwerke entsprechen in Anwendung und Konstruktion den anderen geschweißten Fachwerken, so daß Abschn. 3, Fachwerke, sinngemäß gilt.

Knotenpunkte

Die Rohre werden in den Knotenpunkten meist unmittelbar miteinander verbunden (**77.3**). Die senkrecht auf den Gurt einwirkende Vertikalkomponente D_v der Diagonalstabkraft verursacht Verformungen des Gurtrohrs, die zu einer ungleichmäßigen Spannungsverteilung in der Schweißnaht führen. Der Gütegrad des Knotens wird gesteigert, wenn sich die Füllstäbe im Anschluß gegenseitig durchdringen, weil nur Horizontalkräfte (Gurtkraftdifferenz) in die Gurte übertragen werden müssen (s. **46.1b**), während sich die Vertikalkomponenten der Diagonalkräfte unmittelbar ausgleichen und den Gurt daher nicht quer belasten.

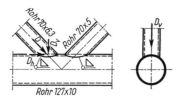

77.3 Knotenpunkt eines Rohrfachwerks ohne Überschneidung der Füllstäbe

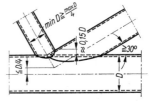

77.4 Mindestabmessungen bei unmittelbar verbundenen Rohren

Um die Durchdringung der Füllungsstäbe zu erreichen, darf der Strebenschnittpunkt bis zu $D/4$ oberhalb der Gurtachse liegen (**77.4**). Im gleichen Bild sind die vorgeschriebenen Mindestwerte für die Winkel zwischen den Stäben und für die Rohrdurchmesser angegeben. Die räumlichen Schnittkurven der Rohrenden werden zugleich mit der Schweißfase von Rohrbrennmaschinen automatisch hergestellt. Die Nähte werden als Stumpfnähte mit gut durchgeschweißter Wurzel ausgeführt; die Nahtdicke entspricht der Wanddicke.

4.4 Rohrkonstruktionen

Die Beanspruchungen im Knoten sind relativ gering, da die zulässige Schweißnahtspannung nach DIN 4115, 4.51, bei unmittelbar verbundenen Rohren nur zul $\sigma_w =$ 0,65 · zul σ beträgt, wobei die der Berechnung zugrunde gelegte Schweißnahtfläche F_w nicht größer als die kleinste Querschnittsfläche des Rohres angenommen werden darf; die Schrägschnitte an den Rohrenden bleiben also unberücksichtigt. Während sich die kleine Belastbarkeit der Anschlüsse bei Druckstäben etwa mit dem Knickbeiwert ω ausgleicht, können Zugstäbe nicht voll ausgelastet werden. Nach DIN 4115, 4.53, dürfen jedoch höhere Spannungen $\sigma_w \leq 0{,}9$ · zul σ bei Zug und $\sigma_w \leq$ zul σ bei Druck angesetzt werden, wenn auf Grund einer Prüfung der Schweißer an Probestücken und der Bauart an einem typischen Tragwerk eine Sonderzulassung erteilt wurde.

Knotenbleche müssen angeordnet werden, wenn der Anschlußwinkel zu spitz ist (**78.1**) oder wenn quer durch das Rohr große Einzellasten hindurchzuleiten sind, die ohne ein Knotenblech das Rohr zusammendrücken würden (**78.2, 157.1**); bei großen Anschlußkräften wird das Gurtrohr geschlitzt und das Knotenblech durchgesteckt.

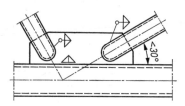

78.1 Knoten eines Rohrfachwerkes mit angeschweißtem Knotenblech und geschlitzten Diagonalen bei spitzem Anschlußwinkel

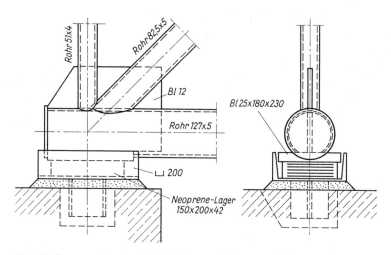

78.2 Auflagerpunkt eines Rohrbinders mit Neoprene-Lager

Ein Beispiel für ein Rohrfachwerk ist in Bild **79.1** dargestellt.

Für die unmittelbare Verbindung der Vierkantrohre gelten die gleichen Überlegungen wie bei Rundrohren; die Nachgiebigkeit der ebenen Rohrwandungen ist aber größer als bei den zylindrischen Rundrohren, so daß der nachteilige Einfluß der Vertikalkomponenten D_v (**77.3**) verstärkt in Erscheinung tritt. Gleich breite Füllstäbe sollen sich daher stets durchdringen (**79.2a**), wobei eine Vergrößerung der Biegesteifigkeit der Gurtrohrwand durch ein ausreichend dickes, aufgeschweißtes Blech eine wesentliche Verbesserung der Tragfähigkeit des Knotens bewirkt (**79.2**b). Bei Füllstäben unterschiedlicher Breite dient eine Queraussteifung dem gleichen Zweck (**79.2**c). Sind alle Stäbe im Knotenpunkt gleich breit, verbessern aufgeschweißte Knotenbleche ebenfalls den Gütegrad der Verbindung (**79.2**d). Die Bearbeitung der Rohrenden mit gewöhnlichen Schrägschnitten ist einfacher und billiger als bei Rundrohren. Bei unmittelbarer Verbindung gelten dieselben Vorschriften für die Berechnung der Schweißnähte wie bei den Rundrohren.

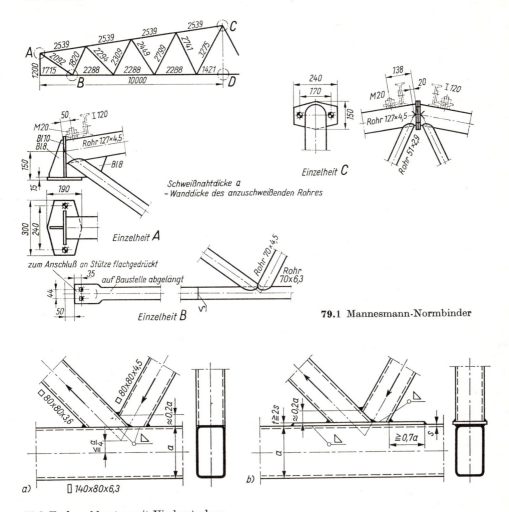

79.1 Mannesmann-Normbinder

79.2 Fachwerkknoten mit Vierkantrohren
   a) Durchdringung der Diagonalen zum Ausgleich der vertikalen Stabkraftkomponenten
   b) Verstärkung der Gurtrohrwandung
   c) Aussteifung der Gurtrohrwandung
   d) zusätzliche Knotenbleche

(Fortsetzung s. nächste Seite)

4.4 Rohrkonstruktionen

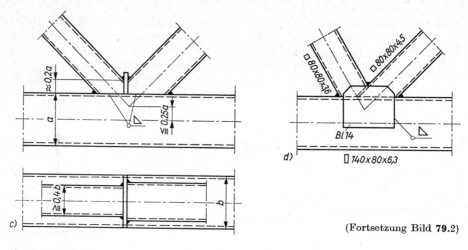

(Fortsetzung Bild **79.2**)

Stoßverbindungen

Werkstattstöße von Rohren werden bei gleichem Durchmesser meist stumpf geschweißt (**80.1**a); der Einlegering erlaubt das einwandfreie Durchschweißen der nicht zugänglichen Nahtwurzel. Bei kleinem Unterschied in den Rohrdurchmessern kann die Stoßverbindung mit einer ausreichend dicken Stoßquerplatte hergestellt werden (**80.1**b).

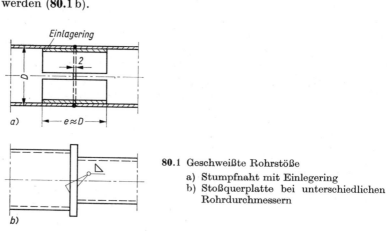

80.1 Geschweißte Rohrstöße
   a) Stumpfnaht mit Einlegering
   b) Stoßquerplatte bei unterschiedlichen Rohrdurchmessern

Baustellenstöße der Gurte werden meist geschraubt. Den Stoß des Druckgurtes kann man als Kontaktstoß mit Stirnplatten (**77.1** und **79.1**, Punkt C) und den Stoß des Zuggurtes als geschraubten Laschenstoß ausführen (**81.1**). Um die zulässige Zugkraft des Stabes voll anzuschließen, wird der Kraftanteil, der durch den Schlitz im Rohr verlorengeht, durch Vorbinden vor Beginn des Schlitzes mit Kehlnähten in das Stoßblech eingeleitet. Ähnlich kann man auch beim Knotenblechanschluß einer Zugdiagonale verfahren. Der luftdichte Verschluß der Rohrenden erfolgt entweder durch Zukümpeln (**78.1**), durch Anschweißen von Halbkugelschalen (**81.1**) oder mit einem Deckel (**78.2**).

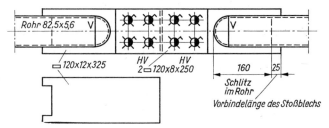

81.1 Geschraubter Baustellenstoß eines Zuggurtes (Punkt D von Bild 79.1)

Ist ausnahmsweise am Baustellenstoß des Fachwerks auch ein **Füllstab** anzuschrauben, dann kann dies etwa nach Bild **81.2** ausgeführt werden. Für die Knotenverbindung vollständig zu verschraubender Rohrfachwerke hat man geschmiedete Formstücke entwickelt, die in die Enden der Füllstäbe eingeschweißt werden.

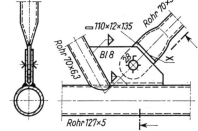

81.2 Geschraubter Anschluß einer Rohrdiagonale

Besondere Bauweisen

Dachkonstruktionen aus Rohren sind besonders bei **Serienfertigung** wirtschaftlich, wie z. B. die Mannesmann-Normbinder (**79.1**), die mit Stützweiten von $12 \cdots 30$ m hergestellt und nach Bedarf mit Oberlichtern und angehängten leichten Krananlagen versehen werden.

Die Querschnittsform des Rohres erleichtert schiefwinklige Anschlüsse, so daß Rohrkonstruktionen für **Raumfachwerke** besonders geeignet sind. **Dreigurtträger** mit Diagonalen in allen drei Seitenflächen sind torsionssteif und finden Anwendung für Dachbinder (**82.1**), Pfetten, Rohr- und Transportbrücken usw.

Fügt man eine große Anzahl regelmäßiger Körper, wie Würfel, Tetraeder und Oktaeder, deren Kanten durch Rohrstäbe gebildet werden, zu einem Tragwerk zusammen, so müssen in den Knotenpunkten viele Stäbe miteinander verbunden werden (**82.2**).

Bei der **Oktaplatte** (**Mannesmann**) werden die 6 in der Ebene und 3 räumlich ankommenden Stäbe an eine Kugel aus St 52 angeschweißt (**82.3**). Die Bauweise eignet sich wegen ihrer architektonischen Wirkung zur Überdachung repräsentativer Räume.

Eine ähnliche, aber geschraubte Verbindung ist von der Firma **Mero**, Würzburg, entwickelt worden: In kegelstumpfförmigen Anschweißenden der Rohre stecken Gewindebolzen, die mit der Schlüsselmuffe in die Gewindelöcher der Verbindungskugel eingeschraubt werden (**82.4**). Aus den serienmäßig in Einheitslängen gelieferten Rohren können Raumfachwerke, Dreigurtträger, Lehrgerüste, Arbeitsgerüste, ortsfeste und fahrbare Hebezeuge usw. baukastenartig zusammengesetzt werden.

4.4 Rohrkonstruktionen

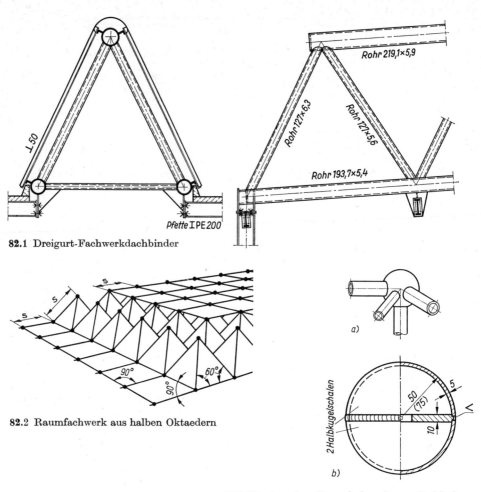

82.1 Dreigurt-Fachwerkdachbinder

82.2 Raumfachwerk aus halben Oktaedern

82.3 Knoten eines Raumfachwerks aus Stahlrohren
a) Stabverbindung mit Hohlkugel
b) Konstruktion der Kugel

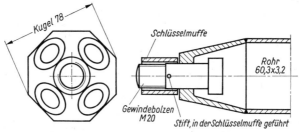

82.4 Knotenpunktsverbindung des MERO-Raumfachwerks

5 Dachkonstruktionen

5.1 Allgemeines

Dachkonstruktionen bestehen aus der **Dachhaut** oder Dacheindeckung, die den Schutz gegen Niederschläge, Wind und Temperatur bietet, sowie aus den tragenden Teilen, den **Sparren, Pfetten, Bindern, Verbänden** und **Auflagern**, die alle äußeren Lasten aus der Dachhaut übernehmen und in die Unterstützungen ableiten (83.1).

Lastannahmen

Das **Eigengewicht** errechnet sich aus Gewicht der Dachhaut, Sparren, Pfetten, Binder und Verbände sowie gegebenenfalls angehängter Decke. Das Eigengewicht der Dachhaut und der angehängten Decke ist DIN 1055 Bl. 1, das der Pfetten und Binder am besten ähnlichen Ausführungen zu entnehmen. Näherungswerte für das Eigengewicht von Pfetten s. Abschn. 5.4, von Dachbindern einschl. der Dachverbände s. Tabellen in [13; 17].

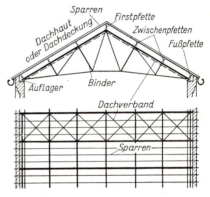

83.1 Dachkonstruktion; Übersicht

Die **Schneelast** ist in DIN 1055 Bl. 5 vorgeschrieben. Bei normalen Verhältnissen gilt für Dachneigungen $\alpha \leq 20°$ die volle Schneelast von 75 kp/m² Grundfläche, für $\alpha > 20°$ ist $s = 95 - \alpha°$ in kp/m² Gfl.; für $\alpha > 60°$ entfällt die Schneelast. Im Gebirge sind höhere Schneelasten anzunehmen. Beträgt bei einer Dachkonstruktion oder einem Bauteil der Anteil der so berechneten Schneelast s an der Gesamtlast $q = g + p + s$ mehr als 60%, dann sind alle erforderlichen Nachweise mit der um den Faktor $k = 1,24 - 0,6 \left(1 - \dfrac{s}{q}\right)$ vervielfachten Schneelast zu führen. Außer bei Dreieckbindern sind stets die Belastungen aus Schnee links, rechts und voll zu untersuchen[1]).

Die **Windlasten** sind nach DIN 1055 Bl. 4 und den Ergänzenden Bestimmungen nach dem Regelverfahren unter Beachtung der Sogkräfte oder nach dem Sonderverfahren für ganze Bauwerke anzusetzen.

$$w = c \cdot q \qquad (83.1)$$

Hierin sind w = Windlast in kp/m² senkrecht zur getroffenen Fläche
c = Beiwert in Abhängigkeit von Lage und Form der getroffenen Fläche
q = Staudruck in kp/m²

---
[1]) Der Entwurf zu DIN 1055 Bl. 5 vom März 1973 macht die Größe der Schneelast von Schneelastzonen und der Geländehöhe abhängig und sieht weitere Änderungen gegenüber obigen Angaben vor.

5.1 Allgemeines — 5.2 Dachhaut

Es sind anzusetzen

Höhe über Gelände in m	≤ 8	$> 8 \cdots 20$	$> 20 \cdots 100$	> 100
Staudruck q in kp/m²	50	80	110*	130

* Mindestwert für ein Bauwerk auf steiler und hoher Geländeerhebung

Gleichzeitige Belastung aus Wind- und Schneelast ist bei Dachneigungen $\alpha \leq 45°$ zu berücksichtigen bzw. bei größeren Dachneigungen nur an Stellen mit Schneeansammlungen und wenn es von der Bauaufsichtsbehörde besonders verlangt wird[1]). Anstelle der Schnee- und Windlast kann bei Bauteilen mit kleiner Belastungsfläche (Dachhaut, Sprossen, Sparren, unmittelbar belastete Binderobergurte) eine Einzellast von 100 kp in ungünstigster Stellung maßgebend werden; bei leichten Sprossen genügt eine Einzellast von 50 kp, wenn das Dach nur mit Hilfe von Bohlen oder Leitern begehbar ist.

5.2 Dachhaut

Sie soll wasserdicht sein, und das Niederschlagswasser muß rasch und vollkommen abfließen können. Dazu ist für jede Dachdeckung eine Mindestneigung einzuhalten (Taf. 84.1). Die Biegefestigkeit der Dachhaut bestimmt den maximalen bzw. den wirtschaftlichen, in der Dachneigung gemessenen Pfettenabstand. Die Dachneigung legt die Binderform, der Pfettenabstand legt die Fachwerk-Knotenpunkte des Binderobergurtes fest.

Tafel 84.1 Übliche Mindestwerte der Dachneigung α verschiedener Dachdeckungen

verzinkte Falzbleche, doppellagige Dachpappe	3°
verzinkte Stahlpfannen, Wellblech	10°
Falzziegel	18°
Pfannen, Schiefer, Glas	30°

5.21 Altbewährte Eindeckungen

Pappe, Schiefer oder Asbestzementplatten auf Schalung und Dachziegel verschiedenster Art auf Holzlattung werden auf Holzsparren verlegt [4]. Stahllattung verwendet man nur bei Stahlsparren, die in Abständen $\leq 1,5$ m angeordnet werden können. Der Pfettenabstand ist $3,0 \cdots 4,5$ m.

5.22 Massive Dachplatte

Ihre Dacheindeckung erfolgt meist mit doppellagiger Teer- oder Bitumenpappe.
Rundstahlbewehrte Ortbetonplatten nehmen durch die Scheibenwirkung den Dachschub auf, so daß die Pfetten nicht auf Doppelbiegung beansprucht

---
[1]) S. Fußnote S. 83.

5.21 Altbewährte Eindeckungen — 5.22 Massive Dachplatte — 5.23 Metalldächer

werden. Der Mindestdicke von 5 cm entspricht ein Pfettenabstand von $\lessgtr$ 2,0 m. Wegen Schwitzwasserbildung ist eine zusätzliche Wärmedämmung notwendig. Wegen ihrer hohen Herstellungskosten werden Ortbetonplatten heute durchweg ersetzt durch **Stahlbeton-Fertigteile**, wie Kassettenplatten, Vollplatten und Hohldielen aus Beton und Leichtbeton (DIN 4027 und 4028) sowie Spannbetonplatten (DIN 4227) verschiedener Fabrikate und Patente (**85.**1). Sie sind leicht, wärmedämmend und werden ohne Schalung unmittelbar auf den Stahlpfetten oder -sparren verlegt. Die Plattenfirmen haben eigene Anschlüsse und Befestigungen für die üblichen Pfettenprofile entwickelt (**85.**2).

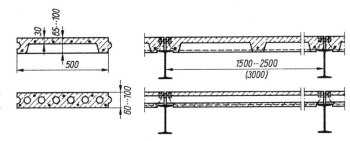

85.1 Kassetten- und Stegplatte aus Bimsbeton

Der **Pfettenabstand** ist i. allg. $\leq$ 2,5 m, bei Dachplatten aus Schaumbeton (DIN 4223) $\leq$ 5,0 m. Wegen der notwendigen Auflagerbreite auf dem Oberflansch der Pfetten ist nach DIN 4028 das **Mindestprofil** der Pfetten I 140 oder IPE 140. Auch wenn statisch nicht erforderlich, ist eine Rundstahlverhängung der Pfetten zur Sicherung des genauen Pfettenabstandes zweckmäßig. Der **Dachschub** kann durch die steifen Dachplatten in die Traufpfette geleitet werden, so daß die Mittel- und Firstpfetten nicht auf Doppelbiegung beansprucht werden (**104.**3).

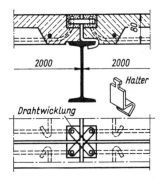

85.2 Beispiel für die Befestigung der Leichtbetonplatten an der Pfette

Scheibenwirkung ist i. allg. nicht gegeben, doch kann sie unter Verwendung von Spezialplatten dadurch hergestellt werden, daß man in die Quer- und Längsfugen eine durchgehende Rundstahlbewehrung einlegt und die Platten schubfest miteinander verbindet, indem der Fugenvergußmörtel dübelartig in die profilierten Fugenkanten einbindet (s. DIN 1045 und [1]).

5.23 Metalldächer

Eindeckungen aus verzinktem Stahl oder aus Aluminium sind im Verhältnis zu ihrem Eigengewicht sehr tragfähig und ermöglichen so leichte Tragwerke (Pfetten und Binder); sie sind feuersicher, bei Erdung blitzsicher und leicht dicht zu

5.2 Dachhaut

halten, weil die großen Bleche nur wenige Fugen haben. Man kann mit denselben Blechen steile und flache Dächer eindecken und braucht dabei nur die Überdeckung der Querfugen zu ändern. Oberlichter, Dachfenster und Lüftungsklappen lassen sich bequem in die Bleche einfügen; die Eindeckung des Firstes, der Kehlen und Grate sowie die Anschlüsse an Mauern und Ortgänge erfolgen jeweils mit besonders geformten Blechen. Wegen der großen **Wärmedehnung** ($\approx \pm 0{,}5$ mm/m, bei Aluminium $\approx \pm 0{,}8$ mm/m) müssen die Verbindungen verschieblich sein.

Die Nachteile der guten Wärmeleitfähigkeit der Metalle werden vermieden, wenn eine **Wärmedämmschicht** auf oder unter der Metallhaut verlegt wird (**90.1**, **92.4**). Damit die Dämmschicht nicht vom Schwitzwasser durchfeuchtet wird, muß eine außen liegende Metallhaut von unten gut belüftet werden, was allerdings eine steile Dachneigung voraussetzt. Die Dämmschichten dämpfen zugleich das Geräusch bei starkem Regen.

Wegen der Notwendigkeit zusätzlichen Korrosionsschutzes verzinkter Bleche s. Teil 1.

Stahlpfannen

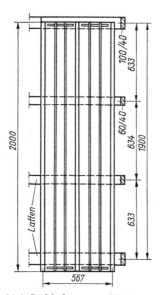

86.1 Stahlpfannen auf Lattung

Querschnitt und Abmessungen der Pfannenbleche von 2000 mm Regelänge nach DIN 59231 s. Teil 1 Abschn. Bleche (**86.1**). Kleine Querwulste an den Schmalseiten verhindern ein Hochsaugen des Wassers an der Überdeckung und ermöglichen die Belüftung. Die **Überdeckung** in den Lagerfugen beträgt 100 ... 200 mm für Dachneigungen $\alpha = 18°$ ... 10°. Die Verlegung erfolgt entgegen der Hauptwindrichtung, die Längsfugen der einzelnen Lagen werden um $1/3$ der Baubreite versetzt, so daß an den Giebeln Ergänzungspfannen in $1/3$ und $2/3$ der normalen Breite notwendig werden. Stahlpfannen werden meist auf Latten oder Pfetten in den Drittelpunkten der Baulänge (**86.1**), bei erforderlichem Wärme- und Schallschutz auf Schalung mit Dachpappe, verlegt. Zur **Befestigung** auf Holz dienen Spezialnägel; auf Stahlpfetten werden die Pfannen mit verzinkten Hakenschrauben ähnlich wie Wellblech festgemacht (**88.1** b, [4]).

Stehfalzdeckung

Auf einer durchgehenden Holzschalung oder einem Massivdach werden Zinkbänder, 800 mm breit, oder verzinkte Stahlblechtafeln 1000 mm × 2000 mm oder Aluminiumbleche und -bänder durch doppelte Stehfalze miteinander verbunden und gegen Abheben in ≈ 350 mm Abstand durch Haften mit der Unterlage verbunden [4].

Wellbleche

Flaches Wellblech (Dachprofil) mit $l \leq 6000$ mm wird auf Pfetten verlegt, **Trägerwellblech** kann für freitragende, gewölbte Dächer verwendet werden (DIN 59231, Taf. **87.1** und Teil 1 Abschn. Bleche).

Die Pfettenentfernung beträgt bei Dachprofilen 2,5···3,5 m, bei Trägerprofilen > 3,5 m. Die Wellbleche sind als Träger auf 2 Stützen zu berechnen; Widerstandsmomente s. Tafel **87.1**. Die Länge der Überdeckung in den Querfugen wird wie bei den Stahlpfannen ausgeführt.

Tafel 87.1 Wellbleche nach DIN 59231

Profilart	Wellen-		Dicke s		Bau- breite	für 1,0 m Breite und $s = 1$ mm Dicke[1]	
	höhe h	breite b_1	von	bis	b_2	F in cm²	W_x in cm³
Dachprofile	18	76	0,56	1,5	836	11,9	4,71
	27	100	0,56	2,0	800	12,5	7,35
	30	135	0,63	2,0	810	12,3	7,92
	45	150	0,75	2,0	750	13,3	12,7
	48	100	0,63	2,0	600	15,3	18,6
Trägerprofile	67	90	1,0	2,5	450	20,6	31,2
	88	100	1,0	2,5	400	23,3	47,2

[1]) Für andere Dicken erhält man F und W_x angenähert durch Multiplikation mit s.

Die waagerechten **Lagerfugen** führt man über das ganze Dach durch, die **Stoßfugen** (**87.2**) werden gegeneinander versetzt und vernietet. In den über den Pfetten liegenden Lagerfugen werden die Tafeln entweder nicht miteinander verbunden oder in jedem dritten Wellenberg vernietet. Will man Schwitzwasser nach außen abführen, so bringt man in den Wellenbergen der Lagerfugen 10···20 mm dicke Stahlplättchen an (**87.3**); dadurch wird gleichzeitig eine Belüftung erreicht. Vermeidung von Schwitzwasser s. S. 86; die **Wärmedämmung** des Wellblechdachs erfolgt sinngemäß wie in Bild **92.4**.

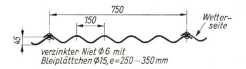

87.2 Wellblechtafel mit Vernietung der Stoßfugen

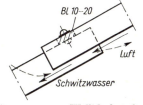

87.3 Ableitung des Schwitzwassers am Wellblechstoß

Zur **Befestigung** an den Pfetten muß das Wellblech genügend Auflagefläche erhalten. Es darf nicht durch Windsog abgehoben werden oder infolge des Eigengewichts und der Belastung abgleiten, und schließlich muß sich jede Tafel ausdehnen können. Wellbleche werden deshalb mit **Haften** (**88.1**a) oder mit **Hakenschrauben** (Sturmhaken **88.1**b) an den Pfetten befestigt.

5.2 Dachhaut

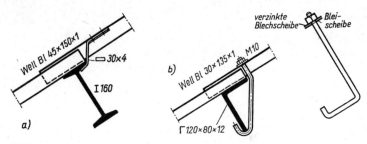

88.1 Wellblechbefestigung mit a) Haften (Agraffen), b) Hakenschrauben (Sturmhaken)

Haften bestehen aus 3,5···6 mm dickem, 25···40 mm breitem, verzinktem Flachstahl, werden in jedem zweiten oder dritten Wellenberg der oberen Tafel mit 2 Nieten ∅ 6···8 mm angenietet und sind dort der Wellenform entsprechend rund gebogen. Hakenschrauben ∅ 10 werden bei geschlossenen Gebäuden nur an der Fußpfette in Abständen von ≈ 1,50 m, bei offenen Hallen, bei denen ein Abheben der Tafeln durch den Wind möglich ist, in Abständen von 40···50 cm an jeder Pfette angeordnet.

Stehen die Pfetten lotrecht, so kann ein durchlaufender, gebogener und mit der Pfette verbundener Flachstahl für eine genügende Auflagefläche sorgen (**88.2** und **3**).

Der First wird durch eine Kappe aus geknicktem oder gebogenem Wellblech gleichen Profils abgedeckt, die durch einige Niete an den Wellenbergen festgehalten wird (**88.3**). Die Firstkappe kann auch aus Zinkblech hergestellt werden. Ihre Abdichtung erfolgt durch Verfalzen mit dem in den Wellenbergen angenieteten Zungenblech (**88.4 a**) oder durch Verbindung mit einem einfachen Abschlußblech, das in den Wellentälern angenietet ist (**88.4 b**).

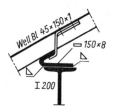

88.2 Wellblechauflagerung auf lotrechter Pfette

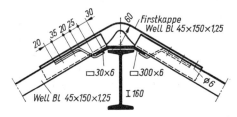

88.3 Firstkappe aus geknicktem Wellblech

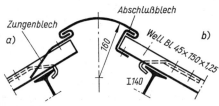

88.4 Firstkappe aus glattem Zinkblech

Den Endabschluß der Dachdeckung mit Anschluß an die Giebelwandverkleidung zeigt Bild **89.2**.

Weitere Einzelheiten über Giebelabschlüsse, Wandanschlüsse, Rinnenbefestigungen usw. s. [4; 7 und 11].

5.23 Metalldächer 89

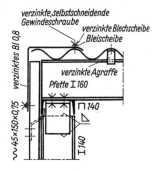

89.1 Dachanschluß an eine wellblechverkleidete Giebelwand

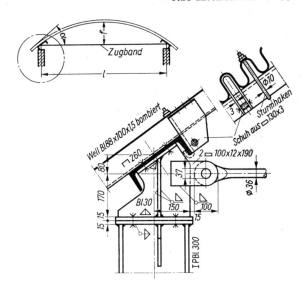

89.2 System und Lagerbock eines freitragenden Wellblechdaches mit Zugband

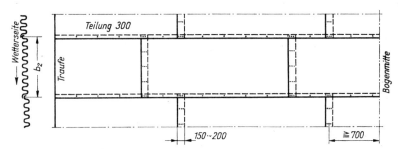

89.3 Abwicklung des Wellblech-Bogendaches

Freitragende Wellblechdächer

Einfach statisch unbestimmte kreisförmige Tonnengewölbe aus Trägerwellblech mit Zugband zur Aufnahme des Horizontalschubes bilden Dachtragwerk und Raumabschluß zugleich. Das Pfeilverhältnis wählt man $f/l = 1/5 \cdots 1/7$, die Stützweite $l \leq 12$ m und den Zugstangenabstand $2{,}5 \cdots 5$ m (**89.2**).

Der Bogen besteht aus längs gebogenen Wellblechtafeln in ungerader Anzahl, damit im Scheitel keine Fuge entsteht. In den gegeneinander versetzten Querfugen werden die sich überdeckenden Blechtafeln je nach der Stützweite mit drei bis fünf Reihen Niete ⌀ 6 in den Wellenbergen vernietet (**89.3**). Am Auflager stützt sich das Wellblech in jedem zweiten Wellenberg mit Schuhen aus gebogenem Blech gegen eine in der Dachrichtung liegende Fußpfette und wird durch Hakenschrauben gegen Abheben gesichert (**89.2**). An jedem Zugband-

5.2 Dachhaut

anschluß befindet sich eine Auflagerstelle; die Zugstangen kann man gegen Durchhängen am Wellblechbogen mit Hängestangen befestigen. Zu Belichtungs- und Lüftungszwecken können leichte Laternen aufgesetzt werden.

Berechnung der freitragenden Wellblechdächer s. [11] und [13].

Dachelemente aus verzinktem Stahlblech

Aus $\geq 0{,}75$ mm dickem, beiderseits bandverzinktem Stahlblech werden von mehreren Herstellern durch Kaltverformung tragende, raumabschließende Bauelemente mit unterschiedlicher Querschnittsgestaltung geliefert und von Fachkräften des Herstellwerkes eingebaut. Über Räumen mit besonders korrosionsförderndem Klima dürfen sie nicht verwendet werden.

In der Regel liegt die mit mindestens 2facher Dachpappe gedeckte Wärmedämmschicht oberhalb der Profilblechelemente; daher muß die Dachneigung $\geq 3°$ sein; nur bei besonderen Maßnahmen, die in den Zulassungen vorgeschrieben werden, ist eine kleinere Neigung möglich. Die zulässige Belastung der Elemente hinsichtlich der Materialbeanspruchung bzw. der zulässigen Durchbiegung (meist $f \leq l/200$) kann man in Abhängigkeit von der Stützweite und den Lagerungsbedingungen den Tabellen der Hersteller entnehmen. Eine Scheibenwirkung darf berücksichtigt werden, wenn sie im Zulassungsbescheid für die jeweilige Bauweise vorgesehen ist, und falls die dort vorgeschriebenen konstruktiven Maßnahmen ausgeführt wurden. Die Auflagerbreite auf Stahlträgern muß an Endauflagern ≥ 40 mm, an Zwischenauflagern durchlaufender und auskragender Platten ≥ 60 mm sein. Die Befestigung auf den Trägern erfolgt in jedem 2. Untergurt des Profils durch eine korrosionsgeschützte Schraube ⌀ 6 mm oder einen Setzbolzen mit ⌀ $\geq 3{,}5$ mm.

Trapezbleche (**90.1**), $35 \cdots 90$ mm hoch, $0{,}75 \cdots 2$ mm dick, ≤ 15 m lang und mit Baubreiten von $500 \cdots 950$ mm werden an ihren seitlichen Überlappungen durch korrosionsgeschützte Blindniete mit ⌀ ≥ 4 mm kraftschlüssig verbunden (**90.2**).

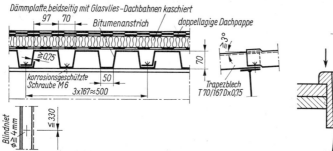
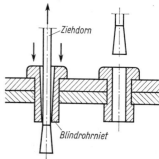

90.1 Aufbau eines Warmdaches mit Trapezblech-Dachelementen

90.2 Setzen eines Blindrohrniets

Je nach dem gewählten Profil kann die Stützweite der Elemente bis über 5,0 m betragen. Die Wärmedämmung und Dacheindeckung wird nach dem Verlegen und Befestigen der Blechelemente aufgebracht (**91.1**).

$2{,}5 \cdots 8$ m lange DLW-Dachelemente werden in 3 Profilen einschließlich der Wärmedämmung und einer Papplage geliefert, so daß das Dach nach dem Falzen

5.23 Metalldächer

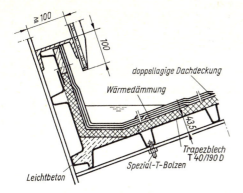
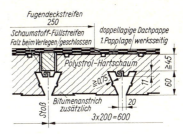

91.2 DLW-Dachelement

91.1 Shedrinnenausbildung mit Trapezblech-Elementen

der Längsseiten und Abdecken der Fuge schon vor dem Aufbringen der 2 Dachpapplagen einstweilen dicht ist (**91.2**). Die Schwalbenschwanzform der Stahlbleche ermöglicht in einfacher Weise das Anhängen von Unterdecken, Rohrleitungen und Kanälen. Je nach Belastung und verwendetem Profil sind Stützweiten bis über 5 m möglich. Die Elemente dürfen nicht zur Aussteifung der Dachfläche im Sinne einer Scheibenwirkung herangezogen werden.
Ein weiteres Beispiel für Dachelemente s. Abschn. 4.34.

Aluminium-Blech

Es ist ohne Anstriche witterungsbeständig, doch darf es nicht mit Kalk, Zement, Stahl und den meisten anderen Metallen in Berührung kommen. Bei Auflagerung auf Stahlkonstruktionen müssen isolierende Zwischenlagen angeordnet werden (Pappe, Kunstharzanstriche, Kunststoffstreifen), und die Befestigungsmittel müssen aus kadmiertem, verzinktem oder nichtrostendem Stahl bestehen. Aluminium ist ein sehr leichter Baustoff, der außen die Sonnenhitze und innen die Beleuchtung gut reflektiert.

Profilbänder für Dacheindeckungen kommen in vielen Querschnittsformen in den Handel, z.B. Wellblech- und Trapezquerschnitte sowie komplizierte, zum Aufklemmen geeignete Querschnittsformen [4]. Das Aluminiumblech nach Bild **92.1** mit einem Eigengewicht der Dachdeckung von ≈ 3 kp/m^2 wird in Längen $\leq 8{,}0$ m hergestellt, andere Profilbänder sind bis 27 m Länge lieferbar, so daß oft eine Dachhälfte ohne Blechstoß mit einer Bandlänge eingedeckt werden kann. Der Pfettenabstand richtet sich nach der Tragfähigkeit des Profils und nach der Dachneigung; maßgebend ist in der Regel die Durchbiegungsbeschränkung, da bei Aluminium die Durchbiegung ≈ 3mal so groß ist wie bei Stahlprofilen gleichen Querschnitts. Bei dem Blech nach Bild **92.1** ist der zulässige Pfettenabstand $\approx 2{,}7$ m.

Zur Befestigung auf den Pfetten dienen wie beim Wellblech verzinkte Hakenschrauben in den Wellenbergen (**88.1**b); wegen der großen Wärmedehnung (s. S. 86) erhält das Blech Langlöcher. Eine gedichtete Schraubbefestigung im Wellental zeigt Bild **92.2**. First-, Traufen-, Wandanschlüsse und andere Einzelheiten werden sinngemäß wie bei Wellblecheindeckung ausgeführt.

5.2 Dachhaut

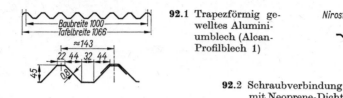

92.1 Trapezförmig gewelltes Aluminiumblech (Alcan-Profilblech 1)

92.2 Schraubverbindung mit Neoprene-Dichtung

5.24 Wellplatten aus Asbestzement

Asbestzement-Wellplatten nach DIN 274 sind sehr fest (zul $\sigma_B = 65$ kp/cm²), leicht (20 kg/m² ohne Befestigungsmaterial) und unempfindlich gegen Witterungseinflüsse, lassen sich wie Hartholz bearbeiten und eignen sich gut zur Wandbekleidung und Dachdeckung. Nach DIN 274, Bl.2, ist die **Mindestdachneigung** in Abhängigkeit vom Abstand Traufe–First $\alpha \geq 7 \cdots 12°$. Weitere Angaben enthalten Tafel **92.3** und DIN 274. Für First, Grat, Traufe, Ortgang, Maueranschluß und Wandecken gibt es Formstücke. Außer der hellgrauen Naturfarbe werden auch andere Farbtöne geliefert.

Tafel 92.3 Asbestzement-Wellplatten nach DIN 274; Anwendung bei Dachdeckungen (Maße in mm)

Profil	Wellen- breite	Wellen- höhe	Dicke	Bau- höhe	Bau- breite	Vorzugsmaße der Platten Breite	Vorzugsmaße der Platten Längen	bei Dachneigung α α	höchstzulässige Werte für Auflager- (Pfetten-) Abstände	höchstzulässige Werte für Belastung q $= g + s + w$ kp/m²	Mindest- längenüber- deckung der Platten
177/51	177	51	6,5	57,5	873	920	1250 1600	$< 20°$ $\geq 20°$	≤ 1150 ≤ 1450	≤ 370 ≤ 245	$\geq 200*$ ≥ 150
130/30	130	30	6	36	910	1000	2000 2500	$< 20°$ $\geq 20°$	≤ 1150 ≤ 1175	≤ 185 ≤ 185	$\geq 200*$ ≥ 150

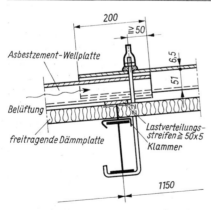

92.4 Belüftete Asbestzement-Wellplatteneindeckung mit innen liegender Wärmedämmung (Kaltdach)

* Bei $\alpha \leq 10°$ mit ≥ 8 mm dicker Einlage aus dauerplastischem Kitt

Verlegen und Befestigen mit mindestens 4 Haken je Platte erfolgen im wesentlichen wie bei Wellblechtafeln. Werden zwischen Pfetten und Wellplatten Wärmedämmstoffe verlegt, so sind zwischen Wellplatte und Dämmstoff ≥ 50 mm breite und ≥ 5 mm dicke **Lastverteilungsstreifen**, z.B. aus Asbestzement, anzuordnen (**92.4**). Da Wellplatten nicht begehbar sind, dürfen sie nur auf besonderen Laufflächen vorgeschriebener Abmessungen betreten werden.

5.25 Glaseindeckung

Wegen der Feuer- und Bruchsicherheit verwendet man **Drahtglas** von 6···10 mm Dicke. Drahtglastafeln werden bis zu 3 m² Größe hergestellt; ihre **Länge** soll 2,5 m nicht überschreiten. Die handelsüblichen **Scheibenbreiten** sind Vielfache von 3 cm; häufig verwendet werden Scheiben von 51···72 cm Breite. Aus der zulässigen Biegespannung für Glas ≈ 70 kp/cm² ergibt sich die **Glasdicke** zu $d \approx 1/90$ der Glasbreite. An den Längsseiten werden die Glastafeln durch Sprossen (Sparren) unterstützt, die auf Pfetten ruhen.

Damit die Glastafel infolge der Durchbiegung der Sprosse keine zu große Biegebeanspruchung in Sprossenrichtung erfährt, darf der Krümmungshalbmesser der Biegelinie für die Sprosse nicht kleiner sein, als er für das Glas zuträglich ist. Mit $E_{\text{Glas}} = 750\,000$ kp/cm² liefert diese Bedingung den Formänderungsnachweis für die Stahlsprosse:

$$\frac{\max \sigma \cdot d}{400} \leq \max y_r \qquad (93.1)$$

mit max σ = größte Biegespannung der Sprosse in kp/cm², d = Glasdicke in cm und max y_r = größter Randabstand des Sprossenquerschnitts von der Biegenullinie in cm (**93.1**).

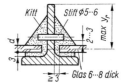

93.1 Kittverglasung

Kittverglasung

Die **Sprossen** bestehen aus T 40···T 70; die Glastafeln werden zur Dichtung und guten Lagerung in ein Bett aus dauerplastischem **Kitt** (kein Leinölkitt) gelegt und durch **Stahlstifte** gegen Windsog gesichert (**93.1**). Der **Sprossenabstand** errechnet sich aus Glasbreite, Stegdicke und Spielraum. Als Widerlager gegen das **Abrutschen** des Glases wird am unteren Sprossenende der Flansch hochgebogen (**94.1**a). Die **Traufhöhe** h sollte nicht zu klein gewählt werden, um Undichtigkeiten bei Schneeansammlungen zu vermeiden. Der bei längeren Glasflächen notwendige **Stoß** der Glastafeln wird durch Überdeckung hergestellt (**94.1**c); je flacher die Neigung, um so größer muß $ü$ gewählt werden. Zusätzlich kann zur Fugendichtung ein 2···3 cm breiter Kittstreifen angeordnet werden. S-förmige Zinkstreifen stützen die obere gegen die untere Scheibe ab; bei sehr langen Glasflächen wird aber besser jede einzelne Glasscheibe mit Haften an der Sprosse befestigt (**94.1**d), um den Kantendruck am Widerlager der unteren Glasscheibe klein zu halten. Zu beachten sind die unterschiedlichen Streichmaße für die Haltestifte im Sprossensteg. Zwei verschiedene Ausführungen des **Firstpunktes** zeigen die Bilder **94.1**a und b.

Kittlose Verglasung

Hierfür werden **Sonderprofile** mit relativ großem Widerstandsmoment verwendet; ihr hoher Preis wird durch Gewichtseinsparungen zum Teil ausgeglichen, wie aus einem Vergleich der Sprossengewichte nach Tafel **94.2** mit der Profiltafel für T-Profile hervorgeht.

5.2 Dachhaut

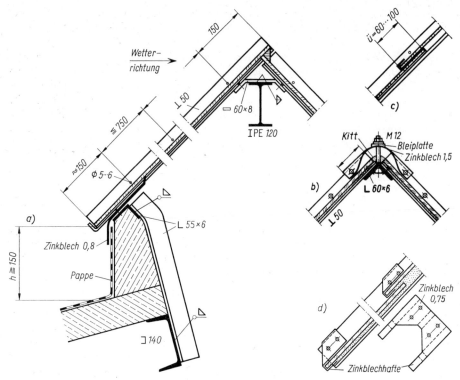

94.1 Oberlicht in Kittverglasung
a) Sprosse mit Trauf- und Firstpunkt
b) First mit Zinkblechabdichtung
c) Glasstoß
d) Glasstoß mit Zinkblechhafte

Tafel **94.2** Querschnittswerte von Glasdachsprossen (Beispiel: Wema-Sprosse 95.1b)

Profil Nr.	h mm	F cm²	G kp/m	J_x cm⁴	min W_x cm³	i_x cm
32	32	3,18	2,50	4,08	2,54	1,13
42	42	3,82	3,00	8,62	4,10	1,50
50	50	4,51	3,54	14,3	5,70	1,78
III	50	6,44	5,05	23,3	9,3	1,90
IV	65	8,02	6,30	45,4	14,0	2,38

Bild **95.1** zeigt Beispiele für Sprossenquerschnitte. Als dichte und elastische Unterlage der Glastafeln dienen Jutestricke mit Bleiumhüllung oder einfache Teerstricke, auf die das Glas durch Deckschienen und Stehbolzen aufgepreßt wird. Bei Glasdeckschienen (je 500 mm lang) ist das Eindringen von Wasser so gut wie ausgeschlossen. Wegen kleinerer Kältebrücken ist die Schwitzwasserbildung an den Sprossen geringer als bei den T-Sprossen, zudem sind Schwitzwasserrinnen angewalzt. Es ist auch Doppelverglasung möglich.

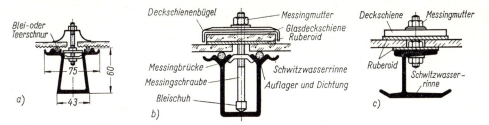

95.1 Beispiele von Sprossen für kittlose Verglasung
    a) Fortuna-Sprosse   b) Wema-Sprosse mit Glasdeckschiene   c) Elzet-Sprosse

Rostansatz an der Berührungsstelle des Stehbolzens mit dem Rinnenboden wird bei der Wema-Sprosse (95.1b) durch einen die Emaillierung schützenden Bleischuh, bei der Fortuna-Sprosse (95.1a) durch Kürzen des Stehbolzens vermieden. Stegsprossen (95.1c) haben gegenüber den Rinnensprossen den Vorzug, daß man sie, abgesehen von den Glasauflageflächen, überall nachstreichen kann, ohne das Glas abzunehmen.

Beim Traufenabschluß (95.2) stützen sich die Glasscheiben gegen Flachstahlstücke 40 × 12; die Fuge zwischen Glas und Pappdach wird durch ein Zinkblech mit eingelegter Teerschnur gedichtet. Am Überdeckungsstoß der Glastafeln wird die Sprosse zum Höhenausgleich für Scheibendicke und Bleidrahtdichtung gekröpft. Die obere Scheibe stützt sich gegen die Deckschiene der unteren Scheibe ab. Der First wird durch eine unter die Deckschiene geklemmte Zinkhaube gedichtet.

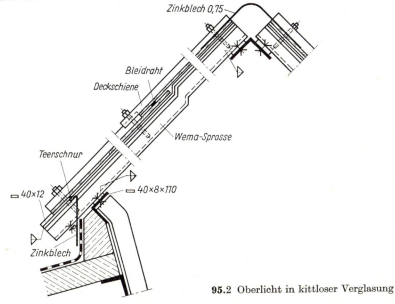

95.2 Oberlicht in kittloser Verglasung

5.3 Sparren

Holzsparren erhalten einen rechteckigen Querschnitt und werden in ≈ 80 cm Abstand auf Holzpfetten verkämmt und mit Sparrennägeln befestigt. Liegt die Pfette $\perp$ zur Dachfläche, so genügen ≈ 2 cm Kammtiefe. Liegen Holzsparren auf Stahlpfetten, so werden sie auch mit diesen verkämmt und gegen Verschieben von unten mit kräftigen Hakennägeln, mit Schrauben und Klemmplatten oder mit gebogenen Flachstahlstücken (**96.1**) am oberen Pfettenflansch befestigt, oder sie werden seitlich an Befestigungswinkel oder -flachstähle geschraubt, die auf die Pfetten geschweißt sind (**56.1**).

Stahlsparren verwendet man, wenn bei Eindeckung aus Ziegeln oder Wellasbestzement die Lattung aus L- oder Z-Stahl ausgeführt wird, um brennbare Teile am Dach zu vermeiden, oder wenn bei sehr großem Pfettenabstand Leichtbetonplatten oder Dachelemente auf den Oberflansch der Sparren gelegt werden. Die Stahlsparren werden meist aus [- oder I-Profilen, seltener aus L- oder T-Stählen hergestellt und in größerem Abstand angeordnet als Holzsparren. Liegen die Pfetten $\perp$ zur Dachfläche, werden [-Sparren unmittelbar mit der Pfette verschraubt (**96.2**); bei lotrecht stehenden Pfetten verwendet man Anschlußwinkel (**96.3**).

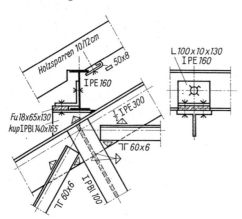

96.1 Befestigung der Holzsparren auf lotrecht stehenden Stahlpfetten

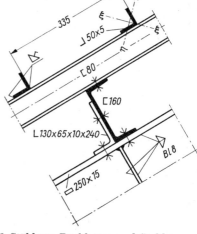

96.2 Stählerne Dachlatten und Stahlsparren

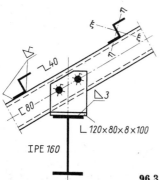

96.3 Befestigung von Stahlsparren auf lotrecht stehender Pfette

Holzsparren werden grundsätzlich als Einfeldträger, **Stahlsparren** entsprechend der Anordnung auch als Durchlaufträger berechnet. Die stählernen **Dachlatten** werden für 2 Einzellasten von je 50 kp in den Viertelspunkten (**97.**1) berechnet; sie werden zweckmäßig so auf die Sparren gelegt, daß das Biegemoment um die starke ξ-Achse des Profils wirkt (**96.**2 und 3).

97.1 Lastannahmen für Dachlatten

5.4 Pfetten

5.41 Allgemeines

Es ist Aufgabe der Pfetten, die Dachlast unmittelbar oder von den Sparren zu übernehmen und an die Dachbinder weiterzuleiten; außerdem müssen die Pfetten die Binderobergurte gegen die Knotenpunkte des Dachverbandes abstützen, um sie gegen seitliches Ausknicken zu sichern (**83.**1). Der Pfettenabstand richtet sich nach der Dachhaut und ist bei den verschiedenen Dacheindeckungen in Abschn. 5.2 angegeben. Wenn bei sehr großen Binderabständen ($\approx 10 \cdots 12$ m) die Durchbiegung für die Pfettenbemessung maßgebend ist, wird die normale Pfettenlage unwirtschaftlich. Man sieht dann in großem Abstand Hauptpfetten aus Vollwand- oder Fachwerkträgern vor, die über Sparren (oder Zwischenbindern) Zwischenpfetten tragen, deren Abstand für die Dachhaut passend zu wählen ist (**97.**2).

Lotrecht stehende Pfetten sind i. allg. nur bei Holzsparren zweckmäßig (**96.**1); die anderen Dacheindeckungen müssen hingegen auf der ganzen Flanschfläche der Pfette aufliegen (**85.**1; **88.**1; **90.**1; **92.**4), so daß hier die Pfetten $\perp$ zur Dachfläche angeordnet werden, wenn man die erforderliche Auflagerfläche nicht durch unnötig verteuernde, besondere Maßnahmen schaffen will (**88.**2 und 3; **96.**3). Im First wird dann statt einer lotrecht stehenden Pfette (**83.**1; **88.**3) eine Doppelpfette notwendig (**88.**4). Die Fußpfetten können wegen geringerer Belastung meist schwächer als die Mittelpfetten bemessen werden, bei Doppelpfetten auch die Firstpfetten. Als Höhenausgleich sieht man unter diesen Pfetten Futter vor (**50.**2).

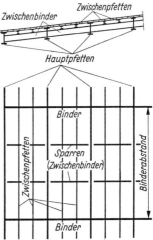

97.2 Pfettenlage bei großen Binderabständen

5.42 Pfettensysteme

Einfeldpfetten

Einfeldpfetten werden über jedem Binder gestoßen und sind zwar leicht zu montieren, ergeben aber größtes Pfettengewicht; daher kommen sie nur selten vor, z. B. bei einem Dach mit gekrümmtem Grundriß. Den über dem Binder liegenden

5.4 Pfetten

Pfettenstoß zeigt Bild 98.1. Die Steglaschen werden beiderseits des Stoßes mit je 1 Schraube oder besser (wie im Bild) mit 2 Schrauben angeschlossen; sie müssen die Normalkräfte der Pfette übertragen, die bei der Seitenstabilisierung der Binderdruckgurte entstehen und an die Dachverbände weiterzuleiten sind.

Als Pfettengewicht kann für die Berechnung angenommen werden:

$$g \approx \frac{10{,}5}{a}(\sqrt{q \cdot a \cdot l^2 + 9} - 2{,}5) \text{ in kp/m}^2 \text{ Dachfl.} \qquad (98.1)$$

mit a = Pfettenabstand in der Dachneigung und l = Pfettenstützweite in m, q = Gesamtlast in Mp/m² Dachfl.

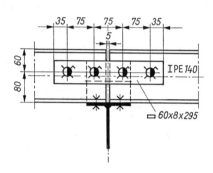
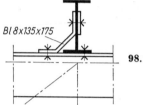

98.1 Pfettenstoß und Befestigung auf dem Binder

Durchlaufpfetten

Bei gleichen Stützweiten und gleicher Belastung in allen Feldern dürfen Durchlaufpfetten nach dem Traglastverfahren (DIN 1050, 5.33) für die folgenden Momente bemessen werden:

in den Endfeldern $M_e = q \cdot \dfrac{l^2}{11}$ (98.2) in den Innenfeldern $M_i = q \cdot \dfrac{l^2}{16}$ (98.3)

Bei dieser Berechnung ist vorausgesetzt, daß ein Kippen der Pfetten bis zum vollen Plastizieren durch Biegung an den höchstbeanspruchten Stellen (Bildung von Fließgelenken, s. Teil 1, Abschn. Durchlaufträger) mittels einer drehelastischen Bettung des Pfettenprofils an der aufgelegten Dachhaut wirksam verhindert wird. Der Nachweis einer ausreichend festen Verbindung zwischen Pfetten mit I-Querschnitt und der Dacheindeckung wurde durch Traglastversuche für die in Tafel **99.1** zusammengestellten Fälle erbracht [3]; für sie erübrigt sich ein besonderer Kippsicherheitsnachweis. Bei anderen Gegebenheiten kann der erforderliche Drehbettungskoeffizient nach [16] berechnet werden.

Bei Durchlaufpfetten ergeben sich kleinere Profile und kleinere Durchbiegungen gegenüber den Einfeldpfetten, doch kommt zusätzlicher konstruktiver Aufwand für die biegefesten Pfettenstöße hinzu (Teil 1). Da die Stoßdeckungslaschen des Oberflansches fast immer hinderlich für die Auflagerung der Dachhaut sind, läßt man die Pfetten oft nicht über die ganze Dachlänge, sondern nur über 2 Felder durchlaufen (**99.2**), so daß über jedem zweiten Binder ein einfacher, nicht biegefester Stoß nach Bild **98.1** liegt. Um zu vermeiden, daß hierbei die Binder, über die die Pfetten durchlaufen, um 25% überlastet werden (Innenstütze des Zweifeldträgers!), versetzt man im Grundriß die Pfettenstöße gegeneinander, um die Belastung der Binder auszugleichen. Die Bemessung erfolgt nach Gl. (98.2).
Die Pfettenauflagerung ohne Pfettenstoß s. Bild **96.1**.

5.42 Pfettensysteme

Tafel **99.1** Ausreichende konstruktive Maßnahmen zur Sicherung durchlaufender I-Pfetten gegen Kippen

Dacheindeckung	Befestigung
Asbestzement-Wellplatten	übliche Hakenschrauben
Trapezbleche Holzspanplatten (jede 2. Platte über der Pfette gestoßen, die 1. durchlaufend)	selbstschneidende Schrauben
Leichtbetonplatten a) über der Pfette durchlaufend, die Fugen vermörtelt	keine
b) über der Pfette gestoßen, die Fugen vermörtelt	Flachstahlstücke senkrecht auf Pfetten geschweißt, Rundstahlstücke in Plattenfugen durch Bohrung in den Flachstählen gesteckt (**60.1**)

99.2 Durchlaufpfetten über 2 Felder mit versetzten Stößen

Gelenkpfetten

Man wählt meist die Anordnung mit abwechselnd gelenklosen Kragarmfeldern und Feldern mit Einhängeträgern und zwei Gelenken (**99.3**).

Mit der im Bild angegebenen Lage der Gelenke werden die Stützmomente und die Feldmomente in den Innenfeldern gleich. Das Feldmoment im Endfeld ist nur bei verkürztem Endfeld gleich groß (**99.3** rechts). Bei gleicher Endfeldstützweite muß die Pfette verstärkt werden (**99.3** links; **106.1**).

Für die Pfettenberechnung kann als Pfettengewicht angenommen werden [Einheiten s. Gl. (98.1)]

$$g \approx \frac{7{,}6}{a} (\sqrt{q \cdot a \cdot l^2 + 17} - 3{,}3) \qquad (99.1)$$

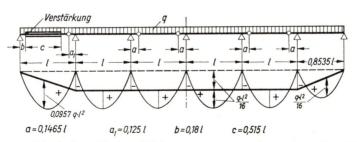

$a = 0{,}1465\,l \qquad a_1 = 0{,}125\,l \qquad b = 0{,}18\,l \qquad c = 0{,}515\,l$

99.3 Gelenkpfette (Gerberpfette)

5.4 Pfetten

Koppelpfetten (100.1) mit einem einzigen gelenklosen Feld und je einem Gelenk in allen weiteren Feldern ermöglichen eine einfache Montage, bilden aber bei Zerstörung eines Feldes eine labile Gelenkkette (erhöhte Einsturzgefahr); außerdem kann nur in dem einen gelenklosen Feld ein Dachverband angeordnet werden. Wegen dieser Nachteile der Koppelpfetten wird die Gelenkanordnung nach Bild **99.3** trotz der unbequemeren Montage bevorzugt.

100.1 Koppelpfette

Statt der früher fast ausschließlich ausgeführten Pfettenbefestigung mit dem unterfutterten Winkel (**96.1**) wird jetzt lieber die wesentlich leichtere Befestigung mit einem abgekanteten 8···10 mm dicken Blech gewählt (**98.1**). Je nach Obergurtprofil und Kraftwirkung können andere Konstruktionen zweckmäßiger oder notwendig sein (**51.1**; **56.1** und **57.1**; **96.2**; **100.2**). Mit dem Binder verschraubte Pfettenbefestigungen erleichtern das Ausrichten des Pfettenstranges, was bei unlösbaren Verbindungen mit großen Schwierigkeiten verbunden wäre. Hierauf ist zu achten, wenn für die gewählte Dachhaut (z.B. Leichtbetonplatten) eine genau ausgerichtete Pfettenlage gefordert wird.

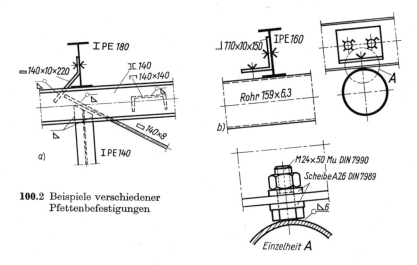

100.2 Beispiele verschiedener Pfettenbefestigungen

Pfettengelenke kann man bei flacher Dachneigung aus doppelten Flachstahllaschen herstellen (**101.1**); diese können wegen des Zusammenbaues erst auf der Baustelle beiderseits verschraubt werden. Ein Berechnungs- und Konstruktionsbeispiel für die Gelenkverbindung einer Pfette mit größerer Profilhöhe s. Teil 1 Abschn. Bolzengelenke. Bei steiler Dachneigung verwendet man wegen des Dachschubes für die Gelenkkonstruktion besser die steiferen Winkelstahllaschen (**101.2**). Ihre Montage ist einfacher, weil die Laschen bereits in der Werkstatt fest mit dem Pfettenkragarm verbunden werden können. An der Dehnungsfuge des Bauwerks sind im Gelenk Langlöcher vorzusehen.

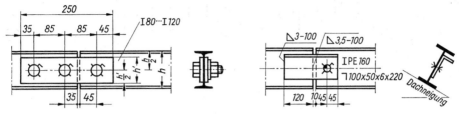

101.1 Pfettengelenk aus Flachstahllaschen   101.2 Pfettengelenk mit Winkelstahllasche

Kopfstrebenpfetten

Erhält der Binderuntergurt ganz oder teilweise Druck, so kann man ihn gegen seitliches Ausknicken sichern, indem man ihn durch **Kopfstreben** gegen die Pfetten abstützt. Hierdurch wird zugleich die Biegebeanspruchung der Pfetten vermindert (**101.3**).

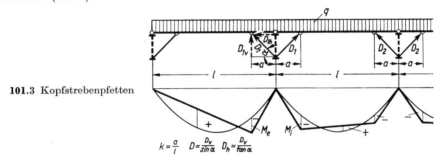

101.3 Kopfstrebenpfetten

Für die statisch unbestimmten Pfetten können die Größen der Biegemomente im Endfeld (M_e) und im Innenfeld (M_i) sowie die der Vertikalkomponenten D_v der Strebenkraft D dem Bild **102.1** entnommen werden. Bei mehr als 4 Pfettenfeldern liegen die Werte der Tafel auf der sicheren Seite; will man sparsamer bemessen, kann man ausführlichere Tabellen benutzen [11].

Die Pfetten werden auf dem Binder gelenkig gestoßen. Bei der konstruktiven Durchbildung ist zu beachten, daß am **Pfettenauflager** in der Regel abhebende Kräfte auftreten ($A = $ neg.) und daß im Anschluß die Horizontalkomponente D_h der Strebendruckkraft als Zugkraft aufzunehmen ist (**102.2**). Eine sonst übliche Pfettenbefestigung genügt i. allg. nicht. Da die Kopfstreben unbedingt in der Stegebene der Pfetten liegen müssen, legt man die Füllstäbe von Fachwerkbindern bzw. die Stegaussteifungen von Vollwandbindern senkrecht zum Obergurt (**39.1**), um sie bequemer anschließen zu können.

Holzpfetten

Sie können gewählt werden, wenn Holzsparren vorgesehen sind oder Holzschalung bei enger Pfettenteilung unmittelbar auf die Pfetten genagelt wird. In diesem Fall muß die Pfette senkrecht zur Dachneigung stehen; sie liegt dann auf dem Binder auf und wird mit einem Bolzen an einem Befestigungswinkel angeschraubt, ähnlich wie bei der Stahlpfette im Bild **96.2**. Steht die Pfette bei der Anordnung von Holzsparren lotrecht, muß durch eine besondere Auflager-

5.4 Pfetten

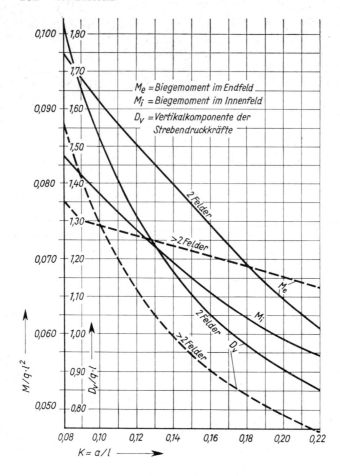

102.1 Biegemomente und größte Strebenkraft von Kopfstrebenpfetten

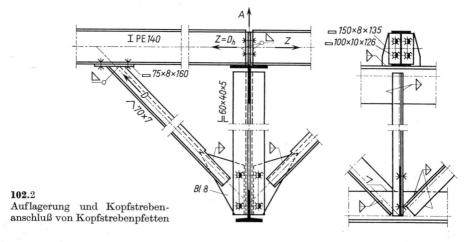

102.2 Auflagerung und Kopfstrebenanschluß von Kopfstrebenpfetten

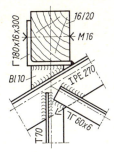

konstruktion für eine horizontale Auflagerfläche und für eine Bolzenverbindung gesorgt werden (**103.**1).

Da Holzpfetten in der Regel nicht gleichzeitig mit der Stahlkonstruktion eingebaut werden, müssen die Stahlbinder provisorisch mit stählernen Längsverbindungen gegen die Dachverbände abgestützt werden; diese Montagestäbe kann man vorübergehend an den Pfettenbefestigungswinkeln anschrauben.

103.1 Auflagerung einer lotrecht stehenden Holzpfette

5.43 Dachschub

Die lotrechte Pfette (**103.**2a) muß die Horizontalkomponente aus Windlast allein übernehmen; bei steiler Dachneigung wird darum meist ein Breitflanschträger oder ein horizontal verstärktes Profil erforderlich. Senkrecht zur Dachfläche geneigte Pfetten (**103.**2b) bedürfen zur Aufnahme des Dachschubes q_y aus ständiger Last und Schneelast folgender Maßnahmen, um sie wirtschaftlich bemessen zu können:

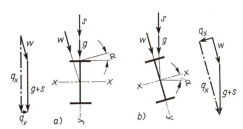

103.2 Pfettenbelastung
a) lotrechte Pfette
b) Pfette senkrecht zur Dachneigung

Pfettenverhängung

Eine Rundstahlverhängung in der Dachebene verkürzt die Pfettenstützweite in der y-Richtung bei der 2fachen Verhängung auf $l_y = l_x/3$ (**104.**1a), bei der 1fachen Verhängung auf $l_y = l_x/2$ (**104.**1b); in der Dachebene wird die Pfette damit zum Durchlaufträger (Gl. (98.2 und 3)). Bei Gelenkpfetten nach Bild **99.**3 liegen in diesem Durchlaufträger allerdings die Gelenke so ungünstig, daß die Biegemomente M_y relativ groß werden (Taf. **103.**3).

Tafel **103.**3 Biegemomente M_y der Gelenkpfette mit Verhängung in der Dachebene

Verhängung	2fach	1fach	
Endfeld	0,110	0,119	$\cdot q_y \cdot l_y^2$
Innenfelder und Innenstützen	0,135	0,110	$\cdot q_y \cdot l_y^2$

Die Verhängung wird möglichst dicht unter dem die Last tragenden Pfettenoberflansch angeschraubt (**104.**2a) und im obersten Pfettenfeld schräg zum First gezogen und dort befestigt (**104.**1). Bei der Verankerung der schrägen Zugstangen am Binder ist für den Schweißanschluß das Moment $M = R \cdot a$ zu berücksich-

5.4 Pfetten

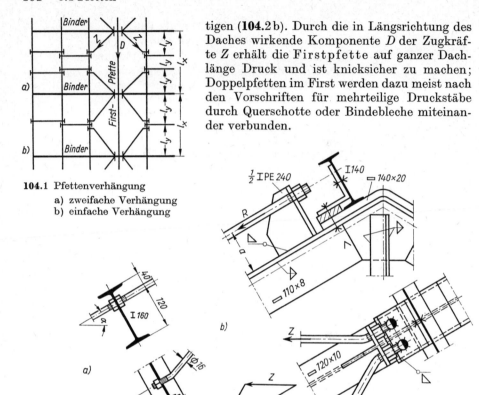

tigen (**104.**2 b). Durch die in Längsrichtung des Daches wirkende Komponente D der Zugkräfte Z erhält die Firstpfette auf ganzer Dachlänge Druck und ist knicksicher zu machen; Doppelpfetten im First werden dazu meist nach den Vorschriften für mehrteilige Druckstäbe durch Querschotte oder Bindebleche miteinander verbunden.

104.1 Pfettenverhängung
  a) zweifache Verhängung
  b) einfache Verhängung

104.2 Zugstangenbefestigung   a) an der Pfette   b) am Binderfirst

Steife Dachhaut

Ist die Dachhaut drucksteif (z. B. vorgefertigte Betonplatten), kann man den Dachschub einer ganzen Dachhälfte der Traufpfette zuweisen, so daß die Mittel- und Firstpfetten nur durch q_x beansprucht werden (**104.**3); die Traufpfette muß in y-Richtung verstärkt (**104.**4) und ihre Befestigung am Binder für den großen Dachschub bemessen werden (**51.**1; **150.**1).

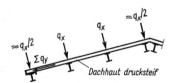

104.3 Aufnahme des Dachschubes durch die Traufpfette

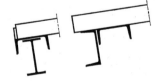

104.4 Verstärkte Profile der Traufpfette

5.43 Dachschub

Ist die Dachhaut eine fugenlos zusammenhängende Scheibe (Stahlbetonplatte), dann kann diese den Dachschub ohne Mitwirkung der Pfetten zu den Pfettenauflagern am Dachbinder übertragen; alle Pfetten werden dann ausschließlich durch q_x beansprucht.

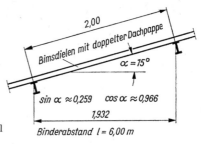

105.1 Last- und Maßangaben zum Beispiel

Beispiel: Pfettenberechnung zu Bild **105**.1
Die Pfetten werden 2fach verhängt.
Belastung
Bimsdielen 8 cm   72 kp/m² Dachfläche
doppelte Dachpappe   15 kp/m²
Eigengewicht der Pfette Gl. (98.1):

$\dfrac{10,5}{2,00}(\sqrt{} \approx 0{,}170 \cdot 2{,}0 \cdot 6{,}0^2 + 9 - 2{,}5)$ $= 11$ kp/m²

$\qquad\qquad\qquad\qquad\qquad\qquad g = \overline{98 \text{ kp/m}^2}$ Dachfläche

Schnee $s = 75$ kp/m² Grundfläche
Wind $w = 1{,}2 \cdot 80 \cdot 0{,}259$ ≈ 25 kp/m² Dachfläche

$q_x = (0{,}098 \cdot 2{,}0 + 0{,}075 \cdot 1{,}932)\, 0{,}966 + 0{,}025 \cdot 2{,}0 = 0{,}329 + 0{,}050$

$q_{xHL} = 0{,}329$ Mp/m $q_{xHZL} = 0{,}379$ Mp/m

$q_{yHL} = \dfrac{0{,}329}{0{,}966} \cdot 0{,}259 = 0{,}0882$ Mp/m

Maßgebend ist Lastfall H (Hauptlasten).

1. Einfeldpfette

$$M_x = 0{,}329 \cdot \frac{6{,}0^2}{8} = 1{,}48 \text{ Mpm} \qquad M_y = 0{,}0882 \cdot \frac{2{,}0^2}{11} = 0{,}0321 \text{ Mpm}$$

IPE 180: $\sigma = \dfrac{148}{146} + \dfrac{3{,}21}{22{,}2} = 1{,}014 + 0{,}145 = 1{,}159 < 1{,}400$ Mp/cm²

Durchbiegung

$f_x = \sigma_x \cdot \dfrac{l_x^2}{h} = 1{,}014 \cdot \dfrac{6{,}0^2}{18} = 2{,}03$ cm $= \dfrac{l}{296} < \dfrac{l}{200}$ $f_y \approx 0$ wegen Verhängung

Ohne Verhängung wäre IPBl 160 mit 62% Mehrgewicht erforderlich.

2. Gelenkpfette (99.3)
Innenfelder

$M_x = 0{,}329 \cdot \dfrac{6{,}0^2}{16} = 0{,}740$ Mpm $M_y = 0{,}135 \cdot 0{,}0882 \cdot 2{,}0^2 = 0{,}0477$ Mpm

                                                                       (Taf. **103**.3)

IPE 140: $\sigma = \dfrac{74{,}0}{77{,}3} + \dfrac{4{,}77}{12{,}3} = 0{,}957 + 0{,}388 = 1{,}345 < 1{,}1 \cdot 1{,}4 = 1{,}540$ Mp/cm²

                                                                       (DIN 1050, 6.4)

$$f_x = 0{,}793\, \sigma_x \cdot \frac{l_x^2}{h} = 0{,}793 \cdot 0{,}957 \cdot \frac{6{,}0^2}{14} = 1{,}95 \text{ cm} = \frac{l}{308}$$

Endfeld (99.3 links)

$M_x = 0{,}0957 \cdot 0{,}329 \cdot 6{,}0^2 = 1{,}133$ Mpm $\qquad M_y = 0{,}110 \cdot 0{,}0882 \cdot 2{,}0^2 = 0{,}039$ Mpm

(Taf. **103**.3)

Querschnitt (**106**.1)

$J_x = 541 + 2 \cdot 206 = 953$ cm^4 $\qquad J_y = 44{,}9 + 2\,(29{,}3 + 13{,}5 \cdot 1{,}78^2) = 189{,}1$ cm^4

Spannung in der Flanschecke des IPE 140:

$$\sigma = \frac{113{,}3 \cdot 7{,}0}{953} + \frac{3{,}9 \cdot 3{,}65}{189{,}1} = 0{,}832 + 0{,}075 = 0{,}907 \text{ Mp/cm}^2$$

106.1 Profilverstärkung im Endfeld der Gelenkpfette

5.5 Dachbinder

Binder sind die Hauptträger der Dachkonstruktion, die die Lasten der Dachhaut, aus Schnee, Wind, ihr Eigengewicht und das der Pfetten sowie ggf. die Lasten von angehängter Unterdecke und Kranbahn an die stützenden Seitenwände oder Stützenreihen übertragen (**83**.1). Den Binderabstand wählt man unter Berücksichtigung der Achsenabstände im Industriebau nach DIN 4171 und der Maßordnung im Hochbau nach DIN 4172 möglichst so, daß die Gesamtkosten für Pfetten und Dachbinder zum Minimum werden. Bei Voraussetzung mittlerer Pfettenabstände und Dachlasten kann man in Abhängigkeit von der Binderstützweite l für den Binderabstand b annehmen

$$b \approx 0{,}2\,l + 1{,}20 \qquad \text{mit } l \text{ und } b \text{ in m} \tag{106.1}$$

Weichen die Pfettenabstände und Dachlasten bei $l > 20$ m von den mittleren Werten nach oben ab, wird b größer, umgekehrt etwas kleiner gewählt, als Gl. (**106**.1) angibt. Der Obergurt des Dachbinders verläuft parallel zur Dachhaut; der Untergurt verbindet die Auflager waagerecht oder erhält bei großen Stützweiten des besseren Aussehens wegen einen Stich von $\approx 1/10$ der Binderhöhe.

Bei Eindeckung mit Leichtbetonplatten oder Dachelementen und bei Stützweiten $l \leq 15$ m (**60**.1) – bei Stahlleichtbindern (**72**.1 und **73**.1) auch bei größeren Stützweiten – spart man die gesamte Pfettenlage ein, indem man den Binderabstand = Plattenlänge ($\approx 2{,}5 \cdots 5$ m) macht und die Dachplatten unmittelbar auf dem Binderobergurt auflegt.

Fachwerkbinder

Entwurf der Fachwerkbinder s. Abschn. 3.1 Fachwerksysteme, Konstruktion s. Abschn. 3.3 Fachwerkkonstruktion.

Vollwandbinder

Nur für kleine Stützweiten kann man Walzträger verwenden, sonst kommen Blechträger in Betracht. Ihr Vorteil gegenüber den Fachwerkbindern liegt im ruhigeren Aussehen, in der kleineren Bauhöhe und in der leichteren Unterhaltung. Sie werden nach Abschn. 1 Vollwandträger mit gleichbleibender oder mit veränderlicher Steghöhe ausgeführt (**107**.1).

5.5 Dachbinder

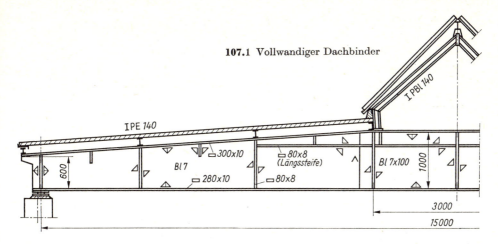

107.1 Vollwandiger Dachbinder

Rahmenbinder

Verwendet man Rahmentragwerke als Dachbinder, hebt man den Horizontalschub meist durch ein Zugband auf, damit er nicht die Wände belastet (**107.2**). Rahmenbinder eignen sich bei kleineren Stützweiten besonders für die oben beschriebene pfettenlose Bauweise. Konstruktion der Rahmen s. Abschn. 2 Rahmen.

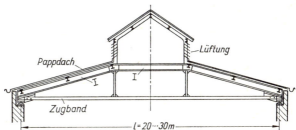

107.2 Rahmenbinder mit Zugband

Sonderbauweisen

Sie sind für besondere Zwecke oder sehr große Stützweiten entwickelt worden. Hierzu zählen z.B. die auf S. 81 beschriebenen Raumfachwerke und die freitragenden Wellblechdächer (s. S. 89). Deren Anwendungsbereich kann dadurch erheblich erweitert werden, daß man die Biegebeanspruchung des Wellblechs herabsetzt, indem man die parabelförmige Wellblechtonne und das Zugband durch Füllstäbe zu einem Fachwerkbinder ergänzt, in dem das Wellblech den Obergurt bildet (**108.1**). Bei großen Stützweiten genügen die genormten Wellblechprofile nicht, sondern sie werden durch trapezförmiges Abkanten von ≧ 4 mm dicken und miteinander verschweißten Blechen hergestellt. Infolge der stetigen Krümmung des Obergurtblechs entstehen Umlenkkräfte, die von Pfetten aufgenommen und in die Fachwerkknoten eingeleitet werden. Im Auflager wird die Untergurtzugkraft durch Verstärkungen auf die mitwirkende Blechbreite verteilt. Das Heranziehen der raumabschließenden Dachhaut zum tragenden Binderquerschnitt bringt Gewichts- und Stahlersparnis mit sich.

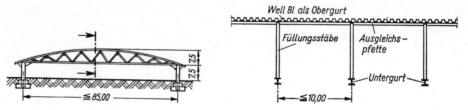

108.1 Fachwerkbinder großer Stützweite mit mittragendem Wellblechdach

5.6 Dachverband

5.61 Aufgaben des Dachverbandes

Durch die Verbandsdiagonalen werden die Obergurte zweier benachbarter Dachbinder und die dazwischenliegenden Pfetten zu einem parallelgurtigen, horizontalen **Fachwerkträger** zusammengefaßt (**109.1**). Aufgabe des in jedem 3. bis 5. Binderfeld vorzusehenden Montage- und Knicksicherungsverbandes ist es, für die **Montage** die beiden zuerst montierten Binder zu einem räumlich stabilen Festpunkt zu verbinden, an den die nachfolgend montierten Dachbinder mittels der Pfettenstränge kippsicher angeschlossen werden. Im fertigen Bauwerk müssen die Dachverbände die gedrückten Obergurte gegen seitliches **Ausknicken** sichern; hierbei stützen sich diejenigen Binder, die nicht im Verbandsfeld liegen, mit den Pfettensträngen gegen die Knotenpunkte des Dachverbandes ab. Pfettenstränge, die nicht an Knotenpunkte des Verbandes fest angeschlossen werden können, sind in ihrer Längsrichtung verschieblich und können demnach nicht zur Fixierung der Knicklänge s_{Ky} herangezogen werden (**109.2b**). Ein Dachverband kann seine Aufgabe nur erfüllen, wenn er selbst in Längsrichtung des Daches unverschieblich ist: Er muß also unbedingt bis zum **Auflager des Binders** hinuntergeführt werden. Während der Verband beim Dreieckbinder zwangsläufig am Binderauflager endet (**83.1**), müssen beim Trapezbinder zur Ergänzung des Verbandes in der Obergurtebene zusätzliche **Vertikalverbände** zwischen den Binder-Endpfosten angeordnet werden, um die Auflagerpunkte zu erreichen (**109.1**).

Liegen massive Dachplatten **ohne Pfetten** auf den Binderobergurten, werden die Binder während der Montage durch besondere, zwischen den Bindern liegende Druckstäbe gegen die Dachverbände abgestützt; diese **Längsverbindungen** werden etwa in der Bindermitte und in den Viertelspunkten angebracht. Sind die Leichtbetonplatten fertig verlegt, können sie die Funktion der Längsstäbe übernehmen, wenn auf dem Obergurt angeschweißte Flachstähle in die Plattenfugen eingreifen (**72.1**).

Sind Dachaufbauten vorhanden, gibt die Giebelwand **Windlasten** an die Dachkonstruktion ab, oder sind sonstige **Längskräfte** (z.B. Bremslasten angehängter Kranbahnen) zu berücksichtigen, dann tritt zu der Aufgabe des Dachverbandes, die Binderdruckgurte gegen seitliches Ausknicken zu sichern, noch die Übernahme der in Dachlängsrichtung wirkenden Lasten hinzu. In diesem Fall müssen die Kräfte bis in den tragfähigen Baugrund verfolgt werden.

5.61 Aufgaben des Dachverbandes

In Dachaufbauten müssen zusätzliche Dachverbände eingebaut werden, um auch sie gegen Instabilitäten zu sichern und Windlasten aufnehmen zu können (**109.1**).

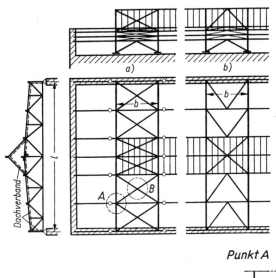
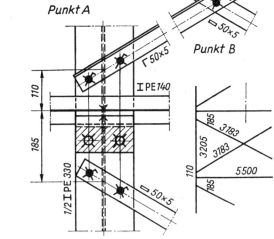

109.1 Dachverbände

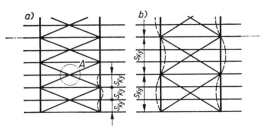
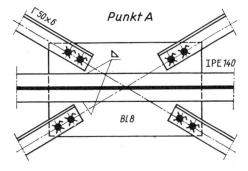

109.2 Strebenkreuze über 2 bzw. 3 Pfettenfelder

5.62 Berechnung und Konstruktion des Dachverbandes

Die Füllstäbe des Dachverbandes werden meist in Form von **gekreuzten Diagonalen** angeordnet (**109**.1a), die nicht drucksteif, sondern nur zugfest ausgebildet werden müssen (s. S. 38). Beim K-Verband (**109**.1b) müssen die Stäbe hingegen drucksteif sein ($\lambda \leq 250$); wegen des höheren Stahlverbrauchs kommt die K-Ausfachung fast nur für die Vertikalverbände am Binderauflager in Frage.

Die **Berechnung** des zwischen 2 Binderobergurten liegenden **Dachverbandes**, gegen den sich meist mittels der Pfetten weitere Dachbinder abstützen, kann unter der Annahme einer baupraktisch unvermeidbaren Vorkrümmung e der Bindergurte nach Theorie II. Ordnung (DIN 4114, Ri 10.2) durchgeführt werden (**110**.1). Bei gleichzeitiger Einwirkung einer Windlast w werden in [5] als Ergebnis einer solchen Untersuchung für $l \leq 30$ m die folgenden Faustformeln angegeben:

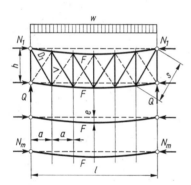

$$\max Q \leq 1{,}28\, w \cdot \frac{l}{2} + \frac{\Sigma N_i}{120} \qquad (110.1)$$

$$\max M \leq \left(1{,}36\, w + \frac{\Sigma N_i}{47\, l}\right) \cdot \frac{l^2}{8} \qquad (110.2)$$

110.1 System aus vorgekrümmten Bindergurten und Stabilisierungsverband mit Windlast und Druckkräften der Bindergurte

Nach den bekannten Berechnungsmethoden für Fachwerke ergeben sich aus max Q die Kräfte der Diagonalen D und der Vertikalen V, aus max M die Gurtkräfte des Verbandes, die sich zu den sonstigen Gurtkräften der Dachbinder addieren.

Ist der Dachverband ein reiner **Stabilisierungsverband** ohne Windlast w, kann man die durch den Verband zusammengefaßten Bindergurte auch näherungsweise in Anlehnung an DIN 1052, 8.3, als 2teiligen Druckstab auffassen, für den man die Querkraft Q_i nach DIN 4114, 8.31, berechnet:

$$Q_i = \frac{\Sigma F \cdot \text{zul } \sigma}{80} \qquad (110.3)$$

Beispiel (**110**.1; **109**.1, Punkt A): Zwischen den Windverbänden an den Enden einer Halle ist in jedem 4. Binderfeld ein Stabilisierungsverband angeordnet. Die Diagonalen dieses Verbandes sind zu bemessen; Lastfall H.

$$a = 3{,}50 \text{ m} \quad l = 21{,}0 \text{ m} \quad h = 5{,}50 \text{ m} \quad s = 6{,}519 \text{ m} \quad w = 0$$

Bindergurte: $\frac{1}{2}$ IPE 330 mit $F = 31{,}3 \text{ cm}^2$

5.62 Berechnung und Konstruktion des Dachverbandes

Auf jeden Verband entfallen $m = 4$ Dachbinder.

$$Q_i = \frac{4\,F \cdot \text{zul}\,\sigma}{80} = \frac{4 \cdot 31{,}3 \cdot 1{,}400}{80} = 2{,}19\,\text{Mp} \quad [\text{Gl. (110.3)}]$$

Die Diagonalen werden nur auf Zug beansprucht:

$$D_1 = 2{,}19 \cdot \frac{6{,}519}{5{,}50} = +2{,}60\,\text{Mp}$$

Spannungsnachweis der Diagonale aus ⌑ 50 × 5:

$$F_n = 0{,}5\,(5{,}0 - 1{,}3) = 1{,}85\,\text{cm}^2 \qquad \sigma_Z = \frac{2{,}6}{1{,}85} = 1{,}41 < 1{,}60\,\text{Mp/cm}^2$$

Schraubenanschluß mit 2 M 12–4.6:

zul $N_{A1} = 2 \cdot 1{,}27 = 2{,}54 \approx 2{,}6\,\text{Mp}$ \qquad zul $N_L = 2 \cdot 0{,}5 \cdot 2{,}88 = 2{,}88 > 2{,}6\,\text{Mp}$

Da die auftretenden Kräfte beim reinen Knicksicherungsverband gering sind, verzichtet man zugunsten einer einfachen Konstruktion auf mittige Zusammenführung der Systemlinien (**109.**1, Punkt A). Übernimmt der Verband jedoch auch Windlasten, wird man die Verbandsstäbe in der Regel mittels Knotenblechs am Bindergurt anschließen. Liegt der **Kreuzungspunkt** der Streben zwischen 2 Pfetten (**109.**1, Punkt B), wird eine Diagonale als ⌐, die andere als ⌑ ausgeführt, um die Stabverbindung zu vereinfachen. Führt man das Diagonalkreuz bei enger Pfettenteilung über 2 Pfettenfelder, damit die Diagonalen nicht zu flach liegen (**109.**2a), dann ist auch der Pfettenstrang an das notwendig gewordene Knotenblech anzuschließen (**109.**2, Punkt A). Bei großen Binderabständen verwendet man gelegentlich Rundstahldiagonalen ($\geq$ ø 20 mm) mit Spannschlössern.

Als Pfosten im Parallelfachwerk müssen die **Pfetten** als Druckstäbe knicksicher sein und dürfen im Verbandsfeld daher keinesfalls durch Gelenke unterbrochen werden. Damit sie die Binderobergurte seitlich sicher festhalten können, müssen sie mit allen Bindern fest verbunden sein. Die im Binderfirst im Bereich des Oberlichts fehlende Pfette (**109.**1) muß durch einen besonderen Druckstab ersetzt werden.

6 Stahlskelettbau

6.1 Allgemeines

Stahlskelettbauten werden ausgeführt für Büro- und Verwaltungsgebäude, Kaufhäuser, Fabrik- und andere Industriebauten sowie für Parkhäuser.

Bei ihnen dienen die Wände nur zur Umschließung der Räume, während sämtliche Lasten, auch das Gewicht der Wände, von den Trägern, Unterzügen und Stützen des Skeletts getragen werden. Die Windlast wird entweder auch vom Skelett und seinen Verbänden übernommen oder aber ganz oder teilweise massiven Bauteilen zugewiesen. Die Trennung von tragender und raumabschließender Funktion hat den Vorteil, daß jeder Baustoff seinen Eigenschaften gemäß optimal eingesetzt wird: Der Stahl mit seiner hohen Festigkeit, aber schlechten Wärmedämmung, bildet das Tragwerk, und die Leichtbaustoffe mit ihrer geringen Festigkeit, dafür aber guten Wärmedämmung, dienen dem Raumabschluß. Da jede Wand in jedem Geschoß von Trägern abgefangen wird, können die Wanddicken in allen Geschossen gleich sein; die Stützen können durch Verstärkungen den nach unten anwachsenden Druckkräften ohne merkliche Änderung ihrer äußeren Abmessungen angepaßt werden. Daher sind gleiche Grundrißmaße in allen Geschossen möglich. Wegen des kleinen Gesamtgewichts von Stahlskelettbauten ergeben sich besonders bei schlechtem Baugrund Ersparnisse bei der Gründung. Da die Wände nicht tragen, können durchgehende Fensterbänder ausgeführt werden, die auch von den Außenstützen nicht unterbrochen werden, falls diese hinter die Front zurückgesetzt werden.

Das tragende Skelett, das während der Gründungsarbeiten in der Werkstatt gefertigt wird, ist in kurzer Zeit montiert und erlaubt gleichzeitig in allen Geschossen den Einbau der Decken und Wände sowie den Innenausbau des Gebäudes, oft bereits während der Stahlbaumontage. Der wirtschaftliche Nutzen frühzeitiger Benutzbarkeit des Stahlskelettbaus wiegt u. U. höhere Herstellungskosten auf.

Änderungen und Erweiterungen des Skeletts sind leicht, schnell und witterungsunabhängig durchführbar. Ein Stahlskelettbau kann erdbebensicher hergestellt werden (DIN 4149 Bauten in deutschen Erdbebengebieten). Treten ungleichmäßige Baugrundsetzungen oder Bergsenkungen in Bergbaugebieten auf, kann das Stahlskelett diesen Bewegungen wegen der plastischen Eigenschaften des Stahles ohne Rißbildung folgen; abgesunkene Stützen können angehoben werden.

Die notwendige feuerbeständige Ummantelung der Stahlkonstruktion durch Ausfüllen und Verkleiden der Profile mit Beton oder Mauerwerk wird jetzt meist ersetzt durch eine gleichwertige Ummantelung mit 3,5 cm dickem Vermiculite- oder Perlit-Zementputz auf Rippenstreckmetall bzw. durch vorgefertigte

Feuerschutz-Bauplatten (Teil 1). Diese billigere Ausführung hat die Konkurrenzfähigkeit der Stahlkonstruktion verbessert. Durch Erden an mehreren Stellen wird das Stahlskelett gegen Blitzschlag geschützt.

6.2 Statischer Aufbau

Nach der Art, wie die Windlasten aufgenommen werden und wie das Stahlskelett stabilisiert wird, unterscheidet man 2 verschiedene statische Systeme.

6.21 Skelett mit Windscheiben

Die Windlast wird von den Außenwänden in die Deckenscheiben geleitet, die, als Horizontalträger wirkend, an einigen Vertikalverbänden horizontal gelagert sind und dort ihre Windauflagerkräfte abgeben. Die Vertikalverbände sind als Kragträger im Fundament bzw. im Stahlbeton-Kellergeschoß eingespannt (**113.**1). Die Geschoßstützen können hierbei als Pendelstützen (P) aufgefaßt werden, da sie sich beim Ausknicken an den Deckenscheiben (W) ,,festhalten", wobei Knicklänge = Geschoßhöhe ist.

Voraussetzungen für diese Bauweise sind: Scheibenwirkung der Deckenkonstruktion, sichere Verankerung der Deckenscheiben an den Vertikalverbänden, gute Verankerung der großen Zugkräfte der Vertikalverbände im Fundament.

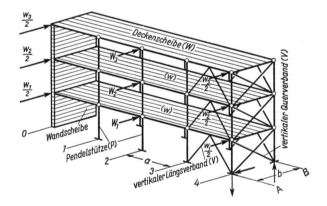

113.1 Räumliche Tragwirkung eines Stahlskelettbaues mit Deckenscheiben und Vertikalverbänden bei Windbelastung

Querrahmen

Im Gebäudequerschnitt liegen die Stützen und Unterzüge in einer Ebene; der Abstand a der von ihnen gebildeten Querrahmen hängt von der Decken- und Fassadenausbildung ab und beträgt bei Wohngebäuden $a \approx 0{,}85 \cdots 4{,}0$ m und bei großen Geschoßzahlen $a \approx 3{,}5 \cdots 7{,}0$ m. Zur wirtschaftlichen Serienfertigung der Deckenträger, Unterzüge und Stützen sollen Stützenabstände und Trägerteilungen möglichst gleichmäßig sein.

6.2 Statischer Aufbau

Die Querrahmen können als reine Gelenkrahmen ausgebildet werden (**114.**1), da sie an jeder Deckenscheibe horizontal gelagert sind. Die Verbindungen der Träger und ihre Anschlüsse an die Stützen sind einfache Steganschlüsse (**71.**3; Teil 1); Durchlaufträger sind möglich, doch werden keine biegefesten Verbindungen mit den Stützen hergestellt. Die zentrisch beanspruchten Stützen sind einfache Geschoßstützen; Biegemomente entstehen nur dann, wenn die Unterzüge an den Stützenflanschen anschließen (Teil 1).

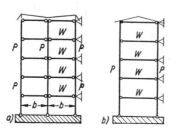

114.1 Gebäudequerschnitt mit an den Geschoßdecken unverschieblich gehaltenen Gelenkrahmen
a) 3stieliger Rahmen
b) 2stieliger Rahmen

Bei großen Riegelstützweiten verringern sich die Bauhöhe der Decken und der Stahlverbrauch durch biegefeste Verbindung der Riegel mit den Stützen (s. S. 18). Es entstehen so Stockwerkrahmen als Vollsteifrahmen (**114.**2a) oder als gemischte Systeme mit Gelenken (**114.**2b bis d; **19.**5).

Auch Stockwerkrahmen werden nur durch Vertikallasten, nicht aber durch Windlasten beansprucht, sofern sie an den Deckenscheiben horizontal unverschieblich gelagert sind (**114.**2c). Anders als bei Gelenkrahmen treten jedoch an den Deckenscheiben nicht nur bei Wind, sondern auch infolge lotrechter Lasten horizontale Festhaltekräfte auf, die in die Vertikalverbände geleitet und von diesen übernommen werden müssen. Bei unsymmetrischen Rahmen (**114.**2c) sind diese Festhaltekräfte besonders groß.

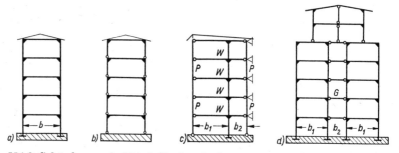

114.2 Gebäudequerschnitt mit Stockwerkrahmen
a) 2stieliger Vollsteifrahmen
b) übereinandergesetzte Zweigelenkrahmen
c) und d) gemischte Systeme mit 3 und 4 Stielen

Bei dem Querschnitt nach Bild **114.**2b werden werkstattfertige 2-Gelenk-Rahmen übereinandergestellt, was die Montage erleichtert; die Gelenke werden meist in einfacher Form konstruiert (**26.**1). Die Rahmenfüße wird man bei kleinen Stieldrücken als Gelenklager, bei großen Lasten als eingespannte Füße ausbilden (s. S. 32ff.). Rahmenecken s. Bild **28.**1, **29.**2, **31.**1 und Teil 1.

6.21 Skelett mit Windscheiben

Deckenscheiben und Montageverbände

Sie werden belastet von der auf die Geschoßhöhe entfallenden Windlast und von den Stabilisierungskräften der Stützen [ähnlich der Beanspruchung der Dachverbände durch die Knickseitenkräfte der Bindergurte (**110.**1)]; bei Stockwerkrahmen treten noch die oben erwähnten Festhaltekräfte hinzu.

Auf Schalung hergestellte Stahlbetondecken haben die sicherste Scheibenwirkung (**115.**1), wenn $b:l$ nicht zu klein ist. Zur Aufnahme der Biegemomente ist an den Längsrändern eine Bewehrung einzulegen; die Schubbewehrung neben dem Auflager am Vertikalverband ist i. allg. nur bei dünner Stahlbetonplatte (Rippendecke, Ortbetonüberdeckung von Fertigteilen) nötig. Die Auflagerkraft A wird in die Vertikalverbände eingeleitet durch Dübel oder Rundstahlanker, die an die Verbandsstäbe angeschweißt sind und in die Stahlbetondecke einbinden.

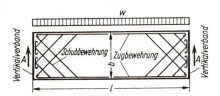
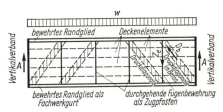

115.1 Grundriß einer Stahlbetondeckenscheibe mit Bewehrung

115.2 Fachwerkwirkung in einer Deckenscheibe aus Stahlbeton-Fertigteilen

Fertigteildecken bilden eine tragfähige Scheibe, wenn sie im endgültigen Zustand eine zusammenhängende ebene Fläche bilden, die Deckenelemente in den Fugen druckfest miteinander verbunden sind und die in der Scheibenebene wirkenden Lasten durch Bogen- oder Fachwerkwirkung aufgenommen werden können (**115.**2). Hierfür sind bewehrte Randglieder und Bewehrungen in den Fugen zwischen den Fertigteilen anzuordnen. Die in den Fugen entstehenden Schubkräfte werden durch bewehrte Verzahnungen der Deckenelemente oder geeignete stahlbaumäßige Verbindungen übertragen.

Bei besonderen Deckenbauweisen, wie z. B. Stahlzellendecken, ist in der bauaufsichtsamtlichen Zulassung jeweils angegeben, ob und unter welchen Bedingungen eine Scheibenwirkung der fertigen Decke angenommen werden darf.

Während der Montage fehlt bis zum Einziehen der Decken die Horizontalaussteifung des Stahlskeletts. Wegen der großen Zahl hintereinanderliegender Träger und Stützen ist der Winddruck auf das Skelett groß, und die Steifigkeit der Trägeranschlüsse reicht besonders beim Gelenkrahmen nur bei kleiner Geschoßzahl zur Stabilisierung des Tragwerks aus, selbst wenn man die Anschlußhöhe durch Flanschwinkel vergrößert (Teil 1). Man ersetzt dann die fehlende Deckenscheibe durch horizontale Fachwerkträger (Montageverbände) in der Deckenebene (**116.**1), die bei Decken ohne Scheibenwirkung auch im fertigen Bauwerk die Horizontalaussteifung übernehmen.

6.2 Statischer Aufbau

Vertikalverbände

Man sieht sie in Wänden vor, die in der ganzen Bauwerkshöhe übereinanderstehen: Giebel- und Längswände, Wände um Treppen-, Aufzug- und Versorgungsschacht. Sie werden belastet durch die horizontalen Auflagerkräfte der Deckenscheiben.

Wirken mehr als 2 Vertikalverbände zusammen (**116.1**), dann können die Auflagerreaktionen der Deckenscheiben nicht nach dem Hebelgesetz, sondern nur in statisch unbestimmter Rechnung unter Berücksichtigung der Formänderung der Verbände berechnet werden [14]. Je steifer ein Verband, um so mehr wird er belastet.

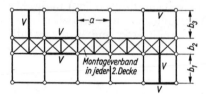

116.1 Deckengrundriß mit Vertikalverbänden und Montageverband

Stützen und Unterzüge werden durch Diagonalen zu einem **Fachwerkverband** ergänzt (**113.1**; **116.2**). Damit die Ankerzugkraft Z nicht zu groß wird, sollte $b:h$ nicht zu klein sein. Um kurze Druckstäbe zu erhalten, bevorzugt man das K-Fachwerk (**116.2**a) und gekreuzte Diagonalen (**113.1**; **116.2**b). Ein Konstruktionsbeispiel zeigt Bild **53.1**. Durch wechselnde Ausfachung paßt man sich den Wandöffnungen an (**116.3**). Falls unvermeidlich, kann man den Verband innerhalb der Wandebene versetzen oder teilweise durch Rahmen ersetzen.

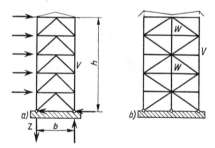

116.2 Fachwerk-Vertikalverbände
 a) K-Fachwerk
 b) gekreuzte Diagonalen

116.3 Anpassung der Verbandsdiagonalen an Wandöffnungen; teilweiser Ersatz des Fachwerks durch Rahmen

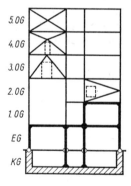

Stockwerkrahmen ähnlich Bild **114.2**a werden an Stelle von vertikalen Fachwerkverbänden vorgesehen, wenn für Diagonalstäbe kein Platz ist, z.B. in Außenwänden mit durchgehenden Fensterbändern. Man kann auch die ganze Längswand durch Rahmenecken zwischen sämtlichen Außenstützen und Brüstungsträgern zu einem Vollsteifrahmen zusammenfassen (**117.1**); die Momente infolge Wind auf die Giebel verteilen sich auf eine große Knotenzahl, so daß die Beanspruchungen klein bleiben. Bei Rahmen sind die horizontale Durchbiegung bei Wind und der Stahlverbrauch größer als bei Fachwerkverbänden. Konstruktion der Rahmenecken s. Abschn. 2.2.

6.21 Skelett mit Windscheiben

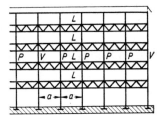

117.1 Aus Außenstützen und Brüstungsträgern gebildeter Stockwerkrahmen

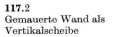

117.2 Gemauerte Wand als Vertikalscheibe

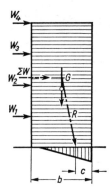

Bei gemauerten Wänden als Vertikalscheiben (**113.**1, Achse 0; **117.**2) kann das geringe Wandgewicht nur bei kleinen Geschoßzahlen die Kippsicherheit v_K gewährleisten ($c \geq b/6$ bei $v_K = 1{,}5$; $c \geq b/4$ bei $v_K = 2$).

Einfache Wandscheiben aus Stahlbeton sind zwar wegen ihrer Bewehrung für große Gebäudehöhen geeignet, doch fehlen auch sie meist während der Stahlbaumontage, so daß an ihrer Stelle Montageverbände mit zusätzlichen Kosten erforderlich werden. Führt man jedoch den Gebäudekern mit Aufzug-, Treppen- und Versorgungsschächten vor Beginn der Montage als standsicheren Stahlbetonturm aus, kann sich die Stahlkonstruktion bereits während der Montage an diesen Turm anlehnen (**117.**3). Hierfür sind die Deckenträger an den Stahlbetonwänden zug- und druckfest zu verankern.

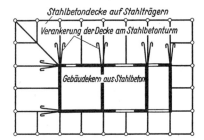

117.3 Stahlbetonturm als Festpunkt für das Stahlskelett

117.4 Aufhängung der Stahlträgerdecken mit Zugstangen oder Seilen am Stahlbetonturm

Während die Deckenunterzüge in den Außenwänden normalerweise auf Stützen aufgelagert sind, werden sie bei dem Hängehaus (**117.**4) statt dessen mit Zugstangen oder Seilen an der Spitze des Stahlbetonturmes aufgehängt. Die vertikalen stählernen Haupttragglieder werden auf diese Weise materialgerecht auf

Zug beansprucht und haben dementsprechend kleine Querschnitte; die Druckkräfte werden dem hierfür geeigneten Stahlbeton zugewiesen. Es können sich Ersparnisse an Baustahl von $\approx 20\%$ ergeben. Die **Montage** der Decken erfolgt von oben nach unten, so daß die Bauarbeiten im Schutz der Dachdecke vor sich gehen. Das Erdgeschoß kann außerhalb des Stahlbetonkernes völlig frei von Konstruktionen bleiben.

6.22 Skelett ohne Windscheiben

Sind durchgehende horizontale oder vertikale Scheiben nicht ausführbar, muß das Stahlskelett selbständig standsicher sein. Dazu muß **jede Stützenreihe** in Quer- und Längsrichtung des Bauwerks mit den Riegeln zu **Stockwerkrahmen** verbunden werden. Die Gebäudequerschnitte entsprechen den Bildern **19.5** und **114.2**, jedoch sind die Rahmen jetzt verschieblich und nicht durch Deckenscheiben gehalten; jeder Rahmen muß deshalb die auf ihn entfallende Windlast ohne Mitwirkung anderer Bauteile übernehmen. Weil die Abmessungen der Rahmen dadurch stärker werden als bei Anordnung von Windscheiben, wendet man diese Bauart wegen des hohen Stahlverbrauchs nur in zwingenden Fällen an. Konstruktive Durchbildung der Rahmen s. Abschn. 2.2 und 2.3.

6.3 Decken

Trägerlage

Als Deckenträger und Unterzüge verwendet man I-, IPE-, IPB- und Leichtprofile aus Bandstahl (**71.3**), ggf. Wabenträger (**17.2**; **27.1**), R-Träger (**60.1** und 2; **61.1**) und für Unterzüge geschweißte Vollwandträger.

Bei Steifrahmen liegen die Deckenträger stets in Längsrichtung des Gebäudes (**118.1** a), bei Gelenkrahmen können sie auch quer zur Gebäudeachse angeordnet werden (**118.1** b). Stehen die Außenstützen zwischen 2 Längsträgeranschlüssen, wird das Hochziehen von Leitungen entlang den Stützen erleichtert. Bei kleinem Querrahmenabstand a (**118.1** a) können Deckenträger entfallen, wenn die Decke so bemessen ist, daß sie sich frei von einem Querrahmen zum anderen spannen kann, jedoch müssen in den Stützenachsen Träger als Abstandshalter bzw. als Fassadenträger verbleiben.

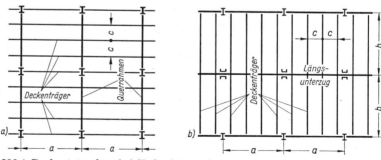

118.1 Deckenträgerlage bei Skelettbauten in
  a) Gebäudelängsrichtung b) Gebäudequerrichtung

Stahlbetondecken

Volle Stahlbetonplatten nach DIN 1045 führt man wegen ihres großen Gewichts nicht viel dicker aus als mit der Mindestdicke von 7 cm; der Längsträgerabstand c ist dann $1{,}5\cdots 2$ m, bei dickeren Platten auch mehr. Zur Vereinfachung der Schalungsarbeiten kann man Wellbleche oder leichte Trapezbleche mit provisorischen Zwischenunterstützungen als verlorene Schalung verwenden. Stelzt man die Platte auf die Deckenträger auf und bringt sie durch Verbundanker mit diesen in Verbund (Teil 1), wird zwar die Bauhöhe der Decke größer, doch verringert sich der Stahlaufwand für die Deckenträger.

Stahlbetonrippendecken in verschiedenen Ausführungsformen nach DIN 1045 haben Stützweiten bis $6\cdots 7$ m und werden i. allg. ohne Deckenträger zwischen die Querrahmen gespannt.

Stahlleichtträgerdecken

Zum Einsparen von Schalung und zum leichteren Einbau kann die Bewehrung in Form eines Stahlleichtträgers montiert werden. Mit Zwischenunterstützungen in $2\cdots 3$ m Abstand trägt dieser die Schalung und das Gewicht des Betons. Bild **119**.1 gibt ein Beispiel für eine Rippendecke. Statt der Stahlschalung für die Deckenplatte können auch Leichtbetonfüllkörper zwischen die Stahlleichtträger eingelegt werden, wodurch sich eine ebene Deckenuntersicht ergibt.

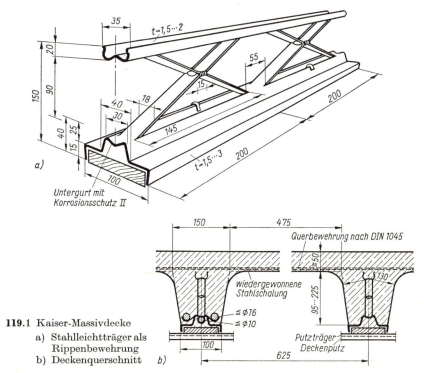

119.1 Kaiser-Massivdecke
 a) Stahlleichtträger als Rippenbewehrung
 b) Deckenquerschnitt

6.3 Decken

Bei der **Filigran-Element-Decke** (**120**.1) werden mehrere Stahlleichtträger im Werk in eine $\geqq 40$ mm dicke, $\leqq 2500$ mm breite Stahlbetonplatte einbetoniert, die unten liegt, mit Zwischenunterstützungen als Schalung für den Ortbeton dient, und die bereits die statisch notwendige Rundstahlbewehrung enthält. Der Arbeitsaufwand auf der Baustelle wird stark reduziert. Auch mit diesen Stahlleichtträgern lassen sich Rippendecken ähnlich wie in Bild **119**.1 herstellen.

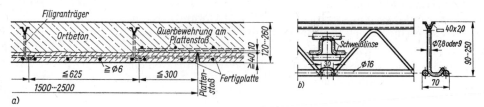

120.1 Filigran-Element-Decke a) Deckenquerschnitt b) Filigranträger

Decken mit Stahlbetonfertigteilen

Vorgefertigte Deckenplatten aus dampfgehärtetem **Gasbeton** mit Breiten von $500 \cdots 750$ mm, Dicken von $75 \cdots 250$ mm und Längen $\leqq 6000$ mm werden von verschiedenen Herstellern geliefert. Eine Scheibenwirkung der fertigen Decke kann bei einigen Fabrikaten erzielt werden (s. S. 115). Die Verbindung der Träger mit den Platten erfolgt in der Regel mit aufgeschweißten Flachstählen mit durchgesteckten Rundstählen $\varnothing\ 6 \cdots 8$ mm in den Plattenfugen (**60**.1).

Bei der **Krupp-Stahlverbundträger-Decke** werden vorgefertigte Stahlbetondeckenplatten durch Kopfbolzendübel oder HV-Schrauben mit den Deckenträgern in Verbund gebracht (Teil 1). Bei der **Rüter-Verbunddecke** dienen die mit HV-Schrauben auf horizontale Knotenbleche aufgeklemmten vorgefertigten Deckenplatten als Obergurt geschweißter Fachwerkträger. Beide Verbunddeckensysteme weisen Scheibenwirkung auf.

Trapezblechdecken

Die von mehreren Herstellern gelieferten verzinkten Trapezbleche mit Längen $\gtrapprox 15$ m tragen allein die gesamte Deckenlast. Abhängig von der Last und vom Blechprofil sind nach den Tragfähigkeitstafeln der Firmen Stützweiten bis zu $4 \cdots 5$ m erreichbar. Die Bleche werden an den Querstößen entweder muffenartig ineinandergeschoben (**90**.1) oder stumpf aneinandergesetzt und mit Klebeband gedichtet. Die Trapezbleche können als einzelne offene oder unten geschlossene Stahlleichtträger ohne Zwischenraum verlegt werden (**121**.1); meistens werden sie aber wie bei Dachdeckungen in Form mehrwelliger Platten mit Breiten zwischen 528 und 1098 mm verwendet (**121**.2a). Zur Erhöhung der Tragfähigkeit kann man die Trapezbleche bei der **Robertson-Stahlzellendecke** durch ein Bodenblech mittels Punktschweißung unten schließen (**121**.2b); oder die Profilhöhe wird vergrößert, indem 2 Trapezquerschnitte gegeneinander geschweißt werden (**121**.2c). Die je nach Fabrikat unterschiedliche Verbindung in den Längsfugen der Trapezbleche und die vorgeschriebene Befestigung auf den Stahlträgern mit Gewindeschneidschrauben, Setzbolzen oder Schweißpunkten stellen

6.3 Decken

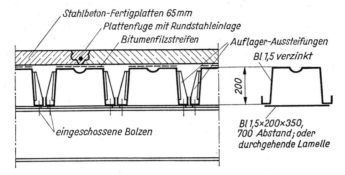

121.1 Stahlzellendecke aus einzelnen Stahlleichtträgern

bereits nach der Montage die Scheibenwirkung der Decke her. Die ebene Oberfläche der Decke wird entweder durch ≥ 5 cm dicken Füllbeton erzielt (121.3), oder es werden Stahlbetonfertigteile aufgelegt, die bei Verwendung einzelner Stahlleichtträger durch Rundstahlbewehrung in den Fugen zur Deckenscheibe zusammengefaßt werden. (121.1). Die Rohdecken können durch Ergänzungsprogramme komplettiert werden. Besonders für die Robertson-Stahlzellendecke steht ein umfangreiches System für Mehrleiter-Verteilerschächte, Unterflur-Gerätedosen zur Elektroinstallation usw. zur Verfügung, wobei die Kabel in den geschlossenen Zellen der Decke liegen, während Lüftungskanäle zwischen Decke und Unterdecke untergebracht werden.

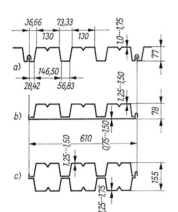

121.2 Profilformen der Robertson-Stahlzellendecke

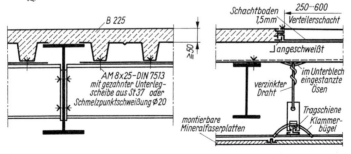

121.3 Robertson-Stahlzellendecke

Bei der Hoesch-Holorib-Verbunddecke werden die ≤ 15 m langen, sendzimirverzinkten Holorib-Bleche auf den Trägerflanschen wie Trapezbleche oder aber mit Verbunddübeln befestigt, die durch die Bleche hindurch aufgeschweißt werden (122.1). Der auf die Bleche gebrachte Ortbeton wird gegen Schwinden leicht mit Rundstahl bewehrt. Die schwalbenschwanzförmigen Blechrippen erhöhen die Haftfestigkeit des Betons, so daß das Blech im Bereich positiver Biegemomente als Bewehrung der Stahlbetonplatte wirksam ist; über den Innenstützen wird zur Deckung der negativen Plattenmomente eine obere Bewehrung eingelegt. Bei großen Trägerabständen und Belastungen empfiehlt sich zur Verbesserung der Verbundwirkung eine 1···3fache Zwischenunterstützung der Blechtafeln bis nach dem Erhärten des Betons. Werden auf die Trägeroberflansche Verbunddübel geschweißt, wirkt die Holoribplatte außerdem mit den Deckenträgern in Verbund, wobei der große Abstand zwischen den Blechrippen eine sichere Übertragung der Schubkräfte zwischen Träger und Platte gewährleistet. Die fertige Decke wirkt als Scheibe. Mit speziellen Befestigungselementen können in die Blechrippen von unten Rohrleitungen, Unterdecken usw. bequem eingehängt werden.

Ein weiteres Stahldeckensystem s. Abschn. 4.34.

Bei allen Decken sind die notwendigen Maßnahmen zur Trittschalldämmung und für den Feuerschutz (121.3) vorzusehen.

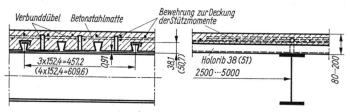

122.1 Holorib-Decke

6.4 Wände

6.41 Außenwände

Abgesehen von den statisch notwendigen Wandscheiben haben Außen- und Innenwände im Skelettbau nur raumabschließende Funktionen. Sie müssen zu diesem Zweck ausreichende Wärme-, Wind- und Schalldichtigkeit aufweisen und schlagregendicht sein. Die Wandbaustoffe dürfen keine Bestandteile enthalten, die den Stahl angreifen (z. B. Magnesiumchlorid). Bei der Ummantelung der Stützen und der Durchbildung der Wände sind die Vorschriften über den Feuerschutz zu beachten. In Hochhäusern (mittlere Fußbodenhöhe > 22 m über Gelände) müssen Fensterbrüstungen ≥ 90 cm hoch und feuerbeständig sein; die ebenfalls feuerbeständigen Fensterstürze müssen ≥ 25 cm von der Raumdecke herabreichen (125.1).

Massive und gemauerte Wände

Giebel- und Treppenhauswände werden in Stahlbeton ausgeführt, wenn ihre Scheibenwirkung zur Aufnahme von Horizontallasten nutzbar gemacht werden soll (s. S. 117). Das Stahlskelett ist nach den statischen Notwendigkeiten zug-, druck- und ggf. auch schubfest mit ihnen zu verbinden.

6.41 Außenwände

Bei den sonstigen Außenwänden kommt **Mauerwerk** aus Mauerziegeln oder Leichtbetonsteinen für die Ausfachung und für die Brüstungen in Betracht, wobei das Wandgewicht geschoßweise von den auskragenden Deckenplatten oder von Stahlträgern abgefangen wird (**123.1**). Wegen ihres größeren Wärmedurchlaßwiderstandes und geringen Raumgewichtes werden Leichtbetonsteine bevorzugt; um die ständige Last, die vom Stahlskelett getragen werden muß, weiter zu vermindern, führt man möglichst kleine Wanddicken aus, wodurch u. U. eine zusätzliche Wärmedämmung aus Dämmplatten unvermeidlich wird.

Die durchgehende Fuge zwischen der Stahlstütze und der anstoßenden Ausmauerung führt oft zur Rißbildung mit Durchfeuchtung des Mauerwerks und Rostbildung an der Stahlkonstruktion. Ein die Fuge beiderseits $\geq$ 10 cm überdeckender, festgenagelter Streifen aus verzinktem Drahtgewebe oder Streckmetall bewehrt den Putz und verringert die Rißgefahr. Die durch Wärmebrücken an den Stahlstützen verursachte Tauwasserbildung verhindert man durch Wärmedämmschichten vor und ggf. hinter der Stütze (**123.2**).

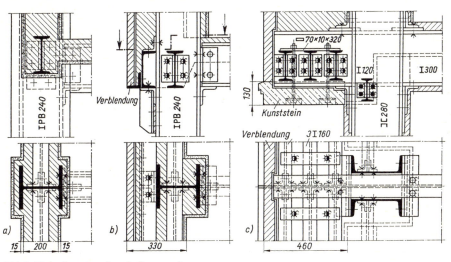

123.1 Unterfangung der Außenwand
  a) Stütze in der Wand
  b) Stütze teilweise hinter der Wand

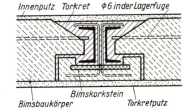

123.2 Eingemauerte Außenwandstütze

Wände im Montagebau

Besser als gemauerte Wände entsprechen vorgefertigte **Wandplatten** der Fertigteilbauweise des Stahlskeletts und der Deckenelemente. Das Aussehen der Fassade wird maßgebend von der Stellung der Gebäudestützen zur Wandebene

6.4 Wände

beeinflußt. Setzt man geschoßhohe Wandtafeln, die Brüstungs- und Fensterteil enthalten, zwischen den Stützen auf die Fassadenträger, bleibt die horizontale Gliederung durch die Decken und die vertikale Gliederung durch die Stützen sichtbar. Meist stehen die Stützen jedoch hinter der Außenwand. Reiht man großflächige Wandtafeln unmittelbar aneinander, ergibt sich eine wenig profilierte Außenfläche (**124.1**a). Sollen die umfassenden Rahmen dieser Wandelemente möglichst schmal gehalten werden, sind sie i. allg. nicht biegesteif genug, um dem Winddruck standzuhalten, und sie erhalten dann auf der Innenseite in der Höhe der Fensterbank eine Zwischenstützung durch einen horizontalen Riegel, der an die Gebäudestützen angeschlossen wird. Steift man die Wandplatten durch vertikale Fassadenpfosten (Sprossen) aus, ergibt sich eine senkrechte Wandgliederung (**124.1**b), die noch stärker betont werden kann, wenn man die unverkleideten Stützen vor die Fassade stellt (**124.1**c). Hierbei sind aber die Auswirkungen der Längenänderung der Stützen infolge des starken Temperaturwechsels sorgfältig zu verfolgen. Brüstungselemente aus Stahlbeton sind ohne zusätzliche Bauglieder steif genug. Sie betonen die horizontalen Linien der Fassade (**124.2**); die Fensterrahmen werden oben und unten an die Stahlbetonteile angeschlossen.

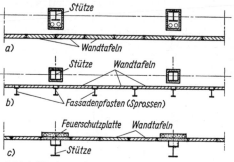

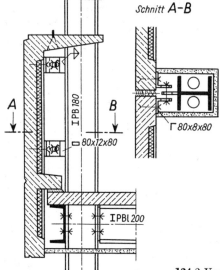

124.1 Horizontalschnitt durch die Fassade von Stahlskelettbauten
a) Tafelwand (Vorhangwand) vor den Stützen
b) Sprossenwand vor den Stützen
c) Stützen vor der Außenwand

Fassadenplatten bestehen aus 3 Schichten (**124.3**). Die Außenschicht wird gebildet durch ebene oder gefaltete oder in räumliche Formen gepreßte Bleche aus anodisch oxydiertem Aluminium, aus emailliertem, verzinktem oder kunststoffbeschichtetem Stahl, aus rostfreiem Stahl, Bronze, Glas oder Kunststoffen.

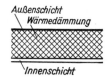

124.3 Dreischichtige Wandplatte

124.2 Vor die Stahlkonstruktion montierte durchgehende Stahlbeton-Brüstungselemente

6.41 Außenwände

Die Wärmedämmung besteht aus Papierwaben mit Vermiculitefüllung, Aluminiumwaben, Schaumstoffen und Glas- oder Mineralfaserplatten. Die Innenschicht kann aus den gleichen Stoffen wie die Außenschicht hergestellt werden. Ist die Wärmedämmschicht selbst steif und verleimt man sie mit den Deckplatten, dann entstehen sehr tragfähige Verbundplatten. Muß die Brüstung, wie z.B. bei Hochhäusern, feuerbeständig sein, wird die Brüstungsplatte hintermauert (**125.1**). Der Luftraum zwischen Außenhaut und Hintermauerung wird meist belüftet, um Schwitzwasserbildung zu vermeiden.

Um die großen Dehnungen der Fassade bei Temperaturschwankungen auszugleichen, sind alle Fugen beweglich auszubilden. Für die in Bild **125.2** nur grundsätzlich gezeigten Möglichkeiten der Fugendichtung zwischen den Wandelementen sind vielgestaltige Sonderprofile (Strangpreßprofile) entwickelt worden.

Auch die Fassadenpfosten werden untereinander beweglich verbunden (**125.3**), wobei entweder das untere Ende des einzelnen Pfostens an der Decke gestützt oder mit dem oberen Ende an der Decke aufgehängt wird (wie im Bild). Die Pfostenbefestigung an der Decke muß nach allen Richtungen justierbar sein (**126.1**); nach dem Ausrichten werden die Befestigungswinkel am festen Lager meist verschweißt. Die Rahmen der Fassadenplatten werden gegen den Flansch der Sprosse unter Zwischenlage einer Dichtung mittels Klemmverbindung angepreßt. Die Brüstungsplatte ist mit Kitt und Dichtungsstreifen in den Rahmen eingesetzt. Die Sprossen können als Laufschienen für den Fensterputzaufzug dienen, der notwendig ist, wenn die Fenster bei voll klimatisierten Gebäuden nicht zu öffnen sind.

Ähnlich wie die Fassadenpfosten werden auch die Wandelemente mit Konsolen auf der Decke aufgelagert und an der Stahlkonstruktion nach allen Richtungen justierbar befestigt (**124.2**).

Weitere ausführliche Einzelheiten s. [2; 4; 8; 11].

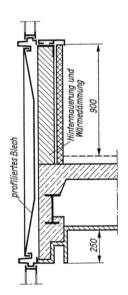

125.1 Feuerbeständige Außenwand

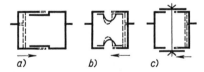

125.2 Bewegliche Fugendichtung zwischen den Rahmen der Wandelemente
 a) Überdeckungsstoß
 b) Federbleche
 c) Deckschienen

125.3 Bewegliche Verbindung der Fassadenpfosten

6.4 Wände

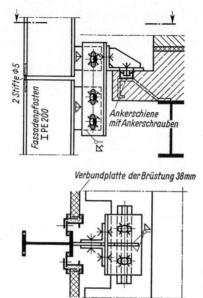

126.1 Justierbare Befestigung des Fassadenpfostens an der Geschoßdecke

6.42 Innenwände

Die Innenwände können aus $1/2$ Stein dicken Ziegelmauern oder mit Gasbeton-, Gips-, Schlacken- oder anderen Leichtsteinen und Platten hergestellt werden. Ebenso wie bei den Außenwänden können vorgefertigte Wandelemente verwendet werden, die den Vorteil haben, daß sie bei geänderter Nutzung der Räume leicht zu versetzen sind [15].

7 Kranbahnen

7.1 Allgemeine Anordnung und Berechnung

Kranbahnen tragen Laufkrane, im Freien oder in Hallen. Die Kranschienen liegen auf den Kranbahnträgern. Diese werden als Durchlaufträger oder auch als einfache Balken und Gelenkträger, z.B. in Bergsenkungsgebieten, ausgebildet und ruhen auf Kranbahnstützen oder auf Konsolen an den Hallenrahmen. Aufhängen von Kranbahnen an Dachbindern ergibt eine stützenfreie Halle, erfordert aber schwere Binder (**141.2**). Die Kranbahnstützen werden quer zur Fahrtrichtung im Fundament eingespannt; in Fahrtrichtung machen Bremsverbände die Kranbahnanlage standsicher.

Berechnung und bauliche Durchbildung der Kranbahnen erfolgt nach DIN 120. Je nach der bezogenen Betriebsdauer und -last werden Krananlagen in die Gruppen I bis IV eingestuft, und zur Berücksichtigung der häufigen Wiederholung der Belastung, ihrer veränderlichen Größe und ihrer Stoßwirkung werden die lotrechten Verkehrslasten mit der Ausgleichszahl $\psi = 1{,}2 \cdots 1{,}9$ vervielfacht. In Höhe der Schienenoberkante ist in Fahrtrichtung $1/7$ der Last der gebremsten Räder als Bremslast H_{Br} (**137.2a**) und quer zur Fahrtrichtung $1/10$ aller Radlasten als Seitenkraft H_S anzunehmen (**130.**1a). Im Freien werden diese Horizontallasten um die Windlast vermehrt.

Geschweißte Kranbahnen der Gruppen III und IV sind nach den Vorschriften der DB für geschweißte Eisenbahnbrücken (DV 848) zu berechnen und durchzubilden. Für Kranbahnen der Gruppen I und II darf DIN 4100 zugrunde gelegt werden, doch sind die Einschränkungen des Einführungserlasses zu beachten. Danach gelten für nicht vorwiegend ruhend belastete Stahlbauteile die meist kleineren zulässigen Spannungen der Tafel **128.1**, und bei gleichzeitiger Beanspruchung der Schweißnaht durch Normalspannungen σ und Schubspannungen τ ist die Hauptspannung nachzuweisen

$$\sigma_H = \frac{1}{2}(\sigma + \sqrt{\sigma^2 + 4\,\tau^2}) \tag{127.1}$$

Am biegefesten Trägerstoß ist demnach anzusetzen

$$\sigma_H = \frac{1}{2}\left[\frac{\max M}{W_w} + \sqrt{\left(\frac{\max M}{W_w}\right)^2 + 4\left(\frac{A}{\Sigma(a\cdot l)}\right)^2}\right] \leq \text{zul } \sigma_w \tag{127.2}$$

oder

$$\sigma_H = \frac{1}{2}\left[\frac{M}{W_w} + \sqrt{\left(\frac{M}{W_w}\right)^2 + 4\left(\frac{\max A}{\Sigma(a\cdot l)}\right)^2}\right] \leq \text{zul } \sigma_w \tag{127.2a}$$

$\Sigma(a\cdot l)$ erstreckt sich über die zur Aufnahme der Querkraft geeigneten Nähte (i. allg. nur die Stegnähte).

7.1 Allgemeine Anordnung und Berechnung

Für Längsnähte gemäß Tafel 128.1 Zeile 12 und 13 ist zu schreiben

$$\sigma_H = \frac{1}{2}\left[\frac{\max M \cdot c}{I} + \sqrt{\left(\frac{\max M \cdot c}{I}\right)^2 + 4\left(\frac{Q \cdot S}{J \cdot \Sigma a}\right)^2}\right] \leqq \text{zul } \sigma_w \qquad (128.1)$$

und für die Stumpfnaht am Stegblechquerstoß

$$\sigma_H = \frac{1}{2}\left[\frac{\max M \cdot c}{I} + \sqrt{\left(\frac{\max M \cdot c}{I}\right)^2 + 4\left(\frac{Q}{t \cdot h}\right)^2}\right] \leqq \text{zul } \sigma_w \qquad (128.2)$$

mit $S =$ statisches Moment des anzuschließenden Querschnittsteils
$I =$ volles Querschnittsträgheitsmoment
$c =$ Abstand der maßgebenden Querschnittsfaser von der Schwerachse

Tafel 128.1 Zulässige Spannungen in kp/cm² für geschweißte Verbindungen von Kranen und Kranbahnen der Gruppen I und II nach DIN 120 und Starkstromfreileitungen (nur Lastfall H) nach VDE 0210 (zul σ_w und zul τ_w)

Zeile	Nahtart und ggf. Bauteile	Art der Beanspruchung	Stahlsorte			
			St 37		St 52	
			Lastfall			
			H	HZ	H	HZ
1	Stumpfnaht 100% durchstrahlt	Zug axial und bei Biegung	1600	1600	2400	2400
2		Druck axial und bei Biegung	1400	1600	2100	2400
3		Schub	900	1050	1350	1550
4	Stumpfnaht 50% durchstrahlt	Zug, Druck axial und bei Biegung	1400	1600	2100	2400
5		Schub	900	1050	1350	1550
6	Stumpfnaht nicht durchstrahlt	Zug axial und bei Biegung	1100	1300	1700	1900
7		Druck axial und bei Biegung	1400	1600	2100	2400
8		Schub	900	1050	1350	1550
9	Kehlnaht	Zug, Druck, Schub	900	1050	1350	1550
10	Kehlnaht am biegefesten Trägeranschluß	Hauptspannung [nach Gl. (127.2, 127.2 a)]	1100	1300	1700	1900
11		Schub	900	1050	1350	1550
12	Längsnähte (Kehl- und Stumpfnähte) z. B. Halsnähte Stegblech-Längsstoß Verbindungsnähte zwischen Gurtplatten	Hauptspannung [nach Gl. (128.1)]	1400	1600	2100	2400
13		Schub	900	1050	1350	1550
14	Stumpfnaht am Stegblech-Querstoß 50% durchstrahlt	Hauptspannung [nach Gl. (128.2)]	1400	1600	2100	2400
15		Schub	900	1050	1350	1550

7.1 Allgemeine Anordnung und Berechnung — 7.2 Kranschienen

Beispiel (129.2) Berechnung eines frei aufliegenden Kranbahnträgers, Krangruppe II ($\psi = 1{,}4$). Ständige Last: $g = 0{,}18$ Mp/m; Radlasten und maßgebende Laststellung s. Bild **129.**1a.

$$M_g = 0{,}18 \cdot \frac{4{,}8^2}{8} = 0{,}5 \text{ Mpm}$$

$$\psi \cdot M_p = 1{,}4 \cdot \frac{19{,}0 \cdot 1{,}775^2}{4{,}80} = 17{,}5 \text{ Mpm}$$

$$\max M_{x,\,g+\psi\cdot p} = 18{,}0 \text{ Mpm}$$

Aus Seitenkraft

$$M_{yS} = \frac{17{,}5}{10 \cdot 1{,}4} = 1{,}25 \text{ Mpm}$$

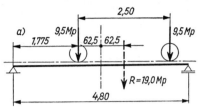

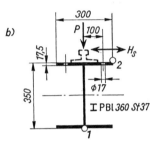

129.1 Kranbahnträger
  a) Träger mit maßgebender Laststellung
  b) Querschnitt des Kranbahnträgers

Zur näherungsweisen Berücksichtigung der Torsionsbeanspruchung des Kranbahnträgers darf M_y nur dem Obergurt des Trägers zugewiesen werden; die Kranschiene wird aufgeklemmt und ist daher statisch unwirksam.

Profil nach Bild **129.**1b $\quad W_x = 1890 \text{ cm}^3$

Für den Oberflansch $\quad J_{yn} = 1{,}75 \cdot \dfrac{30^3}{12} - 1{,}7 \cdot 1{,}75 \cdot 10^2 = 3640 \text{ cm}^4$

$$W_{yn} = \frac{3640}{15} = 243 \text{ cm}^3$$

Im Punkt 1 $\quad \sigma_{1,H} = \dfrac{1800}{1890} = 0{,}952 < 1{,}400 \text{ Mp/cm}^2$

Im Punkt 2 $\quad \sigma_{2,HZ} = 0{,}952 + \dfrac{125}{243} = 0{,}952 + 0{,}514 = 1{,}466 < 1{,}600 \text{ Mp/cm}^2$

Durchbiegung $\quad f_x \approx 0{,}93\, \sigma_x \cdot \dfrac{l^2}{h} = 0{,}93 \cdot 0{,}952 \cdot \dfrac{4{,}80^2}{35} = 0{,}58 \text{ cm}$

$$f_y \approx 0{,}93\, \sigma_y \cdot \frac{l^2}{b} = 0{,}93 \cdot 0{,}514 \cdot \frac{4{,}80^2}{30} = 0{,}37 \text{ cm}$$

$$f = \sqrt{0{,}58^2 + 0{,}37^2} = 0{,}688 \text{ cm} = \frac{l}{700}$$

7.2 Kranschienen

Flachschienen haben Rechteckquerschnitt mit $b \cdot h = 50 \times 30 \cdots 70 \times 50$ (**130.**1a) und können mit abgeschrägten oder abgerundeten oberen Kanten geliefert werden. Kranschienen Form A mit Fußflansch für allg. Verwendung

7.2 Kranschienen

nach DIN 536 Bl. 1 haben Kopfbreiten von 45···120 mm (**130.**1b,c); Kranschienen Form F (flach) nach DIN 536, Bl. 2, sind 80 mm hoch, haben Kopfbreiten von 100 oder 120 mm und werden für spurkranzlose Laufräder verwendet, bei denen so geringe Seitenkräfte auftreten, daß die schmale Schiene nicht kippen kann. Die Kennzahl in der Kranschienenbezeichnung gibt die Kopfbreite an (**130.**1c und d). Werkstoff der Schienen nach DIN 536 ist Stahl mit $\beta_Z \geq 60$ kp/mm².

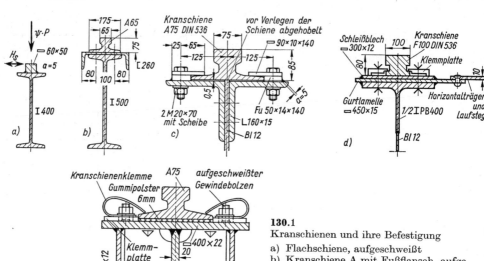

130.1
Kranschienen und ihre Befestigung
a) Flachschiene, aufgeschweißt
b) Kranschiene A mit Fußflansch, aufgenietet
c) Kranschiene A mit Fußflansch, aufgeklemmt
d) Kranschiene F, aufgeklemmt
e) wartungsfreie elastische Kranschienenbefestigung nach dem GKN-System (KSM Continental S. A., Nivelles)

Die höchstzulässige Radlast ist

$$\text{zul } P = D\,(k - 2\,r_1) \cdot \text{zul } p \qquad (130.1)$$

in kp mit dem Kranraddurchmesser D, der Schienenkopfbreite k und dem Ausrundungshalbmesser der Schienenkopfkante r_1 in cm; die zulässige Pressung zul p = 40···60 kp/mm² ist wegen der Abnutzung um so kleiner zu wählen, je größer die Fahrgeschwindigkeit des Laufkranes ist [11; 17].

Aufgeschweißte Flachschienen oder aufgenietete Schienen mit Fußflansch (**130.**1a und b) dürfen statisch als Verstärkung des Kranbahnträger-Obergurts mitgerechnet werden, wobei 25% des Schienenkopfes als abgefahren anzusehen sind, jedoch ist das Auswechseln verschlissener Schienen schwierig. Für aufgeschweißte Schienen ist ein Werkstoff mit Eignung zum Schmelzschweißen zu wählen, z. B. St 52 nach DIN 17100. Aufgeschraubte und aufgeklemmte Schienen wirken statisch nicht mit; neu einzubauende aufgeschraubte Schienen müssen nach dem Trägeroberflansch passend gebohrt werden, so daß auch hier das Auswechseln nicht so einfach ist wie bei aufgeklemmten Schienen (**130.**1c, d, e), die ohne Bohrungen aufgelegt werden. Angeschraubte und aufgeklemmte Schienen erhalten meist ein statisch nicht mitgerechnetes **Schleißblech** als Unterlage, um eine Schwächung des Trägergurtes durch Abrieb zu vermeiden. Verwendet man als Zwischenlage 6 mm dicke, längsgerillte Hartgummi-Unterlagsplatten mit 92°···95° Shore-Härte, wird die Schienenlagerung elastisch (**130.**1e). An die Genauigkeit der Schienenlage nach Höhen- und Seitenrichtung werden große Anforderungen gestellt.

Schienenstöße werden gegen den Trägerstoß ≈ 500 mm versetzt und unter 45° schräg ausgeführt; bei nicht biegefestem Trägerstoß wird das übergreifende Schienenende in Langlöchern verschraubt (**131.**1). Aufgeklemmte Schienen werden auch mit Thermit stumpf verschweißt, wobei sogar auf das Aufklemmen verzichtet werden kann, wenn die Schienen seitlich durch am Träger angeschweißte Knaggen geführt werden.

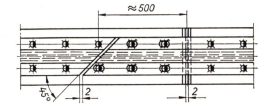

131.1 Schienenstoß

Dehnungsfugen werden mit auswechselbaren Stücken aus vergütetem Stahl längsverschieblich überdeckt (**131.**2).

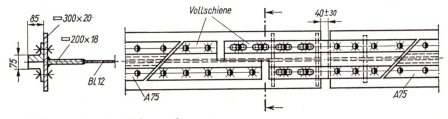

131.2 Schienenstoß an der Dehnungsfuge

7.3 Kranbahnträger und -konsolen

Je nach den Lasten und Stützweiten werden die Kranbahnträger aus Walzprofilen, Blechträgern oder Fachwerkträgern gebildet. Die Einleitung der Kranradlasten in den Trägersteg erfolgt bei genieteten Trägern durch Kontakt zwischen Schiene und Stegblech; hierfür läßt man das Stegblech zunächst über die Gurtwinkel hervorragen und hobelt den Überstand nach dem Vernieten gleichmäßig ab (**130.**1c). Bei geschweißten Vollwandträgern übernimmt die Halsnaht neben den Längsschubkräften auch die vertikale Radlast und wird wegen der mehrachsigen Beanspruchung meist als K-Naht mit durchgeschweißter Wurzel ausgeführt (**130.**1e). Die Radlasten wirken nun aber nicht exakt in der Mittelebene des Steges, weil Ungenauigkeiten der Schienenbefestigung, die Seitenkraft H_S und insbesondere die Durchbiegung der Kranbrücke eine Seitenverschiebung der Kraftwirkungslinie verursachen. Das da-

7.3 Kranbahnträger und -konsolen

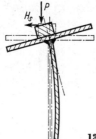

durch entstehende Moment ruft in der Halsnaht zusätzlich quergerichtete Biegespannungen hervor, die wegen ihrer ständigen Wiederholung auf die Dauer zu Schäden führen können (132.1). Um die Halsnaht von dieser Beanspruchung frei zu halten, kann man den Trägerobergurt durch zweckmäßige Querschnittsgestaltung in Verbindung mit den Quersteifen des Stegblechs verwindungssteif machen (2.1f, 130.1e).

132.1 Biegebeanspruchung der Halsnaht infolge Verdrehung des Obergurtes

Wegen der waagerechten Seitenkräfte H_S (s. Abschn. 7.1) muß der Trägerobergurt horizontal biegesteif sein, was für Breitflanschträger zutrifft (129.1b) und bei schmalflanschigen Trägern durch Verstärkungsprofile erreicht wird (130.1b, 2.1d). Hohe, schmale Träger (130.1a) geben die Seitenkräfte an einen in Obergurtebene oder dicht darunter angeordneten Horizontalverband ab. Wird dieser vollwandig ausgeführt, so kann sein horizontal liegendes Stegblech als Laufsteg dienen (130.1d); bei der meist fachwerkartigen Ausführung ist hierfür eine Abdeckung mit Riffelblech oder Lichtgitterrosten anzubringen (133.1). Die Bauteile des Laufsteges sind für eine wandernde Einzellast $P =$ 300 kp in ungünstigster Stellung zu bemessen.

Den Innengurt des Horizontalverbandes bildet stets der Kranbahnträger; der Außengurt ist ein besonderes Konstruktionsteil, welches als Glied des Verbandes nicht nur Normalkräfte übernimmt, sondern vom Eigengewicht des Verbandes und Laufsteges sowie der zugehörigen Verkehrslast auch auf Biegung beansprucht wird. Im Halleninneren kann der Außengurt in kurzen Abständen an den Stielen der Fachwerkwand befestigt werden, im Freien hat er jedoch die gleiche Stützweite wie der Kranbahnträger. Bei kleinen Stützenabständen genügt ein ⌷-Profil, bei größeren wird der Gurt durch einen schrägliegenden Fachwerkverband (132.2a) oder meist durch einen leichten Fachwerk-Nebenträger

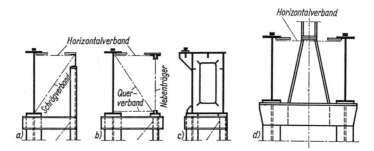

132.2 Stützung der Horizontalverbände der Kranbahnen
    a) durch einen Schrägverband
    b) durch einen Fachwerk-Nebenträger
    c) vollwandiger Kastenträger
    d) gemeinsamer Horizontalverband bei nebeneinanderliegenden Kranbahnen

7.3 Kranbahnträger und -konsolen

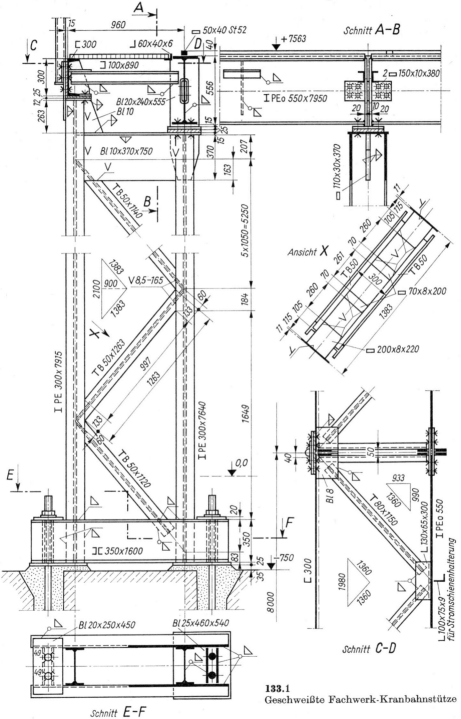

133.1
Geschweißte Fachwerk-Kranbahnstütze

7.3 Kranbahnträger und -konsolen

unterstützt (**132.2b**). Kranbahnträger, Horizontalverband und Nebenträger bilden mit den Querverbänden eine konstruktive Einheit, die bei vollwandiger Ausführung einen Kastenquerschnitt ergibt (**132.2c**). Auf gleicher Höhe nebeneinander liegende Kranbahnen benachbarter Hallenschiffe werden durch einen gemeinsamen Horizontalverband verbunden (**132.2d**).

Die Auflager der Kranbahnträger müssen die lotrechten und waagerechten Auflagerlasten aufnehmen. Zum Ausrichten der Kranbahn in Seiten- und Höhenlage sind an allen Befestigungsstellen Futter und Langlöcher vorzusehen; teilt man die Futterzwischenlagen in mehrere verschieden dicke Futterbleche auf, kann die Kranbahn bei der Montage oder nach eingetretener Stützenverschiebung durch Wegnehmen, Zulegen oder Austauschen passender Futter feinstufig reguliert werden. Kranbahnträger, Horizontalverband und Nebenträger können nur gemeinsam ausgerichtet werden (**132.2**). An Hallenstützen werden die Kranbahnträger auf Konsolen gelagert (**134.1**).

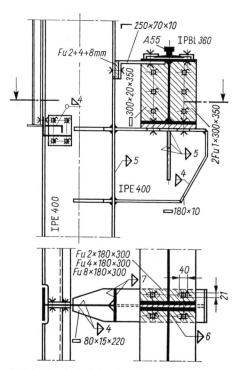

134.1 Kranbahnkonsole an einem Hallenrahmen

Der Konsolenanschluß am Rahmen wird durch die Auflagerlast und das Einspannmoment beansprucht, die Konstruktion erfolgt sinngemäß wie bei den Rahmenecken (s. Abschn. 2.2). Auch bei Auflagerung auf einer Stahlbetonsäule

(135.1) sind Futter zum Ausrichten notwendig. Jedes Kranbahnende erhält einen Prellbock, dessen Anschluß an den Kranbahnträger ebenfalls biegefest sein muß; je besser der Anprall des Laufkranes abgefedert wird (Federpuffer!), um so kleiner wird H_A.

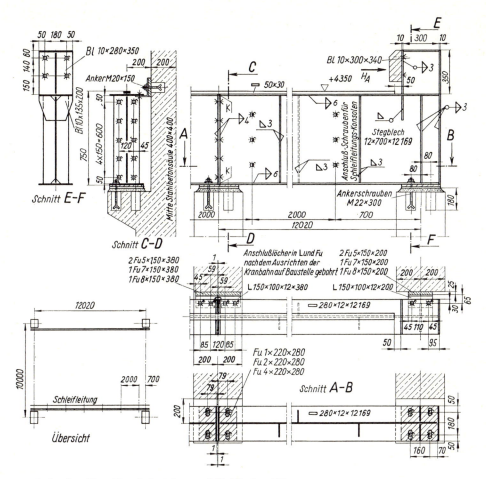

135.1 Geschweißter Kranbahnträger auf Stahlbetonstützen

Bei frei aufliegenden Blechträgern kann man das Auflager nach Bild 136.1 ausbilden; man erreicht zentrische Belastung der Stütze, und die Längsverschiebung am Kranschienenstoß infolge der Endtangentenverdrehung der Träger wird kleiner. Seitliche Führungen verhindern das Kippen der Träger. Dehnungsfugen der Kranbahn werden in gleicher Weise ausgeführt, doch entfallen die Anschlagknaggen der oberen Lagerstelle.

7.3 Kranbahnträger und -konsolen — 7.4 Kranbahnstützen

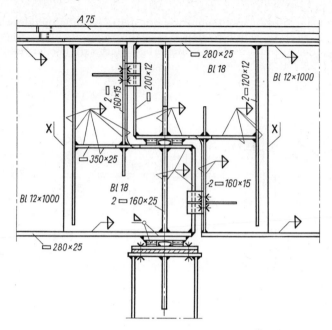

136.1 Auflagerung geschweißter, frei aufliegender Kranbahnträger auf einer Kranbahnstütze

7.4 Kranbahnstützen

Im Freien unterstützen sie die Kranbahn, in der Halle übernehmen sie i. allg. außerdem noch die Lasten aus der Dach- und Wandkonstruktion (**141.2, 142.2**). Sie werden vollwandig oder als Fachwerk hergestellt und quer zur Längsachse der Kranbahn im Fundament eingespannt, um den Kranseitenschub und die Windlast aufzunehmen (**133.1**). Der schmale, aber in Momentenebene lange Stützenfuß wird mit Hammerkopfschrauben im Fundament verankert (s. Teil 1). Der Kranpfosten trägt unmittelbar den Kranbahnträger.

Die Knicklänge der Fachwerkpfosten beim Ausknicken aus der Stützenebene entspricht der Stützenhöhe; die Knicklänge für Ausknicken in der Stützenebene ist gleich dem Abstand der Fachwerkknoten und damit viel kleiner als für die andere Knickachse. Durch richtige Profilwahl und zweckmäßige Anordnung der Füllstäbe kann man ungefähr gleiche Schlankheit des Druckstabes für beide Hauptachsen erreichen. Für den Pfosten der Kranbahnstütze nach Bild **133.1** aus IPE 300 ist z. B. $\lambda_x = 772/12{,}5 = 62$ und $\lambda_y = 210/3{,}35 = 63$. Falls erforderlich, kann die Knicklänge λ_x für Ausknicken aus der Ebene nach DIN 4114, Ri 7.7, reduziert werden, weil die Druckkraft nicht konstant ist, sondern wegen der Wirkung des Einspannmomentes der Stütze bei Horizontalbeanspruchung von oben nach unten anwächst.

Die Gurte vollwandiger Kranbahnstützen können ebenso wie die Pfosten der Fachwerkstützen aus der Stützenebene heraus ausknicken; deshalb erhalten auch sie einen knickfesten, meistens I-förmigen Querschnitt (**137.1**). Das auf Druck beanspruchte Stegblech muß durch Längs- und Quersteifen beulsicher gestaltet werden; die halbrahmenartige Verbindung der Gurte mit den Quersteifen sichert die rechtwinklige Querschnittsform.

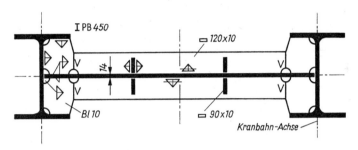

137.1 Querschnitt einer vollwandigen Kranbahnstütze

7.5 Bremsverband

Die Kranbahnstützen sind nur in Querrichtung eingespannt; in Längsrichtung wirken sie wie Pendelstützen, so daß zur Längsstabilität und zur Aufnahme der Bremslast H_{Br} in jedem Kranbahnabschnitt zwischen 2 Dehnungsfugen ein **vertikaler Verband in Kranbahnebene** notwendig ist.

Bei **gekreuzten Diagonalen** wird die Strebenkraft $D = \pm H_{Br}/2 \cos \alpha$ (**137.2a**). Die Knicklänge für Knicken senkrecht zur Fachwerkebene hängt u. a. auch von der Stoßausbildung an der Kreuzungsstelle der Streben ab (s. S. 43) und kann nach DIN 4114, Ri 6.4, berechnet werden.

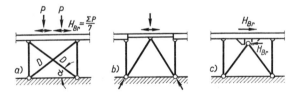

137.2 Systeme von Bremsverbänden

Die **K-Ausfachung** (**137.2b**) behindert den Querverkehr unter der Kranbahn weniger als das Strebenkreuz. Kann sich der Kranbahnträger auf den Strebenbock aufsetzen, werden die Streben auch durch die lotrechten Kranlasten beansprucht; zwar kann der Kranbahnträger in diesem Feld schwächer bemessen werden, doch hebt diese Ersparnis nicht die Nachteile auf, die durch den vergrößerten Strebenquerschnitt und durch die zusätzliche Fundamentbelastung infolge der Horizontalkomponenten der Strebenkräfte entstehen. Besser ist es, wenn sich der Kranbahnträger frei durchbiegen kann und nur die Bremslast durch Anschläge an den Strebenknoten abgegeben wird (**137.2c**).

7.5 Bremsverband

Der Verkehrsraum unter der Kranbahn wird frei, wenn man den Bremsverband als Rahmen (Portal) ausführt. Die nachteiligen Auswirkungen der horizontalen Auflagerkräfte des Zweigelenkrahmens aus lotrechter Verkehrslast (**138.**1a) lassen sich bei den Ausführungen nach Bild **138.**1b und c vermeiden. Die konstruktive Gestaltung der Rahmen s. Abschn. 2 Rahmen.

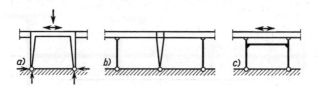

138.1 Systeme von Bremsportalen (Rahmen)

In Hallen können die Bremsverbände und die vertikalen Hallenverbände zu einem Bauteil vereinigt werden.

8 Hallenbauten

8.1 Allgemeines

Hallen sind eingeschossige Bauten, die als Fabrikations- und Lagerhallen, als Ausstellungs-, Fahrzeug- und Flugzeughallen sowie als Sporthallen und Versammlungsräume dienen. Bei großen Hallenbreiten bildet man durch eine oder mehrere Längsstützenreihen zwei oder mehr Hallenschiffe; je nach Verwendungszweck kann der Innenraum durch Zwischenwände und durch den Einbau von Decken oder Bedienungsbühnen für Maschinen unterteilt werden.

Maßgebend für den Entwurf der tragenden Konstruktion sind die Standfestigkeit der Halle bei lotrechter und waagerechter Belastung sowie die Baugrundverhältnisse. Weiterhin ist Rücksicht zu nehmen auf ausreichende natürliche und künstliche Belichtung, auf Lüftung und Heizung sowie auf den Einbau von Krananlagen und anderen Transporteinrichtungen.

Die gemäß der Unfallverhütungsvorschrift VBG 8c für den Durchgang von Laufkranen und für die Laufstege der Kranbahnen freizuhaltenden lichten Maße zeigt Bild **139.1**.

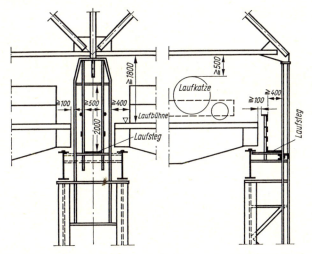

139.1 Mindestmaße für lichte Öffnungsweiten bei Laufkranen und Laufstegen

Um gefahrloses Umgehen der Gebäudestützen auf dem Laufsteg zu ermöglichen, muß der Abstand zwischen bewegten Kranteilen und festen Bauteilen $\geqq 400$ mm betragen.

Der Vorteil der Stahlhallen gegenüber anderen Bauweisen liegt in der von der Witterung unabhängigen, kurzen Bauzeit, in der Unabhängigkeit bei der Gestaltung der Baukörper, in der gerade für den Industriebau sehr wichtigen Möglichkeit, nachträglich Änderungen und Verstärkungen einfach und zuverlässig durchführen zu können und schließlich in den niedrigen Abbruchkosten veralteter Anlagen.

8.2 Hallenquerschnitte

8.21 Eingespannte Stützen

Eine oder mehrere Stützen des Hallenquerschnitts werden in das Fundament eingespannt und können quer zur Hallenlängsachse wirkende Horizontallasten aufnehmen. Die Dachbinder werden frei drehbar auf den Stützenköpfen gelagert. Die Binder sind Fachwerke oder Vollwandträger, die Stützen können bei nicht zu großen Hallenhöhen und Kranlasten vollwandig aus Walzprofilen und Blechen hergestellt werden; bei großer Hallenhöhe und schweren Kranbahnen sind Fachwerkstützen oft wirtschaftlicher.

Werden beide Stützen einer einschiffigen Halle im Fundament eingespannt und verbindet man den Dachbinder unverschieblich mit beiden Stützenköpfen, ist der Hallenquerschnitt statisch unbestimmt (**141.1**).

Für konstantes, gleich großes Trägheitsmoment beider Stützen ergibt die Berechnung der statisch unbestimmten Kraft X_1 z.B. für Belastung durch die Horizontalkomponente der Windlast auf das Dach (W_{hD}) und der Windlast auf die Wand (W_{hW}):

$$X_1 = W_{hD}/2 + 3/16\, W_{hW}$$

X_1 wirkt auf den Stützenkopf der unmittelbar dem Wind ausgesetzten Stütze entlastend, auf die andere Stütze belastend. Die Druckkraft X_1 überlagert sich mit den sonstigen Untergurtkräften des Binders; überwiegt der Druck, muß der Binderuntergurt knicksicher gemacht werden, z.B. durch Kopfstrebenpfetten. Da die Stützenköpfe in der Binderebene nicht gehalten sind, ist die Knicklänge der Stützen bei gleich großen Stützendruckkräften $s_K = 2\,h$.

Ein Hallenquerschnitt mit 2 eingespannten Fachwerkstützen, 2 übereinanderliegenden Kranbahnen und mit einem Lüftungsaufbau auf dem Dach zeigt Bild **141.2**. Konstruktive Einzelheiten s. Bild **133.1**.

Führt man eine der beiden Stützen als Pendelstütze aus (**141.3**), wird der Querschnitt statisch bestimmt, was bei schlechten Gründungsverhältnissen vorteilhaft ist und die Berechnung vereinfacht. Die Pendelstütze mit oberer und unterer gelenkiger Lagerung (s. Abschn. 2.31 Fußgelenke) lehnt sich über den Binderuntergurt (Druckkräfte!) gegen die eingespannte Stütze, die sämtliche Horizontallasten allein übernehmen muß und die wegen des großen Einspannmomentes ein großes Fundament erhält; dafür wird aber das Fundament der Pendelstütze kleiner.

8.21 Eingespannte Stützen

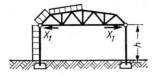

141.1 Binder auf 2 eingespannten Vollwandstützen

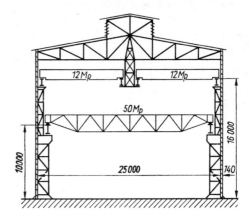

141.2 Querschnitt einer Werkstatthalle mit eingespannten Fachwerkstützen und Kranbahnen

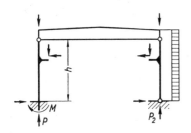

141.3 Hallenquerschnitt mit eingespannter Stütze und Pendelstütze

Da die eingespannte Stütze das seitliche Ausweichen der Pendelstütze verhindern muß, wird ihre Knicklänge nach DIN 4114, Ri 14.14, mit $J_0 = \infty$

$$s_K = 2h \sqrt{1 + 0{,}96 \cdot \frac{P_2}{P}}$$

Bei $P_2 = P$ wird $s_K = 2{,}8\,h$. Lehnen sich bei mehrschiffigen Hallen noch weitere Pendelstützen gegen die eingespannte Stütze (**142.1**), kann ihre Knicklänge noch weit größer werden. Für die Pendelstützen ist $s_K = h$. Beim Ausknicken der Stützen in der Wandebene ist der Abstand der in Längsrichtung unverschieblichen Wandriegel maßgebend.

Um nicht die auf die Pendelstützen wirkenden Kranstöße durch die Dachkonstruktion zu leiten, kann der Oberteil einer eingespannten Stütze als Pendelstütze ausgebildet werden und man erhält ein ebenfalls statisch bestimmtes System (**142.2**).

Die Stützen der vielfach ausgeführten einstieligen **Bahnsteigüberdachungen** müssen in jedem Fall im Fundament eingespannt werden. Die in relativ großem Abstand stehenden Stützen tragen einen Längsunterzug, an dem die beiderseits auskragenden Binder biegefest angeschlossen werden (**142.3**). Unsymmetrisch wirkende Lasten aus Schnee und Wind erzeugen im Unterzug Torsionsmomente, zu deren Aufnahme ein Kastenquerschnitt unerläßlich ist. Die Standsicherheit in Längsrichtung des Bahnsteigdaches wird gewährleistet, indem die Stützen mit dem Unterzug biegesteif zu einem vielstieligen Rahmen verbunden werden. Baustellenstöße werden geschraubt oder aus architektonischen Gründen auch geschweißt. An Treppenaufgängen müssen u. U. statt der einstieligen Binder Zweigelenkrahmen angeordnet werden; auch sehr breite Bahnsteige erhalten zweistielige Dächer, um die Kraglänge der Binder herabzusetzen (**142.4**).

8.2 Hallenquerschnitte

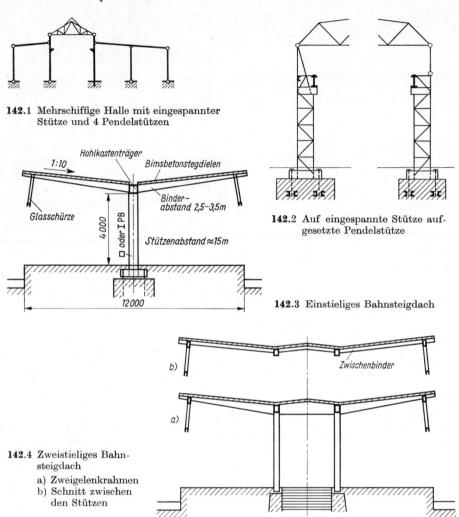

142.1 Mehrschiffige Halle mit eingespannter Stütze und 4 Pendelstützen

142.2 Auf eingespannte Stütze aufgesetzte Pendelstütze

142.3 Einstieliges Bahnsteigdach

142.4 Zweistieliges Bahnsteigdach
 a) Zweigelenkrahmen
 b) Schnitt zwischen den Stützen

Verbindet man die Kragarmenden benachbarter, einstieliger Bahnsteigbinder durch aufgesetzte Zweigelenkrahmen, entsteht eine geschlossene Hallenkonstruktion (**142.5**); durchgehende Längsschlitze in der Dachhaut über den Gleisen erlauben den Dampf- und Abgasabzug.

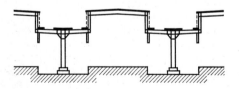

142.5 Geschlossene Bahnsteighalle mit einstieligen Bindern

8.22 Rahmen

Schließt man die Dachbinder biegefest an eine oder mehrere Stützen an, entstehen Rahmen, die auch ohne Fußeinspannung der Stützen standfest sind.

Der **einhüftige Rahmen** (**143.**1a) und der Rahmen nach Bild **143.**1b wirken für lotrechte Lasten wie Balkenbinder; nur für horizontale Lasten tritt die Rahmenwirkung und damit Horizontalschub auf.

Bei den Rahmen nach Bild **143.**2 entsteht bereits bei lotrechten Lasten ein Horizontalschub, der für die Rahmenriegel entlastend wirkt. Der **Dreigelenkrahmen** (**143.**2a) ist statisch bestimmt und damit unempfindlich gegen Fundamentbewegungen. Der einfach statisch unbestimmte **Zweigelenkrahmen** mit vollwandigen Stützen (**143.**2b) entsteht durch Verbindung des Binders mit den Stützen durch Kopfstreben. Bild **143.**2c ist ein Zweigelenkrahmen in Fachwerkkonstruktion, Bild **19.**1 ein Vollwandrahmen mit Zugband, das die Fundamente bei ungünstigem Baugrund vom Horizontalschub frei hält. Hohe und schwere Rahmen können **Fußeinspannung** erhalten. Die Biegemomentenverteilung im gesamten Rahmen wird dadurch gleichmäßiger, und die Horizontalverschiebung des Rahmens bei waagerechter Belastung wird verkleinert; andererseits sind zur Aufnahme der Einspannmomente größere Fundamente nötig. In Bild **143.**2d ist ein 3fach statisch unbestimmter, eingespannter Fachwerkrahmen, in Bild **19.**2 ein eingespannter Rahmen in gemischter Bauweise dargestellt.

Bei der Berechnung der Rahmen ist besonders bei vollwandiger Ausführung die Knicklänge der Rahmenstiele nach DIN 4114 nachzuweisen. Bei 2- und 3-Gelenk-Rahmen ist die Knicklänge stets größer als die doppelte Stablänge; bei eingespannten Rahmen liegt sie zwischen dem 1- und 2fachen der Stablänge.

143.1 a) einhüftiger Rahmen
b) Balkenbinder

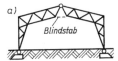
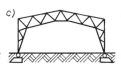

143.2 a) Dreigelenkrahmen
b) und c) Zweigelenkrahmen
d) eingespannter Fachwerkrahmen

8.23 Pendelstützen mit Horizontalverband

Alle Stützen sind Pendelstützen, die ihre Horizontallasten unten an das Fundament und oben an einen Horizontalverband abgeben, der sich über die ganze Hallenlänge erstreckt (**144.**1). Die Auflagerlast H_W des Horizontalverbandes wird an den Giebelwänden von einem **Vertikalverband** übernommen, der sie in die Fundamente leitet. Bei flacher Dachneigung legt man den Horizontalverband in die Dachebene. Bei steiler Dachneigung kann er auch in der Untergurtebene der Dachbinder liegen, doch ist dann auf die Knicksicherheit der Binderuntergurte zu achten, da diese als Vertikalstäbe des Verbandes Druck erhalten; außerdem ist zusätzlich ein Knicksicherungsverband in Dachebene anzuordnen (144.2). Der Vertikalverband im Giebel kann erforderlichenfalls um Wandöffnungen herumgeführt werden.

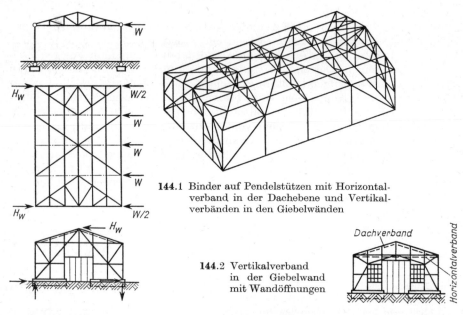

144.1 Binder auf Pendelstützen mit Horizontalverband in der Dachebene und Vertikalverbänden in den Giebelwänden

144.2 Vertikalverband in der Giebelwand mit Wandöffnungen

Vorteilhaft bei dieser Bauweise sind die Ersparnisse bei den Stützen; nachteilig ist die schwierige Konstruktion der Verbände, die Weiterleitung von Erschütterungen durch die ganze Hallenkonstruktion sowie die Unmöglichkeit einer späteren Hallenverlängerung. Da das Tragwerk erst nach vollständiger Fertigstellung standfest ist, sind während der Montage umfangreiche Abspannungen oder Montageverbände notwendig.

8.3 Hallenwände und Verbände

8.31 Allgemeines

Bei Hallenbauten werden oft geringere Ansprüche an den Wärme- und Schallschutz gestellt; die Wände dienen dann im wesentlichen dem Wetterschutz und werden als Stahlfachwerkwände mit Ausmauerung oder Plattenverkleidung ausgeführt. Die Gebäudestützen, die horizontalen Riegel und die vertikalen Stiele der Fachwerkwand bilden Rechtecke, deren Fläche bei $1/2$ Stein dicker Ausmauerung erfahrungsgemäß $12 \cdots 16 \ m^2$ nicht überschreiten soll; bei

8.31 Allgemeines

Plattenverkleidung richtet sich der Abstand der Riegel nach der zulässigen Stützweite der verwendeten Wandplatten. Damit die durch Wind belasteten Träger der Stahlfachwerkwand möglichst kurze Stützweiten haben, spannen sie sich bei **Hallenlängswänden** als **Riegel** horizontal zwischen den Hallenstützen, wobei die Zwischenstiele zur sekundären Unterteilung der Gefache, zur Versteifung der Riegel und ggf. zur Abstützung der Wandlasten dienen (**145.1**). Bei **Giebelwänden** verläuft die kürzeste Stützweite meist vertikal vom Fundament zum Dach, so daß hier die tragenden Elemente als vertikale **Stiele** vorgesehen werden, während die Zwischenriegel die Wandfläche unterteilen bzw. zur Befestigung der Wandtafeln dienen (**145.2**).

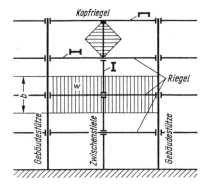

145.1 Ausfachung der Längswand

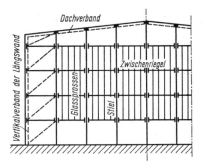

145.2 Ausfachung der Giebelwand

Die für die Träger der Fachwerkwand anzunehmenden Belastungsbreiten b für Windlast sind in Bild **145.1** schraffiert eingezeichnet und sind bei den tragenden Stielen der Giebelwand sinngemäß anzunehmen. Die Riegel der Längswände geben den Winddruck an die Hallenstützen ab, die entsprechend den Tragsystemen nach Abschn. 8.2 gegen Winddruck standfest sind. Die tragenden Stiele der Giebelwand lehnen sich unten gegen das Fundament und oben gegen den **Windverband** im Dach. Dieser übernimmt als parallelgurtiger Fachwerkträger die anteilige Windlast der Giebelwand und gibt sie an den Kopf der im gleichen Binderfeld befindlichen **Vertikalverbände** in den Längswänden ab, die die Kräfte dann in die Fundamente leiten (**146.1**). Um das aus Rechtecken bestehende System der Giebelwand unverschieblich zu machen und um den Winddruck auf das letzte Längswandfeld aufzunehmen, erhält die Giebelwand einen vertikalen **Giebelverband**. Die Diagonalen aller Vertikalverbände liegen auf der Wandinnenseite und sind von außen unsichtbar. Die Wandriegel werden grundsätzlich an die Knotenpunkte der Vertikalverbände angeschlossen, da nur solche Riegel zur Sicherung der Stützen gegen **Ausknicken** in Wandebene herangezogen werden dürfen, die in ihrer Längsrichtung unverschieblich sind. Sollen die Riegel der Längswände das **Kippen** der Hallenstützen verhindern, müssen sie nach Abschn. 2.213 rahmenartig mit den Stützen verbunden werden.

Bei sehr hohen Giebelwänden erhalten die Wandstiele große Biegemomente und müssen ggf. als Vollwandträger ausgeführt werden. In diesem Falle verkürzt man

8.3 Hallenwände und Verbände

ihre Stützweite durch einen **Giebelwindträger** etwa in halber Höhe der Wand bzw. in Höhe der Kranbahnverbände und vermindert so die Biegemomente und die Formänderungen der Wandstiele (**146.1** b bis d). Zur weiteren Verbesserung der statischen Verhältnisse kann man die Stiele im Fundament einspannen (**146.1** a). Der fachwerkartige oder auch vollwandige Giebelwindträger spannt sich horizontal von Längswand zu Längswand und gibt seine Auflagerlasten ebenso wie der Dachverband an die Vertikalverbände in den Längswänden ab. Der Innengurt des Windträgers wird an den Pfetten (**146.1** c) oder an den Wandstielen angehängt (**146.1** d). Steht die Giebelwand mit Binderabstand vor den letzten Gebäudestützen, liegen die Dachpfetten auf der Giebelwand auf und die Wandstiele müssen die anteilige Last des letzten Binderfeldes als Druckkraft übernehmen (**146.1** c). Ist mit einer späteren Hallenerweiterung zu rechnen, läßt man die Giebelwand besser unbelastet und setzt sie dicht vor die letzten Binderstützen (**146.1** d).

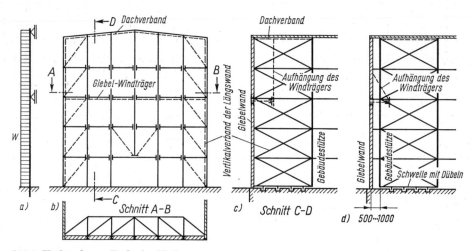

146.1 Verbände am Ende der Halle
 a) eingespannter Stiel der Giebelwand
 b) Ausfachung der Giebelwand mit Vertikalverbänden und Abfangung des Tortragers
 c) belastete Giebelwand
 d) unbelastete Giebelwand

Die Wandstiele werden entweder mit Fußplatten auf das Fundament gesetzt und mit Steinschrauben befestigt, oder sie erhalten zwecks besseren Ausrichtens eine durchgehende, im Fundament verankerte **Fußschwelle** (**147.1**). Im Verbandsfeld gibt die Fußschwelle die Horizontalkraft des Vertikalverbandes durch Dübel an das Fundament ab (**146.1** c und d). Da die Belastung der Wandprofile durch Wind relativ klein ist, brauchen die Träger am Anschluß nicht ausgeklinkt zu werden, wodurch die Konstruktion billiger und die Montage einfacher wird (**147.2**).

Die Diagonalen der Verbände stellt man aus Flachstahl oder besser aus Winkeln her und schließt sie auf der Wandinnenseite mit Knotenblechen an die Riegel und Stiele der Wand an (**148.2**).

8.31 Allgemeines — 8.32 Ausgemauerte Fachwerkwände

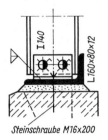

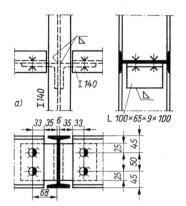

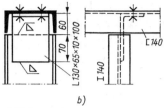

147.1 Fußschwelle der Fachwerkwand

147.2 Anschlüsse bei Fachwerkwänden
a) Anschluß der Riegel an den Stiel
b) Anschluß eines Stieles an den Kopfriegel

8.32 Ausgemauerte Fachwerkwände

Damit die ¹/₂ Stein dicke Ausmauerung von den Flanschen der Stahlprofile umfaßt und festgehalten werden kann, ist als **Mindestprofil I 140**, IPE 140 oder [140 zu verwenden. Werden vorgefertigte Massivplatten zwischen die Stahlprofile gesetzt, sind die Mindestprofile nach der Plattendicke festzulegen. Beim Anschluß der Wand ist dafür zu sorgen, daß Druck- und Sogkräfte aus Windbelastung sicher an die Stahlprofile abgegeben werden. Gebräuchliche Ausführungen zeigt Bild **147.3**. Die Fugen zwischen den Stahlträgern und dem Mauerwerk müssen dicht mit Zementmörtel gefüllt werden. Zwecks besserer Wärmedämmung kann die Wand 2schalig mit zwischenliegender belüfteter Luftschicht ausgeführt werden (**148.1**).

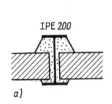
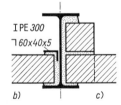

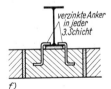

147.3 Mauerwerksanschluß an die Stahlprofile
    a) Mauerwerksanschlag mit Mörtelfuge
    b) Mauerwerksanschlag durch angeschweißte Stahlwinkel
    c) Anschluß mit Mauerpfeiler
    d) Anschluß einer Querwand
    e) Wandecke
    f) vor den Stiel gesetzte Wand

Liegen die Riegel flach in der Wand und ist die Wand so gestützt, daß ihr Gewicht unmittelbar von der Gründung oder besonderen Tragteilen aufgenommen wird, ohne daß Biegespannungen in den Riegeln auftreten, dann brauchen sie nicht auf senkrechte Biegung infolge der Wandlasten berechnet zu werden; sie sind dann nur für Windlast zu bemessen. Fachwerkriegel über Fenster- und Toröffnungen müssen jedoch für die Wandlasten nach DIN 1053 berechnet werden; sie erhalten einen für Doppelbiegung

8.3 Hallenwände und Verbände

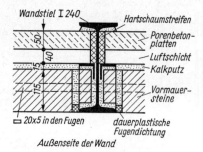

148.1 Zweischalige Ausmauerung der Fachwerkwand

geeigneten Querschnitt (z. B. IPB) und können bei breiten Öffnungen zusätzlich durch Streben abgefangen werden (146.1b).
Für eingemauerte, auf Druck beanspruchte Stiele und Stützen darf die Querstützung durch das $1/2$-Stein dicke Mauerwerk bei der Bestimmung der wirksamen Knicklänge nicht berücksichtigt werden; die Knicklänge ist gleich dem Abstand der an die Stiele angeschlossenen Riegel, die durch Verbände dauernd gegen Verschieben in der Wandebene gesichert sind. Ist das Mauerwerk mehr als $1/2$ Stein dick, entspricht die Knicklänge in der Wandebene mindestens der für das Gebäude maßgebenden Türhöhe.

Im Bild **148.2** ist der Riegel ⊏ 140 über dem Lichtband durch ein vertikal stehendes Profil verstärkt. Um die Wandlast sicher auf das tragende Profil ⊏ 260 zu übertragen, werden in regelmäßigen Abständen Aussteifungen in den zusammen-

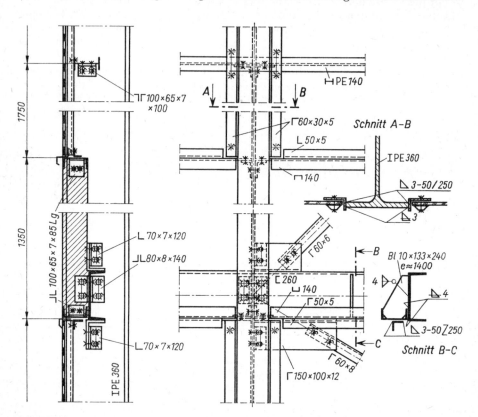

148.2 Fachwerkwand mit Lichtbändern und Verbandsanschlüssen zwischen den Hallenstützen

gesetzten Querschnitt eingeschweißt (Schnitt B–C). Zur Befestigung der Glassprossen für die durchgehenden Lichtbänder sind an den Riegeln L 50 × 5 angebracht. Der dichte Anschluß des Lichtbandes an die Hallenstützen IPE 360 erfolgt nach Schnitt A–B durch angeschweißte L 60 × 30 × 5, an denen die Glasscheiben mit Deckschienen und Dichtungsstreifen angeklemmt werden. Als Knotenblech für den Anschluß der Verbandsdiagonalen dienen L 150 × 100 × 12, die mit dem Riegel verschweißt und mit der Stütze verschraubt sind.

Auch bei der Auflagerung von Zwischendecken müssen die Riegel der Fachwerkwand verstärkt werden (**149.1**). Einzelheiten über den Anschluß von Fenstern und einer Wellblechtüre an die Stiele der Fachwerkwand s. Bild **149.2**.

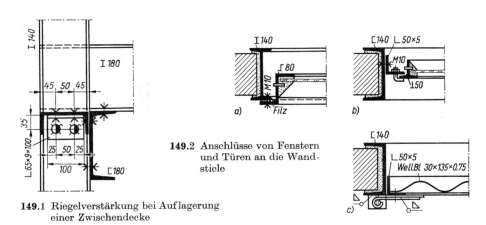

149.1 Riegelverstärkung bei Auflagerung einer Zwischendecke

149.2 Anschlüsse von Fenstern und Türen an die Wandstiele

In der Ansicht der Halle treten die breiten Stützenflansche kräftig in Erscheinung, wenn die Fachwerkwand wie in Bild **148.2** zwischen die Hallenstützen gesetzt wird. Ist diese optische Betonung der Hallenstützen unerwünscht, kann man die Wand vor die Stützen setzen und ist in der Gliederung der Wand von der Stützenteilung unabhängiger (**150.1**). Konstruktive Einzelheiten der Stützen (Zuglaschen usw.) werden von der Wand verdeckt, und die Wandriegel können als Durchlaufträger sparsamer bemessen werden.

8.33 Wandverkleidungen

Statt die Gefache der Stahlfachwerkwand auszumauern, kann man das Skelett von außen mit Tafeln verkleiden. Verwendet werden Tafeln aus Metall oder anderen Baustoffen. Durch innenliegende Wärmedämmplatten oder durch eine innere Wandschale und Ausfüllen des Zwischenraumes mit Wärmedämmstoffen kann der Wärmedurchgang durch die Wand verringert werden. Die Stahlkonstruktion muß zur ungehinderten Befestigung der Platten eine vollkommen ebene Außenfläche haben. Die Profile der Fachwerkwand werden nach der statischen Beanspruchung bemessen, ohne daß man i. allg. Mindestabmessungen fordert.

8.3 Hallenwände und Verbände

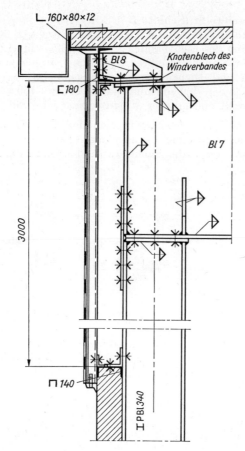

150.1 Anordnung der Fachwerkwand vor den Hallenstützen

Wenn nicht Tafeln verwendet werden, die aus druckfestem Baustoff bestehen und mit kraftschlüssigen Horizontalstößen ihr Eigengewicht selbst nach unten abtragen können, muß das Stahlskelett der Fachwerkwand neben der waagerechten Windlast außerdem das Gewicht der Wandverkleidung tragen. Um die vertikale Biegebeanspruchung der Riegel klein zu halten, verkürzt man ihre Stützweite für lotrechte Lasten durch eine Rundstahlverhängung (150.2) in Wandebene (ähnlich der Pfettenverhängung auf S. 103). Anstelle der Aufhängung kann man die Riegel auch mit Zwischenstielen nach unten abstützen; bei biegesteifem Anschluß verhindern diese ein Verdrehen der Riegel, das von der exzentrischen Befestigung der Wandplatten verursacht wird.

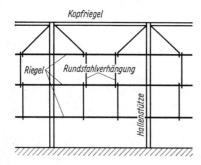

150.2 Verhängung der Wandriegel

8.33 Wandverkleidungen

Wellplatten aus Asbestzement

Je nach Winddruck, Plattenprofil und -länge beträgt der Riegelabstand bei 100 mm Stoßüberdeckung 1175···2400 mm. Zur Befestigung der Wellplatten an den Riegeln der Stahlfachwerkwand dienen Hakenschrauben (**151.1**). Für die Ausbildung am Traufpunkt, für die Wandecke (**151.2**) und für den Fußpunkt der Wand beim Übergang zu Mauerwerk (**151.3**) verwendet man Formstücke. Erhält die Wellasbestzementwand eine Wärmedämmung, z. B. aus 40···50 mm dicken Glasfaserplatten mit einseitiger Drahtnetzbewehrung, wird zuerst die Dämmplattenwand auf Kunststoffwinkeln montiert und mit Spezialklemmen mit den Wandriegeln verbunden. Die S-Haken zur Aufnahme und die L-Haken zur Befestigung der Asbestzement-Wellplatten werden durch die Dämmplatten gesteckt. Der Zwischenraum zwischen beiden Wandschichten muß ständig belüftet sein; der vertikale, dicke Schenkel des Kunststoffwinkels sorgt für den nötigen Abstand (**151.4**).

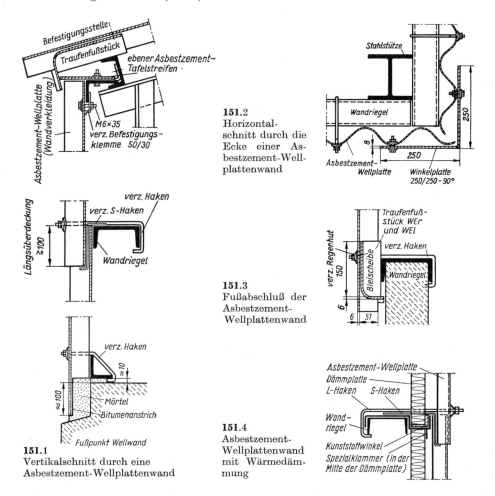

151.2 Horizontalschnitt durch die Ecke einer Asbestzement-Wellplattenwand

151.3 Fußabschluß der Asbestzement-Wellplattenwand

151.1 Vertikalschnitt durch eine Asbestzement-Wellplattenwand

151.4 Asbestzement-Wellplattenwand mit Wärmedämmung

8.3 Hallenwände und Verbände

Wellblech

Man verwendet flaches Wellblech. Der Riegelabstand richtet sich nach der Tragfähigkeit des gewählten Wellblechprofils. In den senkrechten Stößen überdecken sich die Tafeln um eine halbe Wellenbreite und werden im Wellenberg in 300 mm Abstand vernietet. Die Fuge ist von der Wetterseite abzuwenden. In den waagerechten Stößen werden die Tafeln in jedem Wellenberg mit einem Niet verbunden. An der notwendigen Schwelle und an den Riegeln wird das Wellblech mit Haften angeschlossen (153.1). Zwischen diesen und dem Flansch des Riegels oder der Schwelle muß etwas Spielraum bleiben. Am Kopfriegel der Wand ist das Wellblech in jedem 3. oder 4. Wellenberg mit Sturmschrauben zu befestigen. Die Ausbildung der Wandecke zeigt Bild 153.2, den Einbau eines Fensterrahmens in die Wellblechwand Bild 153.3. Das Verlegen von Wärmedämmplatten hinter dem Wellblech kann ähnlich wie bei Asbestzement-Wellplatten ausgeführt werden (151.4).

Trapezbleche

Sie werden von verschiedenen Herstellern beiderseits feuerverzinkt und auf Wunsch einbrennlackiert oder kunststoffbeschichtet in Längen $\leqq 15$ m geliefert. Durch Farbgebung und Lage der schmalen Trapezrippen nach außen oder innen (153.4) läßt sich die architektonische Wirkung der Wand beeinflussen.

Der Riegelabstand ist abhängig von der Tragfähigkeit und Lieferlänge des Profils und von der Größe der Windlast; er wird Belastungstabellen der Hersteller entnommen und beträgt i. allg. $1,5\cdots 5,0$ m, bei großen Profilhöhen und Blechdicken ausnahmsweise bis zu 9,0 m. Die Wandelemente werden an der Stahlkonstruktion z. B. mit Gewindeschneidschrauben in gleicher Weise befestigt wie die Dachelemente (s. S. 90).

Wärmedämmplatten können mit oder ohne Abstand hinter dem Trapezblech angeordnet werden (30.1; 151.4); bei starker mechanischer Beanspruchung der Wandinnenseite kann die Dämmschicht von einer inneren Blechverkleidung geschützt werden (153.4). Bei der Wandkonstruktion nach Bild 153.5 sind die Riegel an Konsolen so weit vor den Hallenstützen befestigt, daß sich die Wärmedämmung dazwischenschieben kann. Kältebrücken werden dadurch weitgehend vermieden, und die innere Wandfläche wird nicht durch Wandprofile und Verbände gestört, die im belüfteten Hohlraum zwischen Außen- und Innenschale verschwinden. Die vertikal wenig biegesteifen Riegel müssen verhängt (150.2) oder von Zwischenstielen gestützt werden.

Zur Konstruktion von Traufpunkten, Wandecken, Verwahrungen von Fensteröffnungen usw. werden ebene Bleche aus demselben Material wie die Trapezbleche passend abgekantet und mit Schrauben oder Nieten befestigt.

Aluminiumbleche

Entsprechend ihrem Profil werden sie wie Wellblech oder Trapezblech verwendet. Wegen der großen Lieferlänge der Profilbänder kommt man bei normalen Wandhöhen meist ohne waagerechte Stöße aus. Die Befestigung an der Stahlkonstruktion entspricht sinngemäß der Befestigung der Dachplatten nach S. 91.

8.33 Wandverkleidungen

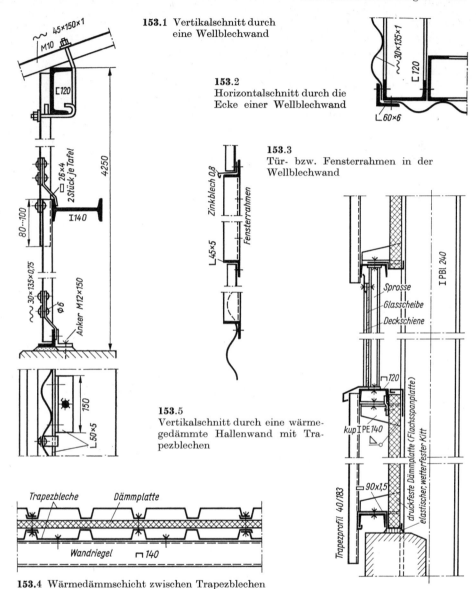

153.1 Vertikalschnitt durch eine Wellblechwand

153.2 Horizontalschnitt durch die Ecke einer Wellblechwand

153.3 Tür- bzw. Fensterrahmen in der Wellblechwand

153.5 Vertikalschnitt durch eine wärmegedämmte Hallenwand mit Trapezblechen

153.4 Wärmedämmschicht zwischen Trapezblechen

Wandelemente

Statt die Außen- und Innenhaut und die Dämmschicht einzeln zu montieren, kann man sie bereits im Werk zu einem Verbundelement vereinigen. Bei der Hoesch-Isowand verbindet eingeschäumter Kunststoffhartschaum 2 ebene oder einseitig flach profilierte, feuerverzinkte und kunststoffbeschichtete Bleche fest miteinander, ohne daß Wärmebrücken entstehen (**154.1**). Angaben für ein

8.3 Hallenwände und Verbände — 8.4 Dachaufbauten

Wandelement: Dicke 35 (60) mm, Breite 1017 mm, Nutzbreite 1000 mm, Länge $\leq$ 10 m, Stützweite $\leq$ 3,0 (4,5) m, Gewicht 10,0 (12,5) kg/m^2, Wärmedurchgangszahl 0,652 (0,330) kcal/m^{2}h grd = 2,74 (1,386) kJ/m^{2}h K[1]).

Ist der Abstand der Hallenstützen bzw. Wandstiele höchstens gleich der zulässigen Stützweite der Wandelemente, kann man auf Wandriegel verzichten, wenn man die Elemente **waagerecht** verlegt (**154.1**). Sie werden mittels Deckschienen und Dichtungsbändern an den Stielen festgeschraubt. Ist der Stützenabstand größer, spannt man die Elemente **vertikal** zwischen Wandriegel (**154.2**) und befestigt sie unsichtbar mit Flachstahlklemmen in den lotrechten Stoßfugen.

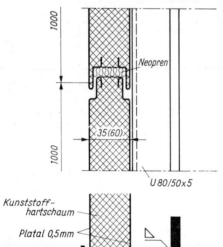

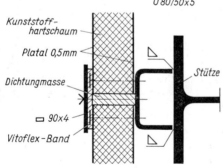

154.1 Befestigung waagerecht verlegter Isowand-Elemente an den Stützen

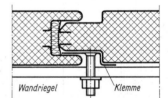

154.2 Klemmbefestigung vertikal stehender Isowand-Elemente an den Wandriegeln (Horizontalschnitt)

Die Firma DLW stellt Wandelemente her, deren Tragschale aus schwalbenschwanzförmig profiliertem, verzinktem Bandstahl besteht und mit Polystyrol-Hartschaum ausgeschäumt ist (**91.2**); die Außenbekleidung bilden Aluminium-Trapezbleche. Die Elementbreite ist 600 mm, die Länge 2,5···8 m, die Stützweite je nach Last und Stützung 2,9···5 m.

Das Angebot für Wand- und Dachelemente ist vielfältig und in steter Wandlung begriffen. Der neueste Stand ist jeweils den Firmenprospekten zu entnehmen.

---

[1]) Einheit der Wärmemenge ab 1.1.78: J (Joule); 1 J = 1 Nm; 1 kcal = 4,2 kJ; 1 kJ = 0,239 kcal (s. auch S.VIII)

Einheitenzeichen für Temperaturdifferenzen (und Kelvintemperaturen) ab 1.1.75: K (s. auch S. VIII)

Vorgefertigte Wandplatten aus Stahlbeton

Man bildet die Platten und ihre waagerechten Fugen möglichst so durch, daß die Stahlkonstruktion nicht das schwere Wandgewicht tragen muß, sondern nur zur horizontalen Stützung dient. Hierfür müssen die Wandelemente an den Riegeln zug- und druckfest verankert werden (**155.1**). Die Wandplatten können bereits einschließlich der Wärmedämmschicht vorgefertigt werden, oder es wird eine zweite Wandschale innen vorgesetzt.

155.1 Befestigung von Stahlbeton-Wandplatten an Wandriegeln

8.4 Dachaufbauten

8.41 Oberlichte

Mit Glas eingedeckte Teilflächen des Daches werden vorgesehen, wenn bei breiten Hallen die Fenster und Lichtbänder in den Wänden zur Belichtung der Arbeitsflächen im Inneren der Halle nicht mehr genügen (**155.2**). Das Regenwasser der höher liegenden Dachflächen muß in Rinnen abgefangen werden, um Verschmutzungen des Glases zu verhindern. Da Schnee erst bei $\alpha > 50° \cdots 60°$ abrutscht, sind die Oberlichte möglichst steil anzuordnen. Nur ausnahmsweise geht man bis zur unteren Grenze der Selbstreinigung der Glasflächen bei $\alpha = 35° \cdots 40°$ herunter. Da die meisten Dächer flacher sind, muß das Oberlicht aus der Dachfläche herausragen.

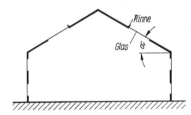

155.2 Steildach mit Oberlichten in der Dachfläche

Das Firstoberlicht liegt parallel zur Längsachse der Halle (**19.1 und 2, 38.2 b, 39.1···3**). Mansardoberlichte, in der Dachfläche neben der Traufe längslaufend, belichten die an der Wand liegenden Arbeitsplätze und ergeben zusammen mit dem Firstoberlicht eine gleichmäßige Ausleuchtung der Halle (**39.2**). Raupenoberlichte liegen quer zur Gebäudeachse und liefern eine gute, gleichmäßige Lichtverteilung. Sie werden entweder zwischen zwei Bindern angeordnet (**156.1 a**), oder man legt die Binder in die Oberlichte hinein, um die nutzbare Höhe der Halle zu vergrößern (**156.1 b und c, 82.1**). Senkrechte Oberlichte (**19.1,**

8.4 Dachaufbauten

38.2 b, **156.1** c) haben eine schlechtere Lichtausbeute als Oberlichte mit geneigten Glasflächen. Die Glasfläche der Oberlichte beträgt etwa $1/3 \cdots 1/2$ der Hallengrundfläche.

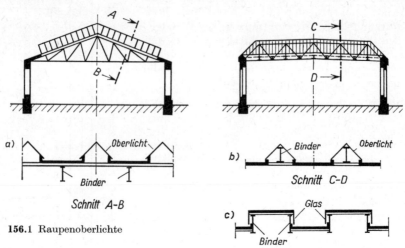

156.1 Raupenoberlichte

Sind nur einzelne Räume zu belichten, z. B. Treppenhäuser, ordnet man einen Dachaufsatz an, der verschiedene Formen erhalten kann (**156.2**). Walme sollten vermieden werden, da ihre Dichtung schwierig ist. An die Stelle dieser Dachaufsätze treten heute meistens 1- oder 2schalige Lichtkuppeln aus glasfaserverstärktem Polyester mit kreisförmigem Grundriß bis zu 1300 mm lichtem Durchmesser oder mit quadratischem bzw. rechteckigem Grundriß $\leq$ 1500/2800 mm lichter Weite. Die Kunststoffkuppeln werden entweder mit 100 mm breitem, ebenem Rand dicht in die Dachpapplage eingeklebt oder auf Aufsatzkränze aufgeschraubt (**156.3**).

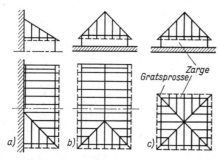

156.2 Dachaufsätze
    a) und b) Pultdach und Satteldach mit geradem Abschluß (oben) bzw. Walm (unten)
    c) Zeltdach

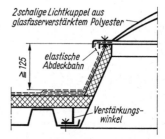

156.3 SAG-Aufsatzkranz für den Einbau von Lichtkuppeln in ein Trapezblechdach

8.41 Oberlichte — 8.42 Lüftungen

Unterhalb der äußeren Oberlichte werden u. U. in Sälen, Sammlungsräumen usw. in der Unterdecke **innere Oberlichte** (Staubdecken) angebracht und mit Milchglas verglast. Die inneren Oberlichte können sehr leicht gehalten werden, da sie nur beim Reinigen belastet werden.

Konstruktive Einzelheiten der Oberlichte s. Abschn. 5.25 Glaseindeckung.

8.42 Lüftungen

Muß eine Halle ständig entlüftet werden, sind **Lüftungsflügel** in den Glasflächen oft unbrauchbar, da sie nicht regendicht sind. Man setzt dann im Dachfirst **Laternen** auf, deren lotrechte Seitenwände mit festen oder beweglichen **Lüftungsklappen** (Jalousien) ausgerüstet werden, die gegen Regeneinfall schützen (**39.2, 141.2**). Bei der festen Lüftung nach Bild **157.1** werden die 2 mm dicken, verzinkten Jalousiebleche von einfachen Stühlen aus ⌷ 30 × 6 unterstützt und ≈ alle 1500 mm mit lotrechten Pfosten aus Winkelstahl verschraubt, die das Eigengewicht der Jalousiewand an die obere Pfette, die waagerechte Windlastkomponente an die obere und untere Pfette abgeben. Damit die Bleche nicht durchhängen, verbindet man ihre vorderen Kanten in der Mitte zwischen den Befestigungsstellen durch einen verzinkten Flachstahl, der am oberen Rahmenträger aufgehängt wird. Die Breite der Lüftungsbleche wählt man so, daß bei Verwendung 1000 mm breiter Bleche kein Abfall entsteht, also 250 oder 333 mm.

Anstelle durchgehender Laternenaufbauten kann man in den erforderlichen Abständen einzelne **Lüftungshauben** mit quadratischem Querschnitt (Sauger) im Dachfirst oder in den Firstoberlichten anordnen (**157.2**). Sie haben feste oder bewegliche Jalousien und Verschlußklappen und sind sehr wirkungsvoll. Bei Raupenoberlichten baut man in die senkrechten Giebelflächen Jalousien ein.

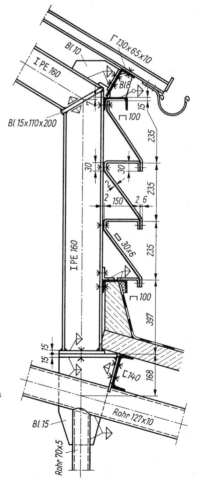

157.1 Lüftungslaterne mit feststehenden Jalousien

157.2 Lüftungshaube

8.5 Shed-Hallen

Bei **Shed-Dächern** wird die Hitzewirkung und Schattenbildung infolge der durch Oberlichte ungehindert einstrahlenden Sonne vermieden. Die steile, **verglaste Fläche** weist nach Norden und muß einen Neigungswinkel von 60°···90° haben. Eine schrägliegende Glasfläche hat gegenüber der lotrechten den Vorteil besserer Lichtausbeute, jedoch bedingt sie die Verwendung von Drahtglas, und ihre Wirkung kann durch Schmutz- und Schneebelag beeinträchtigt werden. Die Dachfläche mit **undurchsichtiger Dachhaut** hat meist 30° Neigung, bei großen Shedstützweiten auch flacher, damit die Glasflächen nicht zu hoch werden. Die Halle wird gleichmäßiger beleuchtet, wenn die **Shedstützweite** klein ist; man wählt sie meist zwischen 6 und 8 m, doch werden auch größere Sheds ausgeführt.

Man erhält einen einfachen Hallenaufbau, wenn man **Fachwerkbinder** (**37.**1f, g) oder **Vollwandbinder** unmittelbar auf Stützen legt (**158.**1). Zur Aufnahme der Windlasten werden die Stützen eingespannt; es genügt aber auch, wenn in jeder Reihe eine Stütze eingespannt ist und die anderen Pendelstützen sind; Knicklängen s. S. 141.

Da die vielen, engstehenden Stützen oft stören, kann man 2 bis 4 Shedbinder auf einen vollwandigen **Unterzug** setzen und erhält bis zu 25 m breite, stützenfreie Hallenschiffe (**158.**2).

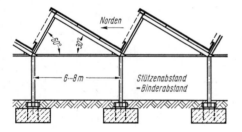

158.1 Shedbinder auf Einzelstützen   **158.**2 Unterzug unter den Shedbindern

Soll das Hallenschiff anders liegen, spannt man unter jede Shedrinne einen Unterzug parallel zur Glasfläche und stützt die Shedbinder darauf ab. Der Stützenabstand entspricht dann der Shedstützweite (**158.**3). Auch hier kann der Shedbinder ein Fachwerk- oder Vollwandbinder sein. Der meist aus Walzträgern her-

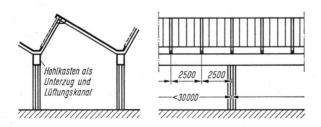

158.3 Unterzug unter der Shedrinne

gestellte Riegel unter der undurchsichtigen Dachfläche kann bei größeren Stützweiten mit einer Unterspannung versehen werden, er kann als Fachwerkträger (158.2), R-Träger oder als geschweißter Vollwandträger ausgeführt werden. Wird er mit dem Pfosten der Glasfläche im First gelenkig verbunden, ist der Shedbinder ein 3-Gelenkrahmen; bei Ausbildung einer Rahmenecke entsteht ein 2-Gelenkrahmen. Da der Unterzug außer den Dachlasten noch horizontal durch Wind beansprucht wird, vergrößert man seine seitliche Biegesteifigkeit durch Verbreitern des Obergurts (159.1) oder man führt ihn als Hohlkasten aus, der ggf. als Lüftungskanal benutzbar ist. Bei großen Spannweiten muß der Unterzug wegen des Rinnengefälles, das durch Füllbeton hergestellt wird, überhöht werden.

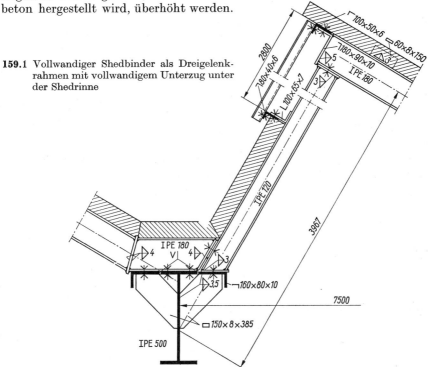

159.1 Vollwandiger Shedbinder als Dreigelenkrahmen mit vollwandigem Unterzug unter der Shedrinne

Wenn die Stützenentfernung in beiden Achsrichtungen vergrößert werden soll, unterstützt man die unter der Shedrinne liegenden Unterzüge aus IPB-Profilen durch Fachwerkträger, die in jeder 4. bis 6. Binderreihe durch Zusammenfassen mehrerer Shedzähne entstehen (160.1). Der im Freien liegende Obergurt des Fachwerkträgers kann durch Ummanteln gegen die Witterung geschützt werden. Die Durchdringungspunkte der Stahlkonstruktion durch die Dachhaut müssen besonders gut gedichtet werden. In allen flachen Dachflächen sind Dachverbände als Montage- und Knicksicherungsverbände anzuordnen; gehen diese Verbände über die Shedlänge durch, können sie bei entsprechender Konstruktion und Berechnung zur Entlastung der unter der Rinne liegenden Unterzüge herangezogen werden.

8.5 Shed-Hallen

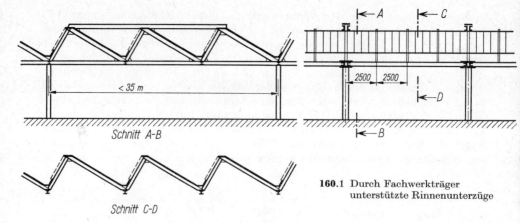

160.1 Durch Fachwerkträger unterstützte Rinnenunterzüge

Legt man in die Ebene der Glasfläche und der Dachfläche über die ganze Shedlänge spannende Tragwerke, entsteht ein **Faltwerk** (**160.2**). Die von den Shedbindern (Fachwerk- oder Vollwandbinder) an die Eckpunkte des Faltwerks abgegebenen **Knotenlasten** P werden in die Komponenten P_G des Glaswandträgers und P_D des Dachflächenträgers zerlegt, mit denen jedes der beiden Tragwerke einzeln berechnet wird. In gemeinsamen Baugliedern beider Tragwerke (Gurte) überlagern sich die Kräfte. Steht die Glasfläche lotrecht, wird der Dachverband nur durch Wind beansprucht. Das Tragwerk in der **undurchsichtigen**

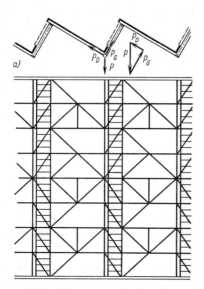

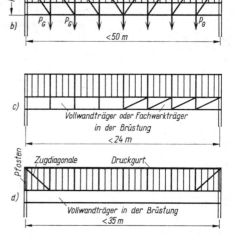

160.2 Sheddach als Faltwerk
    a) Übersicht
    b) bis d) Tragwerke in der verglasten Dachfläche
    b) Fachwerk
    c) Träger in der Brüstung
    d) Vollwandträger mit zusätzlichem Druckgurt

Dachfläche ist immer ein Fachwerk (**160.**2a). Die Konstruktion wird sehr wirtschaftlich, wenn auch in der Glasfläche ein Fachwerkträger ausgeführt wird (**160.**2b). Bei ausreichender Netzhöhe $h \approx l/10$ lassen sich sehr große Stützweiten erzielen. Wenn die schlanken Zugdiagonalen im Lichtband unerwünscht sind, muß das Tragwerk als Vollwand- oder Fachwerkträger in die Seitenfläche der Rinne unterhalb des Glasbandes gelegt werden (**160.**2c). Wegen der beschränkten Bauhöhe sind die möglichen Stützweiten kleiner. Dieser Mangel kann behoben werden, wenn man in den Endfeldern eine Diagonale in Kauf nimmt, mit ihrer Hilfe einen oberhalb des Fensterbandes liegenden Druckgurt zum Tragen heranzieht und so den Vollwandträger entlastet (**160.**2d); das Tragwerk ist 1fach statisch unbestimmt. Der Träger in der Glaswand kann auch als Vierendeel-Träger ausgeführt werden (**19.**4).

9 Bauwerksteile aus Stahl im Hochbau

9.1 Treppen

9.11 Allgemeines

Stahl wird zur Herstellung ganzer Treppenanlagen oder auch nur als tragende Konstruktion massiver Treppen verwendet.

Das beste Steigungsverhältnis der Treppe ergibt sich aus der Formel

$$2 \times \text{Steigung } h + \text{Auftrittbreite } b = 63 \text{ cm} \tag{162.1}$$

Den Geschoßhöhen werden die Treppensteigungen nach DIN 4174 zugeordnet; flache (gute) Steigungen haben Stufenhöhen $h = 166{,}6 \cdots 178{,}5$ mm, steile Steigungen $h = 183{,}3 \cdots 196{,}4$ mm. Die in den Bauordnungen der Bundesländer und in den Durchführungsverordnungen niedergelegten Vorschriften für Treppen in Hochbauten sind im wesentlichen einheitlich, stimmen aber nicht in allen Einzelheiten mit DIN 18065 –Wohnhaustreppen– überein. In Tafel **162.1** sind einige Angaben nach der Bauordnung für das Land Nordrhein-Westfalen zusammengestellt. Die Breite von Bahnsteigtreppen muß $\geq 2{,}5$ m sein.

Tafel **162.1** Vorschriften für Treppen in Hochbauten

Gebäude	Mindest-treppen-breite	Steigung h Auftrittbreite b	Brandschutz der tragenden Teile
Einfamilienhäuser	0,80 m	$h \leq 21$ cm; $b \geq 21$ cm	—
Wohngebäude mit ≤ 2 Vollgeschossen	0,90 m		
2 Vollgeschossen; Gebäudegrundfläche > 500 m^2			nicht brennbare Baustoffe
> 2 Vollgeschossen	1,00 m	$h \leq 19$ cm; $b \geq 26$ cm	
> 5 Vollgeschossen			feuerbeständig
Hochhäuser	1,25 m		

Die lichte Durchgangshöhe muß $\geq 2{,}0$ m sein. Jeder Aufenthaltsraum muß über mind. eine (notwendige), bei Hochhäusern über 2 unabhängige Treppen zugänglich sein. Ihre Entfernung von der Raummitte beträgt ≤ 30 m. Nach $10 \cdots 15$, höchstens 18 Steigungen muß die Treppe einen **Absatz** (Podest) erhalten; sie wird dann 2läufig (**163.1** a) oder 3läufig (**163.1** b) ausgeführt.

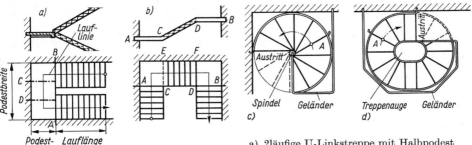

163.1 Treppengrundrisse

a) 2läufige U-Linkstreppe mit Halbpodest
b) 3läufige U-Rechtstreppe mit Viertelpodest
c) 1läufige Wendeltreppe mit Treppenspindel
d) 1läufige Wendeltreppe mit Auge

Einläufige Treppen kommen nur als Neben-(Not-)Treppen vor. An der Vorderkante des Podestes liegt der **Podestträger** $A–B$, der die Auflagerlast der Treppenläufe und die anteilige Podestlast trägt. Je nach Ausführung der Podestplatte können erforderlichenfalls Querträger $C–D$ angeordnet werden. Bei 3läufigen Treppen (**163**.1b) ist der geknickte Podestträger $A–B$ zugleich Wangenträger des Treppenlaufs $C–D$ und trägt die querliegenden Podestträger $C–E$ und $D–F$.

Wendeltreppen werden als Turmtreppen, als Nottreppen oder zur Verbindung zweier übereinanderliegender Räume verwendet und sollen möglichst wenig Platz einnehmen (Durchmesser $1,2 \cdots 2,5$ m). Die Antrittsstufe ist bei A. Die keilförmige Trittstufe muß an der schmalsten Stelle ≥ 10 cm breit sein. Die Anzahl der Stufen beträgt bei der Wendeltreppe mit Spindel (**163**.1c) auf eine volle Umdrehung $12 \cdots 16$; die Steigung h muß dann groß genug gewählt werden ($\approx 19 \cdots 20$ cm), damit genügend Kopfhöhe verbleibt. Ersetzt man die Spindel durch ein Treppenauge (**163**.1d), ist eine größere Stufenanzahl in einer vollen Umdrehung unterzubringen, wodurch das Steigungsverhältnis günstiger wird. Diese Treppen werden gerne in repräsentativen Räumen freistehend aufgestellt. Weitere ausführliche Angaben s. [4].

9.12 Treppen mit Wangenträgern

Die Treppenstufen liegen beiderseits auf oder zwischen Wangenträgern (**163**.2a); die Stufen können auch einseitig in die Wand gelegt oder an der Wand befestigt werden, doch erfordert die Bauausführung große Sorgfalt (**163**.2b).

163.2 Zweiseitige Unterstützung von Treppenstufen
 a) 2 Wangenträger
 b) Maueraufflager und 1 Wangenträger

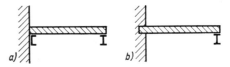

Massive Stufen liegen auf den stählernen Wangenträgern. Bei Natursteinen ist die frei tragende Stufenlänge, sofern überhaupt zulässig, je nach Baustoff auf $1,2 \cdots 1,5$ m begrenzt. Vorgefertigte Stahlbetonstufen mit ebener Untersicht (**164**.1) können einen Belag aus Linoleum, Gummi usw. und einen Kantenschutz aus Metall oder Kunststoff erhalten. Die Wangenträger werden mit Stegwinkeln oder Stirnblechen an die Podestträger geschraubt. Auch Holzstufen können

9.1 Treppen

aufgesattelt werden. Als Wangenträger ist im Bild **164.**2 wegen des besseren Aussehens und der leichteren Erhaltung ein rechteckiges Hohlprofil verwendet; die Auflagerböcke für die Stufen aus breitfüßigem T-Stahl sind aufgeschweißt.

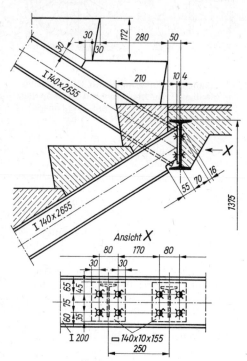

164.1 Vorgefertigte Stahlbetonstufen auf stählernen Wangenträgern

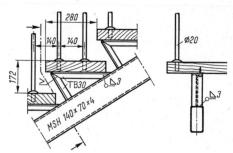

164.2 Auf Wangenträgern aufgesattelte Holzstufen

Bei der Industrietreppe nach Bild **165.**1 versteift die nach unten abgekantete Vorderkante der Riffelblechstufen die Auftrittkante; die nach oben hochgekantete Hinterkante verhindert, daß lose Gegenstände hinabgestoßen werden. Zur Versteifung der Stufenvorderkante kann man auch hochkant stehende Flachstähle oder L unter die Stufe schweißen. Die Befestigung der Stufen an den Wangen aus Breitflachstahl erfolgt mit Anschlußwinkeln oder auch durch unmittelbare Schweißverbindung. Gitterroststufen werden mit angeschweißtem Stirnblech an die Wangen, zwischen den Wangen liegende Holzstufen auf Anschlußwinkel geschraubt. Die Seitensteifigkeit langer Treppenläufe wird verbessert, wenn für die Wangen anstelle von Breitflachstählen Formstähle verwendet werden (**164.**1).

Hohlstufen aus Blech mit Mineralwollefüllung zur Schalldämpfung und mit Stufenbelag aus Gummi oder Kunststoff werden mit den Wangen ringsum verschweißt (**165.**2). Wenn sich die Stufen gegenseitig weit überdecken, ist die Seitensteifigkeit und Verwindungssteifigkeit der Treppe so groß, daß auch Wendeltreppen mit Auge (**163.**1 d) ohne Zwischenunterstützung ausgeführt werden können.

9.13 Treppen mit Mittelträger — 9.14 Wendeltreppe mit Spindel

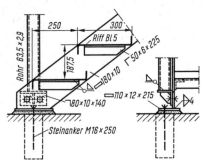

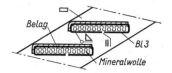

165.2 Hohlstufen aus Stahlblech mit Mineralwollefüllung zwischen Wangenträgern aus Breitflachstahl

165.1 Industrietreppe mit abgekanteten Riffelblechstufen

9.13 Treppen mit Mittelträger

Läßt man die Stufen von einem Träger aus nach beiden Seiten auskragen, muß dieser Mittelträger **verdrehungssteif** sein, damit er einseitige Verkehrslast aufnehmen kann; er wird als rechteckiges Hohlprofil (**165.3**) oder als Rohr ausgeführt. Diese Bauart ist für Wendeltreppen (**163.1** d) geeignet, da die auftretenden Torsionsmomente sicher und ohne große Formänderungen übernommen werden. Die auskragenden **Stufen** werden durch Rundstahl- oder Rohrstreben am Mittelträger abgestützt. Im Bild **165.4** besteht die Tragkonstruktion der Stufen aus abgekantetem und umgebördeltem, 2,5 mm dickem Blech, das mit dem Mittelträger verschweißt ist und auf das die Holzstufen geschraubt sind. Das Blech bildet zugleich die Setzstufen.

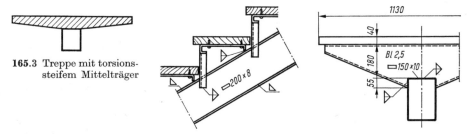

165.3 Treppe mit torsionssteifem Mittelträger

165.4 Mittelträgertreppe mit Holzstufen auf stählernen Setzstufen

9.14 Wendeltreppen mit Spindel

Die **Spindel** (**163.1** c) wird fast ausschließlich aus Rohren hergestellt; die einzelnen **Stufen** kragen aus dem Rohr aus, daher müssen sie biegefest angeschweißt werden. Die Blechstufen sind in Bild **166.1** zur Versteifung ⊏-förmig abgekantet; sie werden von einem vertikal stehenden Flachstahl unterstützt, der ebenso wie die Stufe an das Spindelrohr geschweißt ist. Am freien Ende wird der Flachstahl rechtwinklig nach oben als Geländerpfosten verlängert. Stufen von Fabriktreppen bestehen aus Riffelblech; sonst belegt man sie mit Gummi, Kunststoff u. dgl. Auch Holzstufen auf stählerner Tragkonstruktion sind möglich.

9.1 Treppen — 9.2 Geländer

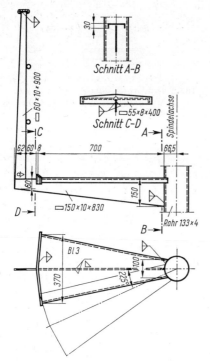

Weitere Beispiele und Einzelheiten sowie Treppen aus einzeln aufgehängten Stufen s. [4] und [7].

166.1 Wendeltreppe mit Rohrspindel und auskragenden Stahlblechstufen

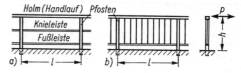

166.2 Geländerformen
a) einfaches Industriegeländer
b) Geländer mit enger Füllstabteilung für öffentliche Verkehrsflächen

9.2 Geländer

Die im Hochbau je nach Absturzhöhe 90 oder 110 cm, im Brückenbau ≥ 100 cm hohen Geländer bestehen meist aus den lotrechten Pfosten, dem oberen Geländerholm (Handlauf) und den Füllungsgliedern. Der Lichtabstand zwischen den Füllungsstäben muß im Hochbau ≤ 12 cm, bei Brücken ≤ 14 cm sein (**166.2**b). In Fabrikgebäuden und bei Dienstwegen reichen 90 cm hohe Geländer mit weitmaschigen Füllungen aus (**166.2**a); es genügt i. allg. eine in halber Höhe angebrachte Knieleiste, gegebenenfalls noch eine dicht über der Gehfläche liegende Fußleiste. Einfache Industrie- und Brückengeländer stellt man aus [-, L-, ▫-Stahl her, sonst auch noch aus Rohren, Hohlprofilen und Rundstahl. Als Geländerfüllungen kann man auch Drahtgeflechte, Glas, Kunststoffplatten und Bleche verwenden.

Als Belastung ist eine horizontale Streckenlast p in Holmoberkante anzusetzen. Ihre Größe ist im Hochbau 50 kp/m, jedoch bei Versammlungsräumen, Kirchen, Theatern, Vergnügungsstätten, Sportbauten und Tribünen 100 kp/m, bei Brücken 80 kp/m. Geländer von Laufstegen und Treppen der Krananlagen sind mit einer wandernden, waagerechten Einzellast von 30 kp zu berechnen. Nachzuweisen sind i. allg. die Biegespannungen im Holm mit Stützweite l und im unten eingespannten Pfosten mit Höhe h.

9.2 Geländer

Besonders sorgfältig muß die durch das Einspannmoment beanspruchte Pfostenbefestigung konstruiert und nachgerechnet werden. Der Pfosten wird angenietet, angeschraubt oder angeschweißt.

Löst man das Einspannmoment in ein Kräftepaar auf (**167.**1), muß der Hebelarm *e* möglichst groß werden, damit bei der Aufnahme der Zugkraft *Z* keine Schwierigkeiten entstehen. Wenn die Verdrehung des Deckenrandträgers durch die Deckenkonstruktion nicht verhindert wird, muß das Einspannmoment der Geländerpfosten von Querträgern (□ 120 × 8) aufgenommen werden. Das Geländer besteht in allen Teilen aus Winkeln; am Stoß des Handlaufs führt man den Pfosten aus T-Stahl aus, wenn der Stoß geschraubt wird. Weitere Beispiele für geschraubte Anschlüsse s. Bild **167.**2 und **165.**1. In Bild **165.**1 und **166.**1a und d ist der Hebelarm *e* des Kräftepaares sehr klein; die Befestigungsschrauben werden wegen der großen Zugkraft *Z* relativ dick. Einen angeschweißten Geländerpfosten zeigt Bild **166.**1.

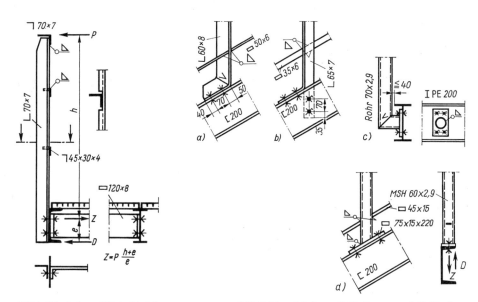

167.1 Einfaches Winkelstahlgeländer

167.2 Verschiedene Befestigungsmöglichkeiten für Geländerpfosten

An Bewegungsfugen des Bauwerks erhält auch das Geländer eine solche. Lange Geländer werden außerdem in regelmäßigen Abständen durch Dehnungsfugen unterbrochen. Sie können in den Stoßverbindungen durch Verschraubung in Langlöchern hergestellt werden; bei größerem Bewegungsspiel wird ein Geländerteil lose gleitend in Zapfen geführt (**168.**1). Der Raum vor Kopf des Zapfens wird im Holm durch ein luftdicht eingeschweißtes Blech abgeschlossen und durch ein Langloch entwässert. Die Pfosten des Brückengeländers sind in der Fahrbahn einbetoniert. Die Lochbleibungsspannung in der Einspannstrecke und die Einbindelänge *a* kann etwa nach Bild **168.**2 angenommen werden.

9.2 Geländer

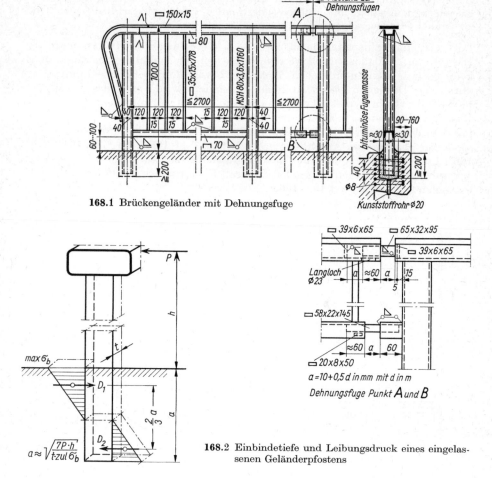

168.1 Brückengeländer mit Dehnungsfuge

168.2 Einbindetiefe und Leibungsdruck eines eingelassenen Geländerpfostens

Als zusätzliche Sicherheitsvorkehrung gegen den Absturz von Fahrzeugen müssen in den Handlauf von Brückengeländern von Autobahnen, Bundes- und Landstraßen auf die ganze Geländerlänge durchgehende Stahlseile eingebaut und an jedem Pfosten befestigt werden (Fanggeländer). Eine Konstruktion der Fa. Wuppermann GmbH zeigt Bild **169.1**.

Sind Geländerpfosten aus ästhetischen Gründen unerwünscht, kann man die Füllstäbe zum Tragen heranziehen und sie unten einspannen (**169.2a** und **164.2**). Werden die Stäbe einbetoniert, muß im Beton ein durchgehender Schlitz ausgespart werden, und die Füllstäbe werden durch einen im Beton liegenden Distanzstab verbunden. Da Herstellung und Montage oft schwierig sind, kann man die Füllstäbe unten in ein torsionssteifes Hohlprofil einspannen, das in größeren Abständen von kurzen Pfosten gehalten wird (**164.2b**).

9.31 Stahlfenster

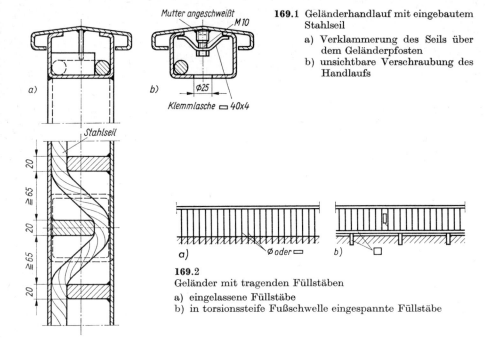

169.1 Geländerhandlauf mit eingebautem Stahlseil
  a) Verklammerung des Seils über dem Geländerpfosten
  b) unsichtbare Verschraubung des Handlaufs

169.2 Geländer mit tragenden Füllstäben
  a) eingelassene Füllstäbe
  b) in torsionssteife Fußschwelle eingespannte Füllstäbe

9.3 Fenster, Türen, Tore

9.31 Stahlfenster

Stahlfenster für Industriebauten, Wohn- und Geschäftshäuser, Schulen usw. haben den Vorteil, daß die feingliedrigen Profile den Lichteinfall wenig behindern, besonders, wenn möglichst großscheibige Fenster gebaut werden; wegen der Maßhaltigkeit der Profile sind die Fenster dicht gegen Zugwind und Schall, und sie bleiben dicht und gangbar, da Stahl weder quillt noch schwindet. Die üblichen Flügelarten, die auch in Kombination mit festen Flügeln vorkommen, zeigt Bild **169.3**. Die Fenster können einzeln, in Gruppen oder als durchlaufende Lichtbänder ausgeführt werden. Fensterrahmen und Sprossen müssen einen in einer Ebene liegenden Kittfalz bilden. Dieser liegt wegen des Winddrucks meist außen. Die Scheiben sind durch Stifte (**93.1**), durch Glashalter (Clipse) aus dünnem Blech (**170.3**b) oder durch Glashalteleisten (**170.3**a, **170.4**) zu sichern. Fensteraufteilung und Flügelanordnung werden zweckmäßig bei Beachtung der Rahmen-, Flügel- und Scheibengrößen nach DIN 18060 in Zusammenarbeit mit dem Fensterhersteller festgelegt, der auch die statisch erforderlichen Profile und Glasdicken auswählt.

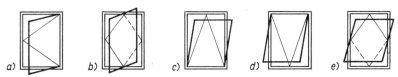

169.3 Bezeichnungen der Fensterflügel (DIN 18059)
  a) Dreh-, b) Wende-, c) Kipp-, d) Klapp-, e) Schwingflügel

9.3 Fenster, Türen, Tore

Fenster für **Industriebauten** stellt man aus Walzprofilen (rund- oder scharfkantige L-, T- und Z-Profile) oder aus Fensterprofilen nach DIN 4441 mit einfachem (**149.2**) oder doppeltem Anschlag her (**170.1**). Fensteranschläge am Mauerwerk und an der Stahlkonstruktion s. Bild **170.2**. Bei der Befestigung an Stahlprofilen baut man meist eine Zwischenlage aus Dichtungsstreifen ein (**149.2**a).

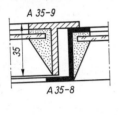

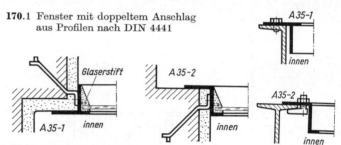

170.1 Fenster mit doppeltem Anschlag aus Profilen nach DIN 4441

170.2 Befestigung von Fensterrahmen aus Profilen nach DIN 4441 im Mauerwerk und an Stahlprofilen

Stahlfenster für **Wohngebäude** u. dgl. werden als Einfachfenster oder Verbundfenster aus **Stahlfenster-Profilen** nach DIN 4443···4450 (**170.3**) oder aus **Profilstahlrohren** mit vielfältigen Querschnittsformen angefertigt (**170.4**).

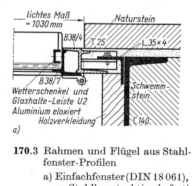

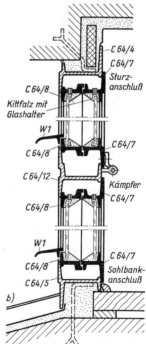

170.3 Rahmen und Flügel aus Stahlfenster-Profilen
   a) Einfachfenster (DIN 18 061), an Stahlkonstruktion befestigt
   b) Verbundfenster (DIN 18 062) im Mauerwerk

170.4 Fenster aus Profilstahlrohr

9.31 Stahlfenster — 9.32 Stahltüren — 9.33 Stahltore

Alle Profile haben doppelten Anschlag, und der dazwischen eingeschlossene Luftkörper bietet guten Schutz gegen Wärmeverluste. Bänder werden aus Stahl oder Bronze, Dorne stets aus Bronze hergestellt, so daß die Flügel nicht festrosten können. Alle waagerechten Teile erhalten kleine Löcher, evtl. mit Entwässerungsröhrchen, um Schwitzwasser abzuleiten.

Die Stahlfenster werden in bekannter Weise gegen Rost geschützt. Weitere Einzelheiten s. [4] und [7].

9.32 Stahltüren

Stahltüren werden im Industriebau und allg. im Hochbau verwendet. Beim Einbau in Mauerwerk dienen **Stahlzargen** aus ∟- und ⌐-Profilen (**172.1 und 2**) oder aus gepreßtem Stahlblech (**172.3**) als Türumrahmung. Die durch Maueranker befestigte Zarge hat einen Falz zum Anschlag der Tür, der, ebenso wie der Mittelbruch bei Doppeltüren, ausreichenden Spielraum erhalten muß, damit die Tür nicht klemmt (Ausdehnung des Stahles $\pm$ 0,5 mm/m). Anschlag an Stahlkonstruktionen s. Bild **149.2**.

Einwandige Stahltüren für Industriebauten bestehen aus mit kalt geformten Hohlrahmenprofilen punktverschweißten Füllungsblechen, die erforderlichenfalls durch Hohlrippen ausgesteift werden (**172.1**). Rahmen- und Rippenprofile können beiderseits der Füllungsbleche liegen oder aber auch nur einseitig, um von einer Seite her eine glatte Ansichtsfläche zu erreichen. **Feuerbeständige** Stahltüren erhalten einen allseitig geschlossenen Mantel aus gepreßtem Stahlblech, der durch wechselseitig angeschweißte Winkel in vorgeschriebenem Größtabstand gegen Verformungen versteift wird (**172.2**). Der Hohlraum wird mit feuerbeständigem Dämmstoff (Kieselgur, Mineralfasern) ausgefüllt. Weitere Forderungen hinsichtlich der Durchbildung und Prüfung sind in DIN 18081 und für feuerhemmende Türen in DIN 18082 und 18084 festgelegt.

9.33 Stahltore

Sie werden je nach Größe und dem für die geöffneten Flügel verfügbaren Raum als Dreh-, Schiebe-, Hub- und Faltschiebetore ausgeführt. Sie erhalten bei größeren Abmessungen eine **Schlupftür**. **Schiebetore** laufen mit Rollen auf einer oberen Laufschiene und werden unten geführt (**172.4a**). Ein- und zweiflüglige **Drehtore** (**172.4b**) hängen mit kräftigen Bändern in Drehzapfen an der Torleibung. Große Drehtore erhalten am unteren Ende der Schlagleiste eine Laufrolle zur Stützung des Torgewichts.

Hubtore werden als Ganzes gehoben; biegsame Tore (z. B. Wellblech) zieht man an der Decke entlang oder wickelt sie rolladenartig auf. **Faltschiebetore** bestehen aus mehreren Flügeln, die, um lotrechte Achsen gedreht, aufeinanderklappen und im Paket beiseite geschoben werden (**173.1 und 173.2**).

Damit der Toranschlag eben und dicht bleibt, muß das Tor verwindungssteif sein. Tore mit Hohlrahmen (**173.1**) sind darum den aus ⊏-Stahlrahmen mit Flachstahlverspannung und Blechfüllung bestehenden Toren (**172.4**) vorzuziehen. Alle Anschlagfugen sind durch Deckleisten zu dichten.

9.3 Fenster, Türen, Tore

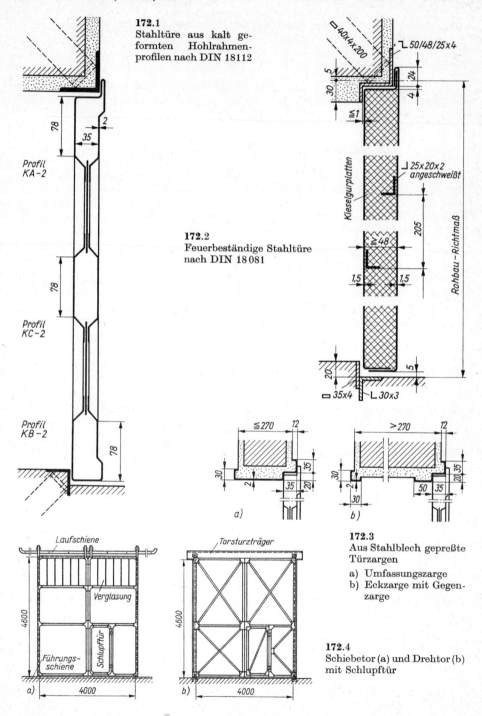

172.1 Stahltüre aus kalt geformten Hohlrahmenprofilen nach DIN 18112

172.2 Feuerbeständige Stahltüre nach DIN 18081

172.3 Aus Stahlblech gepreßte Türzargen
a) Umfassungszarge
b) Eckzarge mit Gegenzarge

172.4 Schiebetor (a) und Drehtor (b) mit Schlupftür

9.33 Stahltore

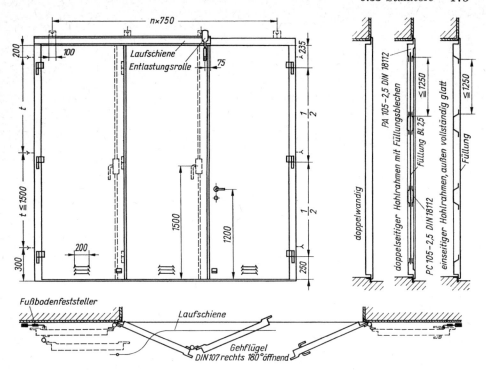

173.1 Faltschiebetor mit verschiedenen Querschnittsformen

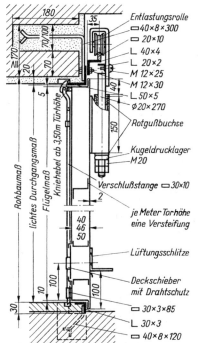

173.2 Einzelheiten zu Bild 173.1

10 Stahlbrückenbau

10.1 Vorschriften und Lastannahmen

10.11 Eisenbahnbrücken

Die für die Konstruktion und Berechnung der Eisenbahnbrücken wichtigsten **Vorschriften** sind:

DV 804 (BE)	Berechnungsgrundlagen für stählerne Eisenbahnbrücken
DV 805 (GE)	Grundsätze für die bauliche Durchbildung stählerner Eisenbahnbrücken
DV 848	Vorschriften für geschweißte Eisenbahnbrücken
DV 827 (TVSt)	Technische Vorschriften für Stahlbauwerke
DV 804/3 (EIKO)	Richtzeichnungen als Anhang zur Vorschrift für Eisenbahnbrücken

Die **Belastung** der Eisenbahnbrücken wird in Hauptlasten (H), Zusatzlasten (Z) und in Sonderlasten und Bauzustände unterteilt.

Hauptlasten

Die **ständige Last** setzt sich zusammen aus dem Gewicht des Überbaues, der Fahrbahn, des Besichtigungswagens, der Fahrleitungen, Kabel usw.; dazu kommen die Einflüsse aus planmäßigen und ungewollten Änderungen der Stützbedingungen und aus Vorspannung. Das Stahlgewicht der Brücke kann nach Formeln (Taf. 5.2 der BE) geschätzt werden.

Als **Verkehrslast** ist ein Lastenzug anzunehmen. Die Lastfolge für den schweren Lastenzug „S (1950)" s. Bild **174.1**. Für den leichten Lastenzug „L (1950)" sind entweder 75% der Lastwerte von „S (1950)" oder für kleine Stützweiten die Lastgruppe nach Bild **174.2** anzusetzen, falls diese ungünstigere Werte ergibt. Die BE enthält für einfache Balken **Tabellen** für die Größe der Biegemomente, Querkräfte und Stützgrößen infolge Verkehrslast.

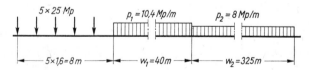

174.1 Schwerer Lastenzug S (1950)

174.2 Zusätzliche Lastengruppe für den leichten Lastenzug L (1950)

10.11 Eisenbahnbrücken

Die Stütz- und Schnittgrößen infolge Verkehrs- und Fliehlast sind mit dem **Schwingbeiwert** φ zu vervielfachen. φ hat in Abhängigkeit von der maßgebenden Trägerlänge l_φ Werte zwischen 1,6 und 1,2 [17].

Bei Brücken in Gleisbögen ist im Lastschwerpunkt (2 m über Gleis) eine horizontale **Fliehlast**

$$H_{FL} = P \cdot \frac{V^2}{127\,r} \text{ in Mp} \qquad \text{bzw.} \qquad h_{FL} = p \cdot \frac{V^2}{127\,r} \text{ in Mp/m}$$

mit P in Mp bzw. p in Mp/m, Geschwindigkeit V in km/h und Bogenhalbmesser r in m.

Zusatzlasten

Als **Seitenstoß** der Fahrzeuge ist in Schienenoberkante eine horizontale Last von 6 Mp rechtwinklig zur Gleisachse in ungünstigster Laststellung anzunehmen. Die **Reibungswiderstände der Lager** sind bei gleitender Reibung mit 0,2, bei rollender mit 0,03 der Stützgröße aus ständiger Last und ruhender Verkehrslast anzusetzen. **Brems- und Anfahrkräfte** müssen in Höhe der Schienenoberkante parallel zur Gleisachse mit 1/8 der Belastung durch den ruhenden Lastenzug angenommen werden. Die **Windlast** ist als Wanderlast anzunehmen; ihre Größe ist bei unbelasteter Brücke 250 kp/m², bei belasteter 125 kp/m². Höhe des Verkehrsbandes über Schienenoberkante = 3,5 m. Für die **Wärmewirkung** sind Temperaturschwankungen von ±35°C gegenüber einer Aufstellungstemperatur von +10°C anzunehmen. Für ungleiche Erwärmung ist ein Temperaturunterschied von 15°C anzusetzen. Zu den Zusatzlasten zählen weiterhin die Belastung von Geländern, Gehstegen, Bahnsteigbrücken usw.

Sonderlasten

Für den **Anprall von Straßenfahrzeugen** gegen Stützen muß 1,2 m über Straße eine waagerechte Ersatzlast von 100 Mp für die x- und y-Achse der Stütze angesetzt werden. Weitere Sonderlasten sind Bruch von Fahrleitungen und Bauzustände. Bei Berücksichtigung der Sonderlasten sind höhere Spannungen zulässig.

Ausführliche Einzelangaben zu den Lastannahmen, z.B. auch für bewegliche Brücken, s. BE.

Die Stütz- und Schnittgrößen sind getrennt für die einzelnen Haupt-, Zusatz- und Sonderlasten zu ermitteln und zusammenzustellen. Außer den auch im Hochbau vorgeschriebenen Nachweisen (allg. Spannungs-, Stabilitäts-, Standsicherheits- und Formänderungsnachweis) ist bei Brücken der **Dauerfestigkeitsnachweis** für den Lastfall H zu bringen.

Hierbei ist nachzuweisen, daß $\max \sigma \leq \text{zul } \sigma_D$ ist; zul σ_D wird aus Schaulinien in der BE bzw. VgE entnommen. zul σ_D hängt vom Werkstoff und vom Verhältnis $\varkappa = \min \sigma / \max \sigma$ ab. Bei genieteten Bauwerken ist weiterhin maßgebend, ob die Oberspannung eine Zug- oder Druckspannung ist; bei geschweißten Bauwerken ist außerdem die Art, Lage und Ausführung der Schweißnähte von Einfluß.

Der Dauerfestigkeitsnachweis bestimmt besonders bei geschweißten Brücken weitgehend die Konstruktion.

10.12 Straßenbrücken

Die wichtigsten Vorschriften sind:

DIN 1072   Straßen- und Wegbrücken; Lastannahmen

DIN 1073   Stählerne Straßenbrücken; Berechnungsgrundlagen[1])

DIN 1076   Straßen- und Wegbrücken; Richtlinien für die Überwachung und Prüfung

DIN 1078   Verbundträger-Straßenbrücken; Richtlinien für die Berechnung und Ausbildung
Zusätzliche Bestimmungen zur DIN 1078, gültig für Verbundträger-Straßenbrücken und -Eisenbahnbrücken (herausgeg. v. Bundesminister für Verkehr und von der DB)

DIN 1079   Stählerne Straßenbrücken; Grundsätze für die bauliche Durchbildung

DIN 4101   Geschweißte, vollwandige, stählerne Straßenbrücken; Vorschriften[1])

Die Aufteilung der Lasten nach DIN 1072 in Haupt-, Zusatz- und Sonderlasten entspricht im wesentlichen der BE. Unterschiede in den Lastannahmen gegenüber der BE bestehen u. a. bei den Verkehrslasten, den Schwingbeiwerten und bei der Bremslast.

Nach der Gesamtlast des jeweiligen Regelfahrzeugs werden die Brückenklassen 60 (für Bundesautobahnen und -straßen, Landesstraßen, Stadtstraßen), 30 (für Stadt-, Kreis- und Gemeindestraßen, Wirtschaftswege für schweren Verkehr) und 12 (für Wirtschaftswege für leichten Verkehr) unterschieden (**177.1**).

Die Gesamtlast des SLW verteilt sich gleichmäßig auf die 3 Achsen. Die rechnerische Hauptspur von 3 m Breite ist vor und hinter dem Regelfahrzeug mit einer gleichmäßig verteilten Regellast $p = 0,5$ Mp/m² (0,4 Mp/m² bei BrKl. 12) zu besetzen. Die Hauptspur und die Lage des Regelfahrzeugs sind an der für die Berechnung des jeweiligen Tragwerksteils maßgebenden Stelle der Fahrbahn anzunehmen. Die Flächen außerhalb der Hauptspur sind mit gleichmäßig verteilten Regellasten $p = 0,3$ Mp/m² zu besetzen, bei BrKl. 12 außerdem mit einem weiteren Regelfahrzeug; bei BrKl. 30 sind Fahrbahn und Fahrbahnträger zusätzlich für eine Einzelachslast von 13 Mp (**177.1**) zu untersuchen. Einzelteile der Geh- und Radwege sowie der Schrammbord- und Mittelstreifen werden mit $p = 0,5$ Mp/m² oder, wenn ungünstiger, mit einer Radlast von 5 Mp (4 Mp bei BrKl. 12) berechnet. Die Verkehrslast für selbständige Geh- und Radwegbrücken ist $p = 0,550 - 0,005\ l$ mit 0,4 Mp/m² $\leq p \leq$ 0,5 Mp/m². Schwingbeiwerte $\varphi = 1,4 - 0,008\ l_\varphi \geq 1,0$ sind abhängig von der maßgebenden Länge l_φ des Bauteils und für die Verkehrslasten der Hauptspur und für die Verkehrslast eines Gleises anzunehmen.

Die Bremslast von Kraftfahrzeugen ist in der Straßenoberkante zu $1/20$ der Vollbelastung der Fahrbahn mit $p = 0,3$ Mp/m² auf der ganzen Überbaulänge, mind. aber zu 0,3 der Last der aufgestellten Regelfahrzeuge, anzunehmen, und zwar stets ohne Schwingbeiwert.

Ausführliche Angaben s. DIN 1072.

---

[1]) Bei Abschluß des Manuskripts erst als Entwurf veröffentlicht

10.12 Straßenbrücken — 10.21 Feste Brücken

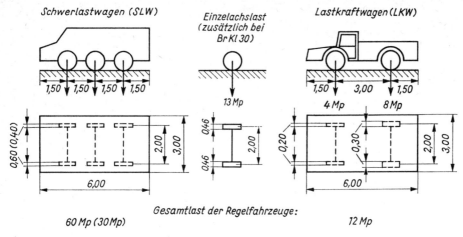

177.1 Regelfahrzeuge nach DIN 1072

10.2 Überblick über die Brückentragwerke

Je nach dem überführten Verkehrsweg teilt man in Eisenbahn-, Straßen-, Kanal-, Rohr- und Förderbrücken ein; nach dem unter der Brücke liegenden Geländehindernis unterscheidet man Strom-, Fluß- und Talbrücken, und schließlich gibt es feste und bewegliche Brücken. Während man sich früher mit Rücksicht auf technische Schwierigkeiten und Kosten bemühte, rechtwinklige Kreuzungsbauwerke zu schaffen, muß sich heute das Brückenbauwerk in Trasse und Gradiente dem Verkehrsweg anpassen. Dadurch entstehen schiefe Brücken (**177.2**), die zudem im Gefälle, in einer Kuppen- oder Wannenausrundung (**178.1c**) oder in einer Kurve liegen können und dadurch geometrisch und statisch schwierig zu bearbeiten sind.

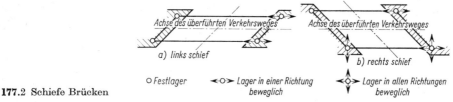

177.2 Schiefe Brücken

Die Brückenhauptträger werden aus ästhetischen Gründen bevorzugt als Vollwandträger ausgeführt, doch sind Fachwerke bei großen Stützweiten und schwerer Belastung (Eisenbahnbrücken) unentbehrlich.

10.21 Feste Brücken

In Bild **178.1** sind einige gebräuchliche Systeme für Brückenhauptträger zusammengestellt. Der Balken auf 2 Stützen (**178.1a**) kann als Vollwand- oder Fachwerkträger ausgeführt werden; als Ausfachung wählt man meist das Streben-

10.2 Überblick über die Brückentragwerke

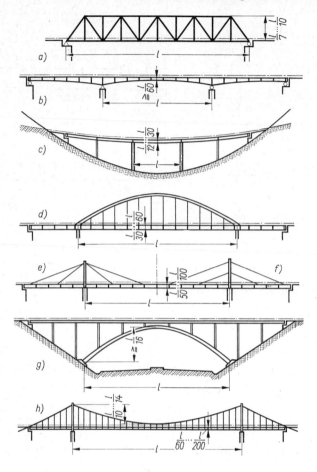

178.1 Hauptträgersysteme fester Brücken

a) einfacher Balkon; Strebenfachwerk mit Hilfspfosten
b) vollwandiger Durchlaufträger mit veränderlicher Trägerhöhe
c) vollwandiger Durchlaufträger in einer Wannenausrundung
d) versteifter Stabbogen
e) und f) seilverspannter Balken
g) Bogenbrücke mit aufgeständerter Fahrbahn
h) Hängebrücke

fachwerk mit oder ohne Hilfspfosten bzw. Hilfsausfachung (36.1a) und das Rautenfachwerk (38.1 a, b), bei dem in der schrägen Durchsicht keine unschönen Stabüberschneidungen auftreten. Ist die verfügbare Bauhöhe zwischen Bauwerksunterkante und Fahrbahnoberkante groß genug, wird eine Deckbrücke ausgeführt, bei der die tragende Konstruktion unter der Fahrbahn liegt (178.1b, c, g). Andernfalls ragt das Tragwerk über die Fahrbahn nach oben heraus und beeinträchtigt den freien Blick von der Brücke (178.1a, d, e, f, h). Balkenbrücken können über mehrere Felder mit Gelenken als Gerberträger oder ohne Gelenke als Durchlaufträger gebaut werden (178.1b, c). Durchlaufende, vollwandige Balkenbrücken werden bis zu Stützweiten über 200 m ausgeführt. Eine geschwungene Bauwerksunterkante mit Vergrößerung der Trägerhöhe über den Innenstützen ist für den freien Vorbau der Mittelöffnung zweckmäßig. Ist diese gegenüber den Seitenöffnungen sehr groß, kann der Durchlaufträger durch einen dritten Gurt (Druckgurt) verstärkt werden, und es entsteht ein versteifter Stabbogen (178.1d) mit Stützweiten bis ≈ 250 m. Beim seilverspann-

10.12 Straßenbrücken — 10.22 Bewegliche Brücken

ten Balken (**178.**1e,f) wird der Durchlaufträger in Zwischenpunkten elastisch mit Schrägseilen am Pylon aufgehängt. Die Seil„harfe" (**178.**1f) wirkt im schrägen Durchblick besser als das Seil„büschel" (**178.**1e). Beim Bogentragwerk (**178.**1g) wird die nicht mittragende Fahrbahn auf den Bogen abgestützt oder am Bogen angehängt, wenn dieser oberhalb der Fahrbahn liegt. Die Tragbögen können als eingespannte Bögen oder als 2- bzw. 3-Gelenkbögen ausgeführt werden. Fachwerkbögen haben Stützweiten $\leq$ 500 m, vollwandige bis über 250 m. Bei Straßen ist die Hängebrücke für größte Spannweiten (weit über 1000 m) geeignet. Am Tragkabel aus patentverschlossenen Drahtseilen oder aus parallelen Einzeldrähten hängt mit Drahtseilhängern die Fahrbahn, deren Versteifungsträger nur untergeordnete Tragfunktionen hat (**178.**1h). Das Tragkabel wird von Pylonen getragen und am Ufer in Widerlagern verankert (echte Hängebrücke) oder am Versteifungsträger befestigt, der dann den Horizontalzug des Kabels als Druckkraft übernehmen muß.

10.22 Bewegliche Brücken

Steht für die Rampenentwicklung des überführten Verkehrsweges kein Platz zur Verfügung (z.B. Hafengelände), kann man dem unterführten Verkehr mit einer beweglichen Brücke zeitweise den Weg freigeben. Das so klein wie möglich gehaltene Eigengewicht der Brücke wird mit Rücksicht auf die Antriebsmaschinen durch Gegengewichte ausgeglichen. Im abgesenkten Zustand sollen sich die Überbauten auf Lager absetzen, damit der Bewegungsmechanismus nicht durch Verkehrslasten beansprucht wird. Verriegelungen und Schranken in gegenseitiger Abhängigkeit sorgen zusammen mit weiteren Sicherungseinrichtungen für gefahrlosen Betrieb.

Die Klappbrücke (**179.**1a) klappt um eine horizontale Drehachse hoch, wobei sich der Gegengewichtsarm im wasserdichten Brückenkeller abwärts dreht. Die Antriebskraft greift an der Drehachse oder mit Triebrädern am Ende des Gegengewichtsarmes an Zahnkränzen im Brückenkeller an.

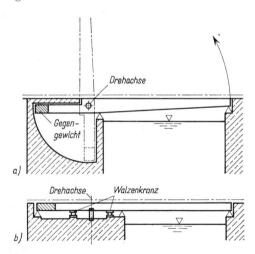
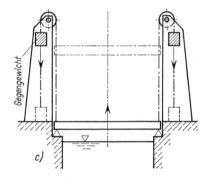

179.1 Bewegliche Brücken
 a) Klappbrücke
 b) Drehbrücke
 c) Hubbrücke

Die **Drehbrücke (179.**1b) dreht sich um eine vertikale Achse, wobei der Drehzapfen beim Drehvorgang entweder das Brückengewicht trägt oder auch nur zur Führung dient, während das Brückengewicht auf einem Walzenkranz ruht.

Die **Hubbrücke (179.**1c) hängt an Seilen oder Ketten, die am Kopf von Führungstürmen über Seilrollen laufen und am anderen Seilende das Gegengewicht tragen.

Außer den genannten beweglichen Brücken gibt es noch **Hubrollbrücken**, die hydraulisch etwas angehoben und anschließend mittels Rollen auf einer festen Fahrbahn in der Brückenachse zurückgerollt werden.

10.3 Eisenbahnbrücken

10.31 Fahrbahn

10.331 Offene Fahrbahn

Gewicht der **Schienen** und des Kleineisenzeugs = 0,150 Mp/m Gleis bei S-Brücken bzw. = 0,120 Mp/m Gleis bei L-Brücken.

Die Schienen sind auf dem Überbau durchgehend zu verschweißen. Der erste Schienenstoß soll ≧ 4 m hinter dem Widerlager liegen; bei langen Brücken ist ein Schienenauszug einzubauen.

Mindestabmessungen und Abstand der **Hartholzschwellen** sowie zwei Möglichkeiten ihrer Befestigung auf dem Längsträger s. Bild **180.**1. Damit sich die Schwelle unter den Radlasten ungehindert zusammendrücken kann, ist ein Langloch zu bohren. Die Schwellenbefestigungen werden paarweise gegeneinander gesetzt, damit sich beim Bremsen oder Anfahren jede 2. Schwelle gegen ihre Befestigung stützen kann. Der Längsträgerobergurt wird unter der Schwelle gegen Rosten durch aufgeklebte, bituminöse Zwischenlagen aus Dichtungsbahnen oder Filz geschützt, oder man schweißt ein durchgehendes Rostschutzblech auf den Längsträger.

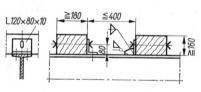

180.1 Befestigung der Querschwellen auf Längsträgern

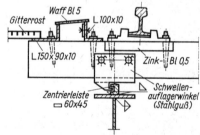

180.2 Längsbewegliche, zentrische Schwellenlagerung

Lange Brücken müssen sich unter dem Oberbau dehnen können. Die Schwellen werden **längsbeweglich** mit druckverteilenden Schwellenschuhen auf eine Zentrierleiste gelagert (**180.**2). Als Abhebesicherung und zur Seitenführung greift eine Nase des Auflagerwinkels in eine Nut der Zentrierleiste ein. Befestigungsschrauben der Schwellen und Schwellenschrauben des Oberbaues dürfen keine elektrisch leitende Verbindung haben. Der Schwellenabstand muß durch besondere, durchgehende Winkel fixiert werden. Der Raum zwischen und neben den Schienen wird mit Waffelblechen oder Stahlgitterrosten abgedeckt.

Die offene Fahrbahn wird wegen der Korrosionsgefährdung der vielen ungeschützten Einzelteile kaum noch ausgeführt.

10.312 Geschlossene Fahrbahn

Über verkehrsreichen Straßen und Wegen muß die Fahrbahn geschlossen sein. Man vermeidet einen Wechsel in der Gleislagerung, wenn man das Schotterbett auf Blechen (Flachbleche, Buckelbleche, Tonnenbleche) oder Stahlbetonplatten durchführt. Der lichte Abstand zwischen Schwellenende und seitlichem Bettungsabschluß muß $\geq$ 150 mm sein. Auf ein besonderes Gefälle der Schotterwanne aus Flachblechen kann verzichtet werden, wenn für ausreichende Vorflut gesorgt ist, weil das Niederschlagswasser auch von waagerechten beschotterten Flächen schnell abfließt. Die Durchführung des Schotterbettes ist wegen der Unterhaltung des Gleises mit Großgeräten anzustreben und ist im Hinblick auf das Eigengewicht bis zu etwa 50 m Stützweite wirtschaftlich vertretbar.

Erst bei großen Spannweiten oder langen Brückenzügen wird die Fahrbahntafel direkt befahren, indem die Schienen federnd auf Flachblechen oder Stahlbetonplatten gelagert werden. Die schwellenlose Schienenbefestigung kann vorgesehen werden, wenn die Gleisachse ein für allemal festliegt; hierbei wird auf das Flachblech eine Grundplatte geschweißt, auf die die Rippenplatte unter Zwischenlage einer Gummiplatte aufgeschraubt wird; Horizontalkräfte werden von besonderen Anschlagknaggen übertragen. Weil das Flachblech nicht vollkommen eben ist, müssen oft nach genauem Aufmaß angefertigte Futterplatten unterlegt werden; um diese kostspielige Paßarbeit zu vermeiden, kann die Grundplatte mit Kunstharzmörtel aufgeklebt werden, der Höhenabweichungen $\leq$ 20 mm ausgleicht (**181.1**). Die Löcher für die Befestigungsschrauben werden im Fahrbahnblech erst nach dem Ausrichten des Gleises gebohrt.

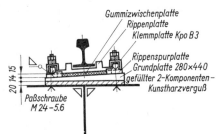

181.1 Schwellenlose Schienenbefestigung auf Flachblech

Bei unmittelbarer Schienenlagerung auf einer Stahlbetonplatte wird zweckmäßig auf die Stahlkonstruktion ein leichtes Stützgerüst geschweißt, das die Gummi- und Rippenplatten während des Betonierens unverrückbar festhält.

Ist mit einer Änderung der Gleislage zu rechnen, sieht man besser Brückenschwellen vor, die ähnlich wie im Bild **180.2** auf Zentrierleisten lagern.

10.32 Längsträger

Sie liegen auf oder zwischen den Querträgern (**182.1**). Mit $a =$ Stützweite soll die Trägerhöhe $\geq a/10$ sein. Längsträger müssen als **Durchlaufträger** berechnet und ausgeführt werden, weil sonst infolge der stets wechselnden Endtangentendrehungen Schäden an den Trägeranschlüssen auftreten.

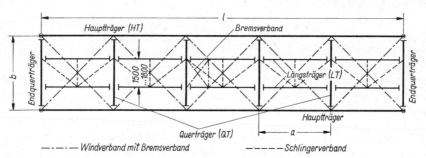

182.1 Grundriß einer eingleisigen Eisenbahnbrücke mit Verbänden

Tafel 182.2 Biegemomente der Längsträger

Art des Biegemomentes	Größe des Biegemomentes bei	
	St 37	St 52
Feldmoment in den Endfeldern und an Fahrbahnunterbrechungen	$1{,}0\ M_0$*)	$1{,}2\ M_0$
Feldmoment in den Mittelfeldern	$0{,}8\ M_0$	$1{,}0\ M_0$
Stützmoment	$0{,}75\ M_0$	$0{,}9\ M_0$

*) M_0 ist das größte Biegemoment eines einfachen Balkens.

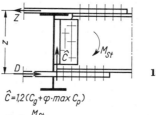

182.3 Kräfte am Längsträgeranschluß

$\hat{C} = 1{,}2\,(C_g + \varphi \cdot \max C_p)$

$Z = D = \dfrac{M_{St}}{z}$

Die Größe der Biegemomente kann Tafel 182.2 entnommen werden. Die Zahlenbeiwerte darin enthalten bereits den Dauerfestigkeitsnachweis, daher sind sie für St 52 größer als für St 37. Liegen die LT zwischen den QT, müssen beide Gurte mit **Kontinuitätslaschen** verbunden werden; die Laschenkräfte errechnen sich mit ihrem Hebelarm z aus dem Stützmoment (**182.3**). Für die Berechnung des Trägeranschlusses ist der Auflagerdruck C mit Rücksicht auf die Dauerbeanspruchung mit 1,2 zu vervielfachen.

10.32 Längsträger

Bei ausreichender Bauhöhe legt man die LT auf die QT. Die Befestigung muß den LT gegen Verschieben und Abheben sichern (**183.2**).

Liegen LT und QT mit ihren Oberkanten bündig, kann die Zuglasche über den Querträgergurt geführt werden, während die Drucklasche den Querträgersteg in einem gut ausgerundeten Schlitz durchdringt (**183.1**).

Bei genügender Querträgerhöhe sollen unter dem Längsträgeranschluß zusätzlich **Konsolen** angeordnet werden. Das Rostschutzblech unter den Schwellen erhält an seinen Enden Stirnkehlnähte wie die Gurtplatten.

Alle **Anschlußbohrungen** im Längsträgeranschluß sind zunächst 3 mm kleiner zu bohren und nach dem Zusammenbau gemeinsam auf den vorschriftsmäßigen Durchmesser aufzureiben und zu vernieten. Liegt die Fahrbahn in der Nähe der Hauptträgergurtung, sind einzelne Anschlüsse erst nach dem Ausrüsten der Brücke endgültig auszuführen; die Löcher sind in diesen Anschlüssen zunächst 5 mm kleiner zu bohren.

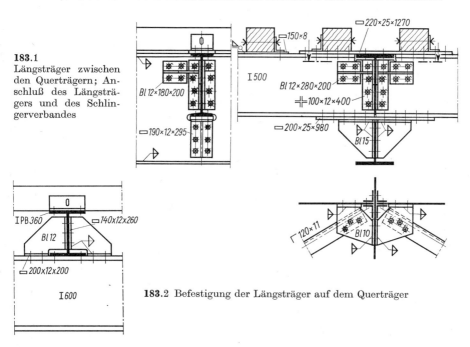

183.1 Längsträger zwischen den Querträgern; Anschluß des Längsträgers und des Schlingerverbandes

183.2 Befestigung der Längsträger auf dem Querträger

In Bild **184.1** ist der LT zur Verkleinerung der Bauhöhe so tief gelegt, daß die Schienenunterkante noch um das Mindestmaß über dem QT liegt. Beide Laschen durchdringen den Querträgersteg; sie sind mit Stumpfnähten in die Längsträgergurte eingeschweißt, während der Steg mit Winkeln und HV-Schrauben angeschlossen ist.

Fahrbahnübergänge

Beim Übergang der **offenen Fahrbahn** vom Überbau auf das Widerlager darf der lichte Schwellenabstand 400 mm nicht überschreiten, und die erste Schwelle

10.3 Eisenbahnbrücken

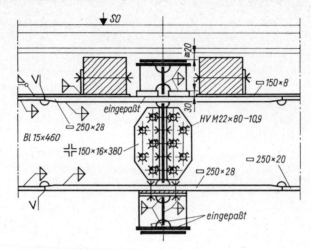

184.1 Versenkt angeordneter Längsträger

hinter dem Widerlager muß bereits voll im Schotter eingebettet sein (**184.2**). Das Profil ⊏ 300, das das Schotterbett abschließt, liegt lose auf der Kammermauer und wird von einem angeschweißten Arm mit Druckplatte gegen Verschieben und Kippen gesichert.

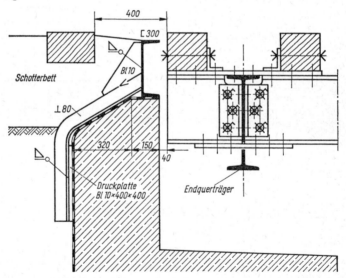

184.2 Fahrbahnübergang bei offener Fahrbahn

Bei der Flachblech-Fahrbahn (**188.1**) werden die das Blech stützenden Längsrippen über die Endquerrippe hinaus bis dicht vor die Kammermauer verlängert (**185.1**); ein auf der Krone der Kammermauer verankertes Stahlprofil schließt das Schotterbett ab.

10.32 Längsträger — 10.33 Querschnitte der Eisenbahnbrücken

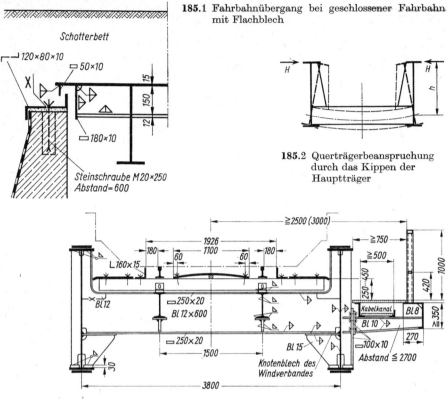

185.1 Fahrbahnübergang bei geschlossener Fahrbahn mit Flachblech

185.2 Querträgerbeanspruchung durch das Kippen der Hauptträger

185.3 Querschnitt einer Eisenbahnbrücke mit versenkter, offener Fahrbahn

10.33 Querschnitte der Eisenbahnbrücken

Je nach der Höhenlage der Fahrbahn unterscheidet man Fahrbahn oben (187.1), Fahrbahn versenkt (185.3) und Fahrbahn unten (Trogbrücke) (187.2). Der QT unterstützt nicht nur die Längsträger, sondern muß auch durch seine Biegesteifigkeit und durch seinen rahmenartigen Anschluß das Kippen der Hauptträger verhindern (185.2). Für die Größe der Auflagerkraft $\hat{C}$ des Querträgers gilt die Formel von Bild 182.3. Querträgerhöhe $b/6 \geq h \geq b/10$.

Bei der Brücke mit offener Fahrbahn nach Bild 185.3 ist der Längsträgeranschluß mit oberer und unterer Durchbindelasche geschweißt. Der Obergurt des vollwandigen Querträgers wird zur Bildung einer Rahmenecke in einer Rundung hochgebogen; der QT-Untergurt wird über dem unteren Eckblech am Windverband-Knotenblech angeschweißt. Wegen der Beeinträchtigung der Dauerfestigkeit sollen im Bereich großer Zugspannungen keine Kehlnähte quer zur Kraftrichtung laufen und keine längslaufenden Schweißnähte enden; darum werden die Stegaussteifungen am Hauptträger-Zuggurt ausgeklinkt und entweder mittels Druckstücken eingepaßt, oder sie enden mit Abstand vor der

10.3 Eisenbahnbrücken

Gurtplatte (187.2). Die Gehwegkonsole schließt an den Beulsteifen an, ihr Untergurt wird aus ästhetischen Gründen an der Steife hinabgeführt. Unter dem Gehweg wird durch einen zweiten Gitterrostbelag ein Kabelkanal geschaffen. Legt man die Querschwellen unmittelbar auf die Obergurte der Hauptträger, spart man die Längs- und Querträger ein (186.1). Mit wachsender Stützweite vergrößert sich die Trägerhöhe, und damit wachsen die Hebelarme y der angreifenden Windlasten w_g (auf den Überbau) und w_p (auf das Verkehrsband). Da der Trägerabstand b durch die Schwellenstützweite auf $\approx 2{,}0$ m begrenzt ist, reicht die Kippsicherheit des Überbaus bei Belastung mit leeren Güterwagen ($p = 1$ Mp/m) schon bei kleinen Stützweiten nicht mehr aus (186.1a). Verringert man nun die Trägerhöhe zum Auflager hin (186.1b), wird das Kippmoment infolge w kleiner, und die Kippsicherheit kann auf den geforderten Wert angehoben werden (186.1c). Bei sehr großen Stützweiten kann man statt dessen durch Schrägstellen der HT-Stege die Auflagerbasis auf B verbreitern und auf diese Weise die erforderliche Kippsicherheit erreichen (186.1d). Die Obergurte der HT sind zugleich Gurte des oben liegenden Windverbandes, dessen Auflagerkräfte durch den Endquerverband in die Lager geleitet werden; alle $2 \cdots 3$ m werden die HT konstruktiv durch leichte Querverbände verbunden. Wegen gleicher Auflagerhöhe für die Schwellen gehen alle Obergurtlamellen bis zum Auflager durch.

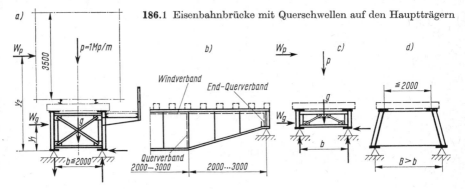

186.1 Eisenbahnbrücke mit Querschwellen auf den Hauptträgern

Um eine geschlossene Fahrbahn zu schaffen, baut man anstelle des Windverbandes ein Fahrbahnblech ein, welches ebenso wie das Bodenblech als Gurt des Kastenträgers wirkt (187.1); die Blechdicke wechselt entsprechend dem Momentenverlauf. Längssteifen sind an den Querverbänden angeschlossen und sichern alle Kastenwände gegen Beulen. Wird der Oberbau auf Querschwellen verlegt (187.1a), leiten Zentrierleisten die Lasten in die Trägerstege (180.2). Bei unmittelbarer Schienenlagerung auf dem Flachblech muß zunächst eine Längsrippe die Lasten übernehmen und mittels der Querträger in die Hauptträger weiterleiten (187.1b). Die Stegbleche erhalten etwa in halber Höhe einen Baustellenstoß; oberer und unterer Kastenteil sind bereits während des Transports durch den entsprechend gestalteten Querverband ausreichend versteift.

Die Trogbrücke nach Bild 187.2 hat eine geschlossene Fahrbahn aus Flachblech, das in Richtung der Brückenachse über 550 mm voneinander entfernte QT durchläuft, wobei ein Blechstreifen als Querträger-Obergurt mitwirkt.

10.33 Querschnitte der Eisenbahnbrücken

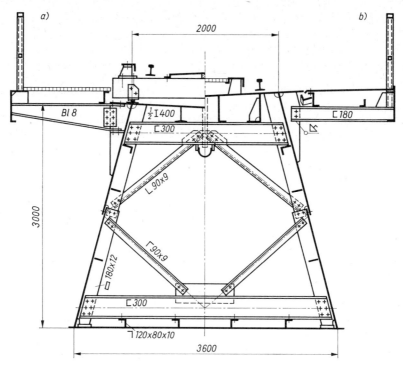

187.1 Querschnitt einer eingleisigen Eisenbahnbrücke mit trapezförmigem Hohlkasten
  a) mit zentrisch gelagerten Querschwellen
  b) mit unmittelbarer elastischer Schienenbefestigung

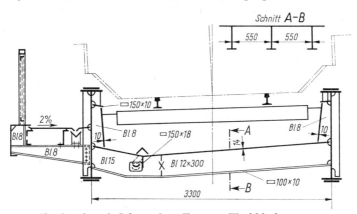

187.2 Trogbrücke mit Schotterbett-Trog aus Flachblech

Die im Blech vorhandene Gurtkraft erzeugt am Knick des Bleches **Umlenkkräfte**, die die Längsrippe □ 150 × 18 belasten. Durch beiderseitiges Quergefälle (≧ 1:20) läuft das Wasser zu der Knickstelle und von dort durch Rohrstutzen in eine Rinne, sofern man nicht auf diese besondere Entwässerungs-

10.3 Eisenbahnbrücken

maßnahme verzichten will (s. S. 181). Wegen der Aussparung wird die Stegdicke des QT verstärkt. Die Enden des QT werden so hoch geführt, daß die Anschlußnähte nicht im Bereich großer Hauptträgerzugspannungen liegen. Wegen der Korrosionsgefahr darf das Schotterbett den HT nicht berühren; darum wird es durch ein seitliches **Schotterbett-Abschlußblech** gehalten. Der Zwischenraum bis zum HT-Steg wird durch ein Deckblech luftdicht verschlossen; sonst müßte er wegen der Erhaltung breiter sein. Die außenliegenden Beulsteifen enden mit Abstand vor dem Untergurt. Der Gehwegbelag muß für die Zugänglichkeit des Kabelkanals auf ganzer Länge abnehmbar oder aufklappbar sein.

Bei der Brücke mit obenliegender, geschlossener Fahrbahn (**188**.1) ist das Flachblech quer zur Brückenachse als Durchlaufplatte über 400 mm entfernte **Längsrippen** gespannt. Der Abstand der QT kann dadurch gegenüber der Ausführung von Bild 187.2 je nach Längsrippenprofil auf $\approx$ 1,5 m vergrößert werden. Der **Kastenquerschnitt** des Hauptträgers eignet sich wegen seiner Verdrehungssteifigkeit besonders für im Grundriß gekrümmte Brücken, doch wird er auch bei geraden Brücken ausgeführt. Zur Einleitung von Torsionsmomenten und zur Wahrung der Querschnittsform werden **Querschotte** eingeschweißt, die zur Besichtigung des Kasteninneren Durchstiegöffnungen haben. Das **Fahrbahnblech** hat mehrere Aufgaben zu erfüllen: Es dient als Tragplatte für die Fahrbahn, als Obergurt der LT und QT, ferner zusammen mit den Längsrippen als Obergurt der HT, und es übernimmt die Aufgaben des Brems- und Windverbandes. Die aus den einzelnen Funktionen resultierenden Spannungen sind zu überlagern. Als Bestandteile des HT-Obergurtes werden die Längsrippen nicht an jedem Querträger gestoßen, sondern durch Schlitze der Stege hindurchgesteckt. Die Längsrippen sollen vorzugsweise aus Flachstählen hergestellt werden.

Abstand der Einstiegöffnungen in m	$\leq$ 15	$\leq$ 30	$\leq$ 50	> 50
Höhe H in mm	$\geq$ 800	$\geq$ 950	$\geq$ 1300	$\geq$ 1800

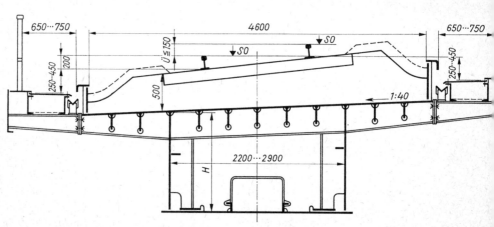

188.1 Torsionssteifer Hohlkastenträger mit obenliegendem Gleis im Schotterbett

Statt aus Flachblech wurde früher der Boden des Schotterbett-Troges durch ein **Tonnenblech** (gebogenes Blech in Form eines hängenden Tonnengewölbes) oder durch **Buckelbleche** (nach der Form von Klostergewölben gepreßte Bleche) gebildet, doch sind diese Ausführungen jetzt veraltet.

Ein Vergleich der Bilder 187.2 und 189.1 macht sichtbar, daß bei **unmittelbarer Schienenlagerung** auf dem Flachblech durch Fortfall des Schotterbettes erheblich an Bauhöhe eingespart werden kann; allerdings ist die Geräuschbelästigung größer. Da jede Schienenbefestigung durch einen QT unterstützt wird, wird das Flachblech nicht durch Verkehrslast beansprucht, sondern wirkt nur als QT-Obergurt. Die Querneigung des Bleches entspricht der Schienenneigung, daher brauchen die Schienenunterlagsplatten nicht keilförmig zu sein. Die **Längsrippe** an der Knickstelle übernimmt die Umlenkkräfte, die Rippen unter den Schienen fangen entgleiste Fahrzeuge auf. Der QT-Anschluß liegt wieder hoch, die Anschlüsse der Gehwegkonsolen können wie in den früheren Beispielen gestaltet werden.

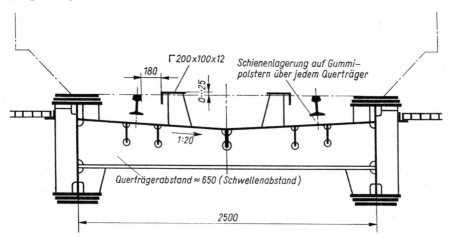

189.1 Brückenquerschnitt mit unmittelbarer Schienenlagerung auf Flachblech

Bei kleinen Stützweiten können Überbauten aus Stahlträgern in **Beton** wirtschaftlich sein. Die Trägerabstände werden durch **Querverbindungen** gewahrt, der Beton erhält eine statisch nachzuweisende **Querbewehrung**. Die unteren Trägerflansche sind unten und seitlich von Beton freizuhalten.

Anders als bei Straßenbrücken ist die Bedeutung der **Verbundbauweise** für Eisenbahnbrücken nicht so groß, doch wird sie in Sonderfällen ausgeführt. Die Dicke der Stahlbetonplatte muß bei Beton Bn 250 $d \geq 25$ cm, bei höheren Betongüten $d \geq 20$ cm sein.

10.34 Hauptträger

Bei der Konstruktion der vollwandigen Hauptträger kann man sich nach Abschnitt 1 richten, jedoch wird die **Trägerhöhe** größer gewählt als im Hochbau, um die Formänderungen zu begrenzen. Die Hauptträger schiefer Brücken müs-

10.3 Eisenbahnbrücken

sen besonders steif ausgeführt werden. Überbauten mit Stützweiten ≥ 20 m sind für ständige Last und $1/4$ der ruhenden Verkehrslast zu überhöhen. Die Überbauten müssen durch Pressen angehoben werden können, z. B. um Lagerteile auszuwechseln. Meist werden hierfür am Endquerträger mit Aussteifungen Ansatzpunkte für die Pressen vorbereitet. Der Endquerträger und seine Anschlüsse sind für das Gewicht der leeren Brücke zu bemessen.

10.35 Verbände

Schlingerverband

Bei offener Fahrbahn verbindet der Schlingerverband die Längsträger zu einem horizontalen Fachwerkträger mit Stützweite = QT-Abstand a. Er wird beansprucht durch Wind auf Fahrbahn und Verkehrsband sowie durch den Seitenstoß. Er ist notwendig, wenn bei schmalflanschigen Längsträgern $a \geq 2{,}5$ m, bei breitflanschigen Längsträgern $a \geq 3{,}2$ m ist.

Ausfachungssysteme s. Bild **190**.1. Beispiele für den Anschluß am QT (Punkt A) s. Bild **183**.1, Punkte B und C s. Bild **190**.2. Die V-Stäbe des Verbandes sichern die LT gegen Kippen, indem sie biegesteif ausgeführt und rahmenartig angeschlossen werden.

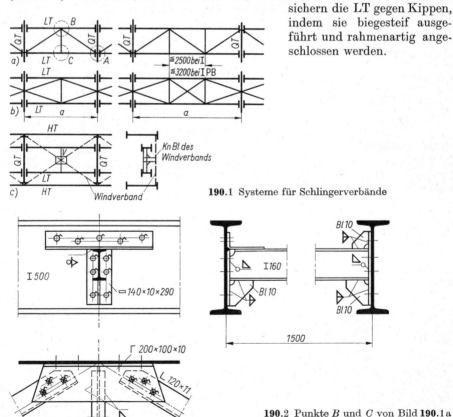

190.1 Systeme für Schlingerverbände

190.2 Punkte B und C von Bild **190**.1a

Liegt der Windverband dicht unter den Längsträgern, kann der V-Stab durch einen Kragarm an das Windverbands-Knotenblech angeschlossen werden und gibt dort die Horizontalkräfte ab; die Diagonalen des Schlingerverbandes entfallen (**190.**1c).

Windverband

Dieser Horizontalverband wird bei Brücken mit **offener** Fahrbahn durch Wind, Seitenstoß und Fliehlast beansprucht und leitet diese Kräfte in die Brückenauflager; **Stützweite** des Windverbandes = Brückenstützweite l. In der Regel erhalten kleinere Brücken nur einen Windverband, der dann in der Höhe der Querträgerunterkante liegt (**185.**3). **Gurte** des Verbandes sind die Hauptträger, **Verbandspfosten** sind die Querträger; nur die **Diagonalen** müssen zusätzlich eingebaut werden.

Liegt der Windverband in der Nähe der Hauptträgerzuggurte, verwendet man meist **gekreuzte Diagonalen** (**182.**1). Stabkräfte und Knicklängen s. S. 38 und 43. Liegen gekreuzte Diagonalen in der Nähe der Druckgurte, entstehen im Verband zusätzliche Druckkräfte, weil sich der Gurt im Verbandsfeld mit Länge a infolge der Druckspannung aus Verkehrslast um Δa verkürzt und die Diagonalen zwingt, diese Verformung durch Verkürzung um Δd mitzumachen (**191.**1). Da solche Zwängungskräfte nachgewiesen werden müssen, vermeidet man diese Ausfachung am Druckgurt. Bei Brücken nach Bild **186.**1 gibt man deshalb dem Windverband meist die Form eines **einfachen Strebenzuges** (**36.**1a). Der **K-Verband** (**38.**1c) ist in Verbindung mit Fahrbahnträgern zu vermeiden; Windverbände oberhalb der Fahrbahn werden bevorzugt als **Rautenfachwerke** (**38.**1b) ausgeführt. **Windverbandsknotenbleche** müssen an die Querträger und an die Hauptträger angeschlossen werden.

Die Anschlüsse des Windverbandes werden bei der Montage zunächst verschraubt, nach dem Freisetzen der Brücke nacheinander gelöst, aufgerieben und vernietet, um Zusatzspannungen aus dem Eigengewicht der Brücke auszuschalten. Für alle Verbände gelten verminderte **zulässige Spannungen**: zul $\sigma = 1{,}0\,\text{Mp/cm}^2$ für St 37, $1{,}5\,\text{Mp/cm}^2$ für St 52.

191.1 Zusammenhang zwischen den elastischen Dehnungen der Hauptträgergurte und der Windverbandsdiagonalen

Bremsverband

Bei Brücken mit offener Fahrbahn übernimmt er von den Längsträgern die Bremskraft H_{Br} und gibt sie an die Hauptträger ab, die sie an die Lager weiterleiten (**192.**1). Mindestens ein Bremsverband ist anzuordnen in 2gleisigen Überbauten mit $l > 25$ m, in 1gleisigen Überbauten mit $l > 40$ m. Weil sich die Hauptträgergurte bei Belastung dehnen, die Längsträger aber ihre Länge beibehalten, erfahren die **Querträger horizontale Verbiegungen**, die um so größer sind, je weiter ein QT vom Bremsverband entfernt ist. Die zusätzliche Beanspruchung der QT muß nachgewiesen werden, wenn ihr Abstand vom Bremsverband 30 m

10.3 Eisenbahnbrücken

überschreitet; bei langen Brücken sind deshalb **Fahrbahnunterbrechungen** vorzusehen, und jeder Fahrbahnabschnitt erhält in der Mitte einen Bremsverband. Werden Bremsverbände an den **Brückenenden eingebaut** (**192.**2), entfällt zwar die Querträgerverformung, dafür müssen jetzt die LT die Dehnung der Hauptträgergurte mitmachen und erhalten Zugkräfte, die nachgewiesen werden müssen. Weil dadurch die Hauptträger entlastet werden, wird diese Bauweise trotz des vermehrten Rechenaufwandes oft ausgeführt.

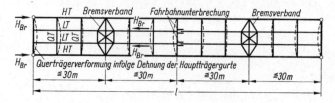

192.1 Anordnung der Bremsverbände im Brückengrundriß

192.2 Bremsverbände als Endscheiben; Mitwirkung der Längsträger als Hauptträgergurt

Bei Anordnung nach Bild **192.**2 wird der Bremsverband oft vollwandig, sonst meist als Fachwerk ausgeführt und dann in der Regel in den Windverband einbezogen (**182.**1). Zur Abgabe der Bremskräfte muß der LT mit dem tiefer liegenden Bremsverband verbunden werden (**192.**3).

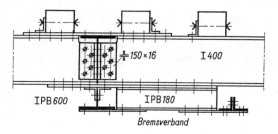

Bei Brücken mit geschlossener **Fahrbahn** sind alle Horizontalverbände i. allg. entbehrlich

192.3 Anschluß des Längsträgers am Bremsverband

10.36 Lager

Sie müssen die lotrechten und horizontalen Auflagerlasten des Überbaus auf die Widerlager oder Pfeiler übertragen. Damit sich die HT um die Auflagerlinie drehen können, sind die Lager als **Linienkipplager** auszubilden; wenn bei breiten Brücken auch der Endquerträger merkliche Durchbiegungen aufweist, müssen **Punktkipplager** angeordnet werden. Um die Lager nicht durch Längsdehnungen der Brücke zu beanspruchen, erhält jeder HT nur ein Festlager, die anderen Lager sind beweglich (**177.**2a). Bei breiten Brücken muß auch die Dehnung der QT berücksichtigt werden: man macht ein Lager fest, zwei Lager in einer Richtung beweglich und ein Lager allseitig beweglich (**177.**2b).

Festlager

Das **Stahlgußlager** (193.1) besteht aus dem oberen und unteren Lagerkörper; auf der zylindrischen Fläche des unteren Lagerkörpers kann sich der obere mit seiner ebenen Fläche abwälzen. 2 Knaggen legen die Lagerteile in Längsrichtung zur Übertragung von Bremskräften gegenseitig fest. Eine seitliche Nase überträgt Horizontalkräfte quer zur Brückenachse, wobei das gegenüberliegende Lager in der anderen Kraftrichtung wirksam werden muß.

Bei einem **Punktkipplager** ruhen die Lagerkörper mit einer konkaven und einer konvexen Kugelkalotte mit unterschiedlichem Radius punktförmig aufeinander, so daß Tangentenneigungen der Brücke in beliebiger Richtung möglich sind. An die Stelle stählerner Punktkipplager treten jetzt vielfach **Neotopflager** (193.2).

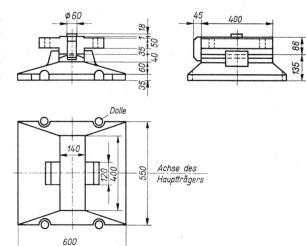

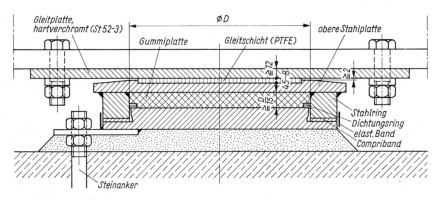

193.1 Festlager (Linienkipplager) aus Stahlguß

193.2 Neotopf-Gleitlager

Die in dem gedichteten, kreisförmigen Lagertopf aus St 37-2 fest eingeschlossene Gummiplatte verhält sich unter der Auflagerpressung zul $\sigma = 250$ kp/cm² wie eine Flüssigkeit, die allseitige Kippbewegungen ohne große Drehmomente zuläßt. Beim Festlager entfällt natürlich die Teflon-Gleitschicht mit der Gleitplatte.

10.3 Eisenbahnbrücken

Bewegliche Lager

Das Rollenlager gestattet Bewegungen in einer Richtung. Es besteht aus einer oberen und unteren Lagerplatte aus GS-52 mit ebener Laufflächen und aus dem zylindrischen Wälzkörper aus Vergütungsstahl C 35 (**194.1**). An den Stirnflächen der Rollen befestigte Zahnleisten greifen in seitliche Nuten der Lagerplatten ein und halten die Rollen stets senkrecht zu ihrer Rollrichtung; die Enden der Zahnleisten sind so zu formen, daß ihre Flanken immer Fühlung mit der Nut haben und doch nicht klemmen. Führungsleisten an den Platten laufen in einer in Rollenmitte eingedrehten Nut und übertragen Horizontallasten, die quer zur Tragwerksebene wirken.

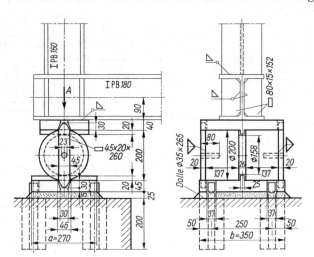

194.1 Rollenlager mit 1 Rolle

Beim Ermitteln der Lagerbewegung sind zu berücksichtigen: Temperaturänderung von $-25\,°C \cdots +45\,°C$, Kriechen und Schwinden, Vorspannen, jeweils mit dem Sicherheitsfaktor 1,3 multipliziert, dazu Längenänderung des Gurtes in Lagerhöhe aus bewegter Last, Endtangentendrehung des Gurtes und Verschiebung und Verdrehungen der Stützung. Zur Berechnung der Nutzbreite B_n des Rollenlagers ist noch ein weiterer Sicherheitszuschlag von 20 mm hinzuzufügen.

Der Rollenradius r errechnet sich aus Gl. (32.1). Die Lagerplatten (**194.1**) sind für das auf ihre Breite b entfallende Moment $M = \dfrac{A \cdot a}{8}$ zu bemessen. Bei allen Berechnungen ist der Verschiebeweg zu berücksichtigen.

Wenn die Abmessungen des Wälzkörpers bei schweren Auflagerlasten zu groß werden, kann man 2 Rollen anordnen (**195.1**). Damit sich die Belastung nach dem Hebelgesetz eindeutig auf die beiden Walzen verteilen kann, muß die obere Lagerplatte als Kipplager ausgebildet werden.

Der große konstruktive Aufwand für das Mehrrollenlager läßt sich vermeiden, und man kommt mit nur einer Rolle aus, wenn für die Laufflächen und den Wälzkörper ($D \leq 200$ mm) nichtrostender Walz- und Schmiedestahl X40Cr13 mit vorgeschriebener Härte verwendet wird (**195.2**). Für die Kreutz-Edelstahl-Lager ist eine Hertzsche Pressung von zul $p_0 = 23$ (25 im Lastfall HZ) Mp/cm² zugelassen.

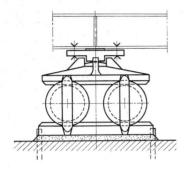
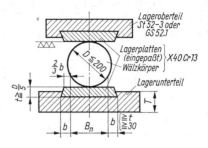

195.1 Rollenlager mit 2 Rollen

195.2 Schematische Darstellung eines Edelstahllagers

Beim Corroweld-Lager wird im Bereich der Rollwege auf die aus homogenem Baustahl (z. B. GS-52, St 52-3) bestehenden Lagerplatten und Rollen eine korrosionsbeständige, chromlegierte Hartstahlschicht mit einer Dicke $\geq D/20$ mittels Auftragsschweißung aufgebracht. Hierfür ist zul $p_0 = 18$ (20) Mp/cm².

Als allseitig bewegliches Lager kann man das Neotopf-Gleitlager verwenden (**193.**2). Der Überbau gleitet mit der Gleitplatte auf einer in den oberen Lagerkörper eingelassenen PTFE-Gleitschicht. Die Gleitplatte ist entweder hartverchromt oder mit Gleitflächen aus nichtrostenden Edelstählen bzw. aus Azetalharz beschichtet. Soll ein solches Lager nur in einer Richtung beweglich sein, legen Führungsleisten an der Gleitplatte die Bewegungsrichtung fest.

Für kleinere Brücken geeignete bewehrte Gummilager s. S. 65; weitere Lagerformen sind in [7] zusammengestellt.

10.4 Straßenbrücken

Die Angaben im Abschn. 10.3, Eisenbahnbrücken, über Anordnung und Konstruktion der Fahrbahnträger, Hauptträger, Verbände und Lager gelten sinngemäß auch für Straßenbrücken. Abgesehen von eventuellen Montageverbänden sind Horizontalverbände wegen der immer geschlossenen Fahrbahntafel unnötig; Querverbände oder Querrahmen müssen aber vorgesehen werden, besonders an den Auflagern.

10.41 Fahrbahntafel

Holzbohlenbelag

Bei Behelfsbrücken werden 12···16 cm dicke Holzbohlen mit 2···3 cm breiten Fugen quer zur Brückenachse auf Längsträgern verlegt und von unten mit Hakenschrauben, Schwellennägeln oder angeschraubten Flachstahlklemmen (ähnlich Bild **96.**1) abwechselnd links und rechts an den Trägerflanschen befestigt. 4···6 cm dicke, schräg zur Brückenachse liegende Fahrbohlen schützen den Tragbohlenbelag. Der Längsträgerabstand ist 0,6···1,1 m.

10.4 Straßenbrücken

Stahlbetonplatte

Aus wirtschaftlichen Gründen werden Stahlbetonplatten stets mit der Stahlkonstruktion in Verbund gebracht und wirken als Obergurt der Stahlträger. Bei Beton Bn 250 muß die Dicke der Fahrbahnplatten sein: $d \geq 16$ cm bei Fuß- und Radwegbrücken, $d \geq 18$ cm bei BrKl 12, $d \geq 20$ cm bei BrKl 30 und 60. Bei höherwertigem Beton können die Dicken um 2 cm vermindert werden. Stahlbetonplatten müssen mit Abdichtung und Belag versehen werden. Unmittelbar befahrene Stahlbetonplatten sind nur ausnahmsweise bei fehlender Tausalzeinwirkung zugelassen; die Betondeckung der oberen Stahleinlagen ist dann um eine statisch unwirksame Verschleißschicht von 1 cm Dicke zu vergrößern. Stahlbetonplatten können schlaff bewehrt oder vorgespannt werden. Auch vorgefertigte Platten kann man nachträglich mit den Stahlträgern in Verbund bringen (s. Abschn. 10.43 und Teil 1).

Flachblechfahrbahn

Gegenüber Massivplatten hat die Stahlfahrbahn ein wesentlich kleineres Eigengewicht und ist daher für weitgespannte Straßenbrücken besonders wirtschaftlich. Auf die Blechtafel wird nach einem bituminösen Voranstrich eine Dichtung aus geriffelter Metallfolie im Gieß- und Walzverfahren aufgeklebt und darauf der 5 cm dicke Gußasphaltbelag in 2 Schichten aufgebracht (**197.**1 b). Das Flachblech wird durch Längs- und Querrippen versteift und hat die gleichen, vielfältigen Tragfunktionen wie bei der Eisenbahnbrücke nach Bild **188.1**.

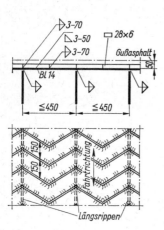

Zur besseren Haftung des Asphalts hat man bei einigen Brücken auf das Flachblech quer zur Fahrtrichtung zickzack-förmige Flachstahlstreifen hochkant aufgeschweißt und erzielte damit zugleich kleinere Verformungen des Bleches, wodurch der Rippenabstand bei gleicher Blechdicke vergrößert werden kann (**196.1**).

196.1 Flachblechfahrbahn mit aufgeschweißten Flachstählen zur Verbesserung der Haftung des Gußasphaltbelages

Um Schäden am Asphaltbelag infolge Formänderungen des Flachblechs zu verhüten, erhält das Blech eine Mindestdicke, und der Abstand der Aussteifungsrippen muß begrenzt werden. Übliche Querschnitte für Längsrippen und Mindestabmessungen nach DIN 1079, 7.1, s. Bild **197.1**. Wegen ihrer Torsionssteifigkeit bewirken die Hohlrippen (e, f, g) eine bessere Lastverteilung und erlauben eine sparsamere Bemessung. Die Längsrippen werden durch die Querträger durchgesteckt und mit ihnen verschweißt. Querträgerabstand 1800⋯3500 mm.

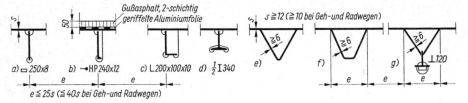

197.1 Längsrippen orthotroper Platten; Mindestmaße nach DIN 1079, 7.1

Die Querschnittswahl für die Rippen ist nicht nur eine statische Angelegenheit, sondern sie wird maßgeblich von der wirtschaftlichen, möglichst automatischen Fertigung der Fahrbahntafel mitbestimmt. So kann z.B. das Einfädeln der geschlitzten Querträgerstege über die mit dem Deckblech verschweißten Längsrippen infolge Schweißverzuges schwierig werden. Der Querschnitt nach Bild 197.1c ist in dieser Hinsicht günstiger, ebenfalls 197.1g, weil hier nur eine untere Flachstahllasche durch den Querträger gesteckt wird.

Wegen der großen Brückenbreite der Straßenbrücken ist die Querträgerstützweite größer als bei Eisenbahnbrücken; die QT stützen die Längsrippen daher nicht starr, sondern elastisch: Längs- und Querrippen werden zum Trägerrost, bei dem sich alle Glieder an der Lastabtragung beteiligen. Wegen der großen Zahl der Rippen erfolgt die Berechnung wie bei einer Platte, die in den sich rechtwinklig (orthogonal) kreuzenden Richtungen verschieden steif (anisotrop) ist. Man nennt die versteifte Flachblechfahrbahn daher auch orthotrope Platte.

Liegen Längsträger oder Hauptträger in engem Abstand, verzichtet man auf Fahrbahnquerträger und spannt die Aussteifungsrippen quer zur Brückenachse (202.1).

Fahrbahnübergänge

Die Ursachen, die zum Spiel des beweglichen Lagers führen (s. S. 194), treten auch in Höhe der Fahrbahnoberkante in der Fuge zwischen Überbau und Widerlager als Längsbewegungen in Erscheinung. Ebenfalls an der Seite des Festlagers entstehen infolge der Endtangentendrehung τ der Biegelinie der Brücke und der Trägerhöhe h solche Verschiebungen. Bei der Konstruktion der Fahrbahnübergänge muß außerdem auf Vertikalverschiebungen Rücksicht genommen werden, die als Folge der Durchbiegung des Endquerträgers auftreten.

Bei sehr kleinen Bewegungen ($< \pm 10$ mm) kann man die Fuge zwischen Widerlager und Überbau einfach offen lassen. Größeres Bewegungsspiel erfordert Überdeckung der Fuge durch eine Übergangskonstruktion. Der Fahrbahnübergang nach Bild 198.1 ist für Brückenklasse 60 geeignet und durch das von Klemmleisten auf die Unterlage gepreßte Neoprenband wasserdicht. Für größere Bewegungen werden Fahrbahnübergänge mit Schleppblech ausgeführt. Bei dem Gehwegübergang (198.2) ist das 10 mm dicke Schleppblech unter Zwischenlage eines federnden Neoprenstreifens unverschieblich mit Dornen in die Unterkonstruktion am Widerlager eingehängt und gleitet lose auf einer Gleitbahn des Überbaues. Durch Schraubenbolzen wird das Blech niedergehalten. Das durch die Fugen dringende Wasser wird mit Tropfblechen in eine Rinne geleitet. Liegt ein solcher Übergang in der Fahrbahn, wird das Schleppblech erheblich dicker (Stahlguß), und der Schraubenbolzen erhält eine Federung aus

10.4 Straßenbrücken

Spiral- oder Tellerfedern, damit lotrechte Bewegungen aus Querträgerdurchbiegung keine Schäden an der Konstruktion hervorrufen. Die **Fingerkonstruktion** (**199.**1) ist für große Dehnungswege und schwere Lasten bestimmt. Die durch Verkehrslast erzeugte Zugkraft C_2 (**199.**1b) muß durch kräftige Schrauben aufgenommen werden. Bei Verstopfung der offenen Schlitze besteht Gefahr des Verklemmens und Bruchs der Finger. Wasser muß wie in Bild **198.**2 durch Leitbleche und Rinnen aufgefangen werden.

Für großes Bewegungsspiel wurden weitere Konstruktionen entwickelt, z.B. der in Art eines Rollverschlusses arbeitende **Demag-Übergang**, der vorgespannte Fahrbahnübergang mit Stahllamellen und Neoprene-Zwischenlagen der **Rheinstahl Union Brückenbau AG.**, Dortmund, und der Fahrbahnübergang nach System **Dr. Domke**, der aus senkrecht stehenden, vernieteten, gewellten Flachstählen besteht, die sich auf Schleppträgern ziehharmonikaartig dehnen lassen.

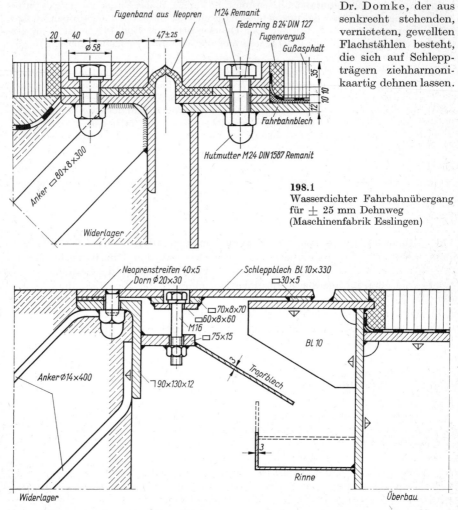

198.1 Wasserdichter Fahrbahnübergang für ± 25 mm Dehnweg (Maschinenfabrik Esslingen)

198.2 Gehwegübergang mit Schleppblech

10.41 Fahrbahntafel — 10.42 Tragwände vollwandiger Straßenbrücken

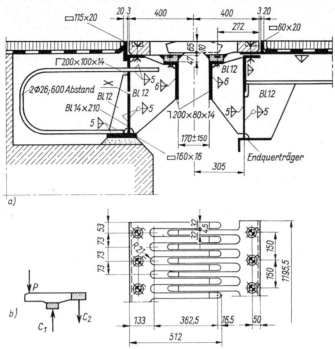

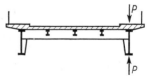

199.1 Fahrbahnübergang mit Fingerkonstruktion für $\pm$ 150 mm Dehnweg (MAN)

10.42 Tragwerke vollwandiger Straßenbrücken

10.421 Brücken mit 2 Hauptträgern

In Bild 199.2 liegt die als Durchlaufplatte quer zur Brückenachse gespannte Fahrbahnplatte auf Längsträgern, die von Querträgern gestützt werden. Das Haupttragwerk wird von 2 Hauptträgern gebildet, die Balken auf 2 Stützen, Gelenkträger oder Durchlaufträger sein können. Die Fahrbahntafel kann Obergurt der Fahrbahn- und Hauptträger sein. Alle Lasten werden nach dem Hebelgesetz auf die beiden Hauptträger verteilt.

199.2 Brückenquerschnitt mit 2 Hauptträgern

Der Längsträgerabstand richtet sich nach der Fahrbahnplatte und ist bei Stahlbeton $\approx 2 \cdots 4$ m. Der Querträgerabstand beträgt $5 \cdots 10$ m, je nach Brückenbreite. Konstruktive Ausbildung der Fahrbahnträger wie bei den Eisenbahnbrücken.

10.4 Straßenbrücken

Der Brückenquerschnitt nach Bild **201**.1 wird durch 2 Montagestöße in 3 Teile zerlegt; die Transporteinheiten macht man so lang wie möglich, um die Zahl der Querstöße zu beschränken. Die Stöße des Fahrbahnblechs werden auf der Baustelle meist geschweißt, die Querträgerstöße in der Regel genietet oder HV-verschraubt, obwohl dadurch 2 verschiedene Verbindungsmittel in einem Querschnitt zusammenwirken. Die Längsnaht wird als Plättchennaht ausgeführt, wodurch das Gegenschweißen der Wurzel entfällt. Am Querstoß (s. Längsschnitt) wird die zunächst offengehaltene Lücke in den Längssteifen durch ein eingeschweißtes Paßstück geschlossen; unvermeidbare Ungenauigkeiten der Lage der Längsrippen lassen sich so ausgleichen. Da die Längsrippen ebenso wie das Fahrbahnblech als Obergurt der Hauptträger wirken, wird im Stoßbereich zur Entlastung der Stumpfnähte ein unterer Flansch ▭ 40×20 zugelegt. Wegen der kleineren Lasten ist unter dem Gehweg das Flachblech dünner und der Rippenabstand größer als im Fahrbahnbereich. Zur Stahlersparnis kann der Gehweg auch von Stahlbeton- oder Spannbetonplatten gebildet werden, die an Ort gegossen oder als Fertigteile montiert werden. Die Platten liegen auf dem Hauptträger und auf einem Randträger, der von Konsolen getragen wird. An der Stahlkonstruktion angeschweißte Dollen sichern die Platten in ihrer Lage (**201**.2). Da das Eindringen von Feuchtigkeit unter das Plattenauflager und damit die Korrosion der Stahlkonstruktion nicht sicher zu verhindern sind, ist der reinen Stahlbauweise nach Bild **201**.1 der Vorzug zu geben.

10.422 Trägerrostbrücken

Wenn bei breiten Brücken kleiner und mittlerer Stützweite die Querträger-Stützweite in der Größenordnung der Hauptträger-Stützweite liegt, wird der Aufwand für Fahrbahnträger unwirtschaftlich. Man spart sie ein, indem man eine größere Zahl von Hauptträgern nebeneinanderlegt und sie durch lastverteilende Querträger (Querscheiben QS) zu einem Trägerrost (Kreuzwerk) verbindet (**201**.3). Die Hauptträger des Trägerrostes können auch Durchlaufträger sein.

Die über die Brückenbreite biegesteif durchlaufenden Querscheiben sind notwendig, um bei Belastung durch Einzellasten die stetige Formänderung aller Träger zu erzwingen. Fehlen sie, biegt sich ein direkt belasteter Hauptträger unabhängig von seinen Nachbarträgern durch, und die Fahrbahnplatte erhält dann durch die Stützensenkung f beträchtliche Mehrbeanspruchungen (**201**.4). Trotzdem ist die Beanspruchung der Stahlbetonplatte aus ihrer lastverteilenden Wirkung auf die Hauptträger auch dann zu berücksichtigen, wenn Querscheiben vorhanden sind. Bei Kreuzwerken beteiligen sich alle Träger an der Lastaufnahme. Je steifer die Querscheiben sind, um so besser ist die Querverteilung der Lasten; bei 5 Hauptträgern gleichen Trägheitsmomentes und bei unendlich steifen Querträgern würde z. B. der Randträger nur 60% der über ihm stehenden Last P zu tragen haben (**201**.3, Schnitt C–D).

Die Randträger erhalten die größte Belastung und werden dadurch kräftiger. Je mehr QS in jedem Brückenfeld angeordnet werden, um so besser ist die Lastverteilung, doch ist eine über 5 QS hinausgehende Anzahl fast wirkungslos; meist sieht man 2⋯3 lastverteilende Querträger vor. Zusätzliche Querverbände werden oft nahe den Innenstützen von Durchlaufträgern notwendig, um das Ausknicken der gedrückten Hauptträgeruntergurte zu verhindern.

10.42 Tragwerke vollwandiger Straßenbrücken

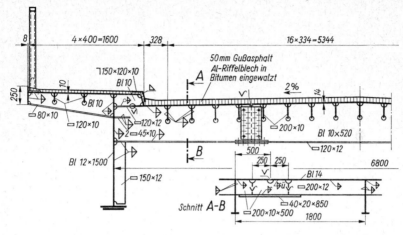

201.1 Brückenquerschnitt mit 2 Hauptträgern und orthotroper Fahrbahnplatte

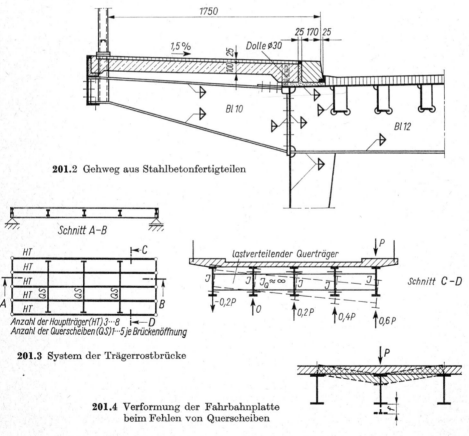

201.2 Gehweg aus Stahlbetonfertigteilen

201.3 System der Trägerrostbrücke

201.4 Verformung der Fahrbahnplatte beim Fehlen von Querscheiben

10.4 Straßenbrücken

Vollwandige Querscheiben macht man fast so hoch wie die Hauptträger, ihre biegesteife Verbindung durch die Hauptträger hindurch erfolgt wie die Ausbildung der Längsträgeranschlüsse (**183.**1; **184.**1). Liegen bei Verbundbrücken vollwandige QS dicht unter der Fahrbahn, verhindern sie das Schwinden und Kriechen der Stahlbetonplatte quer zur Brückenachse und verursachen zusätzliche risseverhütende Maßnahmen. Besonders bei Quervorspannung werden die QS darum besser als Fachwerke ausgeführt, deren Obergurt von der Betonplatte gebildet wird und bei denen Zwängungsspannungen nicht auftreten können (**203.**1).

Die 3 Hauptträger der durchlaufenden Trägerrostbrücke nach Bild **202.**1 sind durch rahmenartige Querscheiben verbunden. Die dreieckförmigen Aussteifungen der quer zur Brückenachse gespannten Flachblechfahrbahn sind wegen der großen Stützweite durch Vierkantstähle verstärkt. Die Fahrbahnplatte ist in 3 m breiten, über die ganze Brückenbreite reichenden Tafeln durch weitgehend automatische Schweißung vorgefertigt; diese Fahrbahnabschnitte werden nach der Montage der Hauptträger aufgelegt, untereinander durch Stumpfnähte verbunden und mittels der Schottbleche auf die Hauptträgerobergurte geschweißt. Für die danach hinzutretenden Lasten wirkt das Fahrbahnblech mit den Hauptträgern statisch zusammen.

Das Haupttragwerk der Brücke in Bild **203.**2 ist kein Trägerrost, aber die Fahrbahnträger sind als Kreuzwerk konstruiert. Einzellasten werden durch lastverteilende Fachwerk-Längsträger auf eine große Zahl von Querträgern verteilt. Die Fahrbahnplatte steht in Verbund mit der Stahlkonstruktion und ist Obergurt für HT, QT und Fachwerk-Längsträger. Der Untergurt der Längsträger kann als Fahrbahn des Brückenbesichtigungswagens benutzt werden.

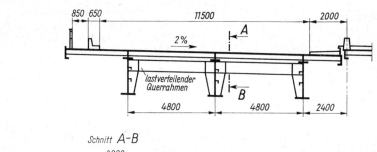

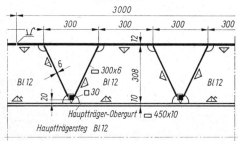

202.1 Querschnitt einer Trägerrostbrücke mit senkrecht zur Brückenachse liegenden Aussteifungsrippen der Flachblechfahrbahn

10.42 Tragwerke vollwandiger Straßenbrücken 203

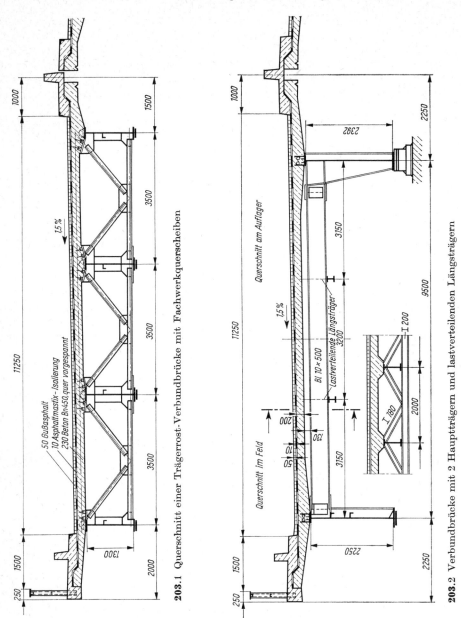

203.1 Querschnitt einer Trägerrost-Verbundbrücke mit Fachwerkquerscheiben

203.2 Verbundbrücke mit 2 Hauptträgern und lastverteilenden Längsträgern

10.423 Brücken mit geschlossenem Kastenquerschnitt

Verbindet man nicht nur die Obergurte der HT durch die Fahrbahnplatte, sondern auch die Untergurte durch ein Bodenblech oder durch einen Horizontalverband, und steift man den Hohlkasten in engem Abstand durch Querverbände aus, wird der Querschnitt torsionssteif; beide Hauptträger können sich selbst bei ausmittiger Last nur etwa gleich viel durchbiegen und werden daher ungefähr gleich stark beansprucht (**204.1**). Die große Verwindungssteifigkeit macht den Kastenträger für im Grundriß gekrümmte Brücken gut geeignet. Bei breiten Brücken kann der Kasten relativ schmal gehalten werden; dadurch erhalten die Brückenpfeiler kleine Abmessungen (**204.2**). Damit nicht jede der weit ausladenden Konsolen von Streben unterstützt werden muß, lagern Zwischenkonsolen auf einem Randträger.

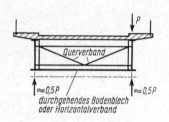
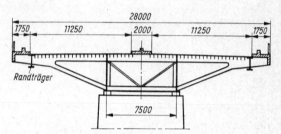

204.1 Brückenquerschnitt mit einzelligem Hohlkasten

204.2 Einzelliger Hohlkasten mit weit ausladenden Fahrbahnkonsolen

Werden die beiden äußeren HT eines Trägerrostes durch ein Bodenblech verbunden, entstehen 2 Hohlkästen, die durch Fachwerkquerscheiben gekoppelt sind (**204.3**). Der Kastenboden wird im Zugbereich von Längsrippen in $\approx 1{,}0$ m Abstand und von Querrippen getragen; im Druckbereich liegen die Rippen zur Erhöhung der Beulsicherheit enger. Stromkabel legt man in die Kästen, Gas- und Wasserleitungen in den offenen Brückenteil.

Bei ungleichmäßigen Baugrundsetzungen (Bergsenkungen) können Hohlkästen über Eck aufliegen und zu Schaden kommen. Torsionsweiche, offene Brückenquerschnitte sind dann vorzuziehen.

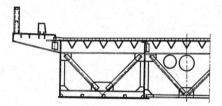

204.3 Zweizelliger Hohlkastenquerschnitt mit orthotroper Fahrbahnplatte und Fachwerk-Querscheiben

10.43 Verbundbrücken

Wirkungsweise, Berechnung und Konstruktion der Verbundträger werden ausführlich in Teil 1, Abschn. „Verbundträger im Hochbau" behandelt. Für den Brückenbau ist zu beachten, daß die im Hochbau zugestandenen Vereinfachungen der Berechnung nicht zugelassen sind und daß weitere statische Nachweise gebracht werden müssen; Einzelheiten s. DIN 1078 Bl. 1 und 2 und „Zusätzliche Bestimmungen zur DIN 1078, gültig für Verbundträger-Straßenbrücken und -Eisenbahnbrücken".

Ist der Verbundträger ein Balken auf 2 Stützen (Querträger, frei aufliegender Hauptträger), dann ist Berechnung und Herstellung des Verbundträgers ohne Probleme. Verbund für Eigengewicht kann durch vorläufige **Zwischenunterstützungen** hergestellt werden. Diese einfache Ausführung wird z. B. für Verbundträger-Eisenbahnbrücken empfohlen.

Ist der Verbundträger ein **Durchlaufträger**, liegt die Stahlbetonplatte über den Innenstützen im Zugbereich des Querschnitts. Da die zulässigen Betonzugspannungen nach Tafel 5 der „Zusätzlichen Bestimmungen" in keinem Fall überschritten werden dürfen, ist die Voraussetzung einer gerissenen Betonzugzone nicht statthaft; deshalb muß die **Mitwirkung** der Betonplatte auch im Bereich der negativen Stützmomente erzwungen werden. Durch **Längsvorspannung** erzeugt man in der Betonplatte Druckspannungen, die mindestens so groß sind wie die Zugspannungen aus Gebrauchslast (volle Vorspannung) oder die in zulässigem Umfang kleiner bleiben (beschränkte Vorspannung). Für die Einleitung der Vorspannung gibt es mehrere Methoden.

Vorspannung durch Montagemaßnahmen

Der montierte **Stahlträger** wird an den Innenstützen **angehoben**; auf der ganzen Trägerlänge entstehen negative Biegemomente, die nur auf den Stahlträger wirken (205.1). In diesem Zustand wird betoniert, und nach dem Erhärten des Betons wird der **Verbundträger** auf die planmäßige Lagerhöhe **abgesenkt**; im Verbundquerschnitt entstehen positive Biegemomente mit Druckspannungen in der Betonplatte. Durch Wahl des Überhöhungsmaßes kann das Vorspannmoment M_{Bv} auf die erforderliche Größe gebracht werden.

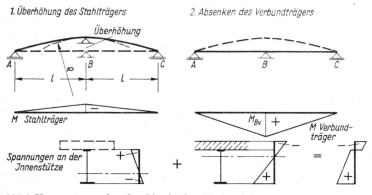

205.1 Vorspannung des durchlaufenden Verbundträgers durch Montagemaßnahmen

Das Moment hängt vom Krümmungsradius ϱ der Biegelinie ab: $M_{Bv} = E_{st} \cdot J_i / \varrho$. Je größer die Gesamtlänge des Tragwerks ist, um so größer muß die Überhöhung werden, um die erforderliche Krümmung zu erreichen. Zur Verkleinerung der oft mehrere Meter

10.4 Straßenbrücken

betragenden Absenkwege hat man bei neueren Brückenbauten den Durchlaufträger zunächst in kurzen, unabhängigen Teilstücken vorgekrümmt und diese nach Herstellen des Verbundes durch weitere Vorspannmaßnahmen vereint. Die Überhöhungen schrumpfen auf wenige dm zusammen.

Da sich in den **Feldern** positive Vorspannmomente zu positiven Momenten aus Gebrauchslast addieren, führt hier die Vorspannung zu höherem Stahlverbrauch.

Vorspannung durch Spannglieder

Spannt man die Betonplatte im Bereich der negativen Stützmomente durch **Spannglieder** mit der Vorspannkraft V in Längsrichtung vor, wird die Vorspannung auf den Stützenbereich konzentriert, doch treten außerhalb der vorgespannten Abschnitte negative Biegemomente auf, die ggf. nachteilige Betonzugspannungen verursachen können (**206.1**).

Gemeinsame Anwendung der Vorspannung durch Montagemaßnahmen und durch Spannglieder mildert die Nachteile beider Verfahren und ist meist wirtschaftlich, da der erforderliche Spannstahlquerschnitt in tragbaren Grenzen bleibt. Die Überlagerung der Vorspannmomente s. Bild **206.2**.

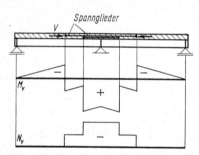

206.1 Vorspannen des Verbundträgers im Bereich negativer Biegemomente durch Spannglieder

206.2 Vorspannmomente im Durchlaufträger bei gleichzeitiger Vorspannung durch Montagemaßnahmen (**205.**1) und durch Spannglieder (**206.**1)

Beim Vorspannen des Verbundträgers gemäß Bild **206.**1 fließt ein Teil der von den Spanngliedern eingeleiteten Spannkraft in den Stahlträger ab und geht damit für die eigentliche Druckvorspannung der Betonplatte verloren. Lagert man die Fahrbahnplatte jedoch zunächst mit Rollen oder Gleitschichten **längsbeweglich** auf dem Stahlträger und stellt man den Verbund erst nach dem Vorspannen des Betons her, wird die Vorspannmaßnahme wirkungsvoller. Der **nachträgliche Verbund** kann durch Verschweißen des Trägerobergurtes mit Stahlteilen bewerkstelligt werden, die in der Betonplatte einbetoniert sind, oder es werden **Plattenaussparungen**, in die die Verbundmittel eingreifen, nach dem Vorspannen ausbetoniert (**207.**1). Die vorgefertigten Fahrbahnplatten werden mit Keilen auf die richtige Höhenlage eingestellt. Die **Teflongleitschicht** befindet sich zwischen diesen Keilen und einem nichtrostenden Stahlblech, auf dem die Stahlbetonplatte ruht.

10.43 Verbundbrücken

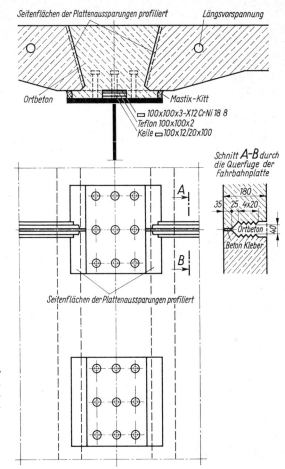

207.1
Längsbewegliche Lagerung der Stahlbetonplatten auf dem Hauptträger und Herstellung des Verbundes nach Ausführung der Längsvorspannung

Seilvorspannung

Legt man entlang den Seitenflächen der Hauptträger girlandenförmig geführte, patentverschlossene **Drahtseile** und spannt sie an den Brückenenden gegen die Betonplatte vor, so heben die an den Knickpunkten des Seiles entstehenden **Umlenkkräfte** das Tragwerk an, und das Eigengewicht verlagert sich zum Teil vom Träger auf das Seil (**207.2**). Durch entsprechende Seilführung

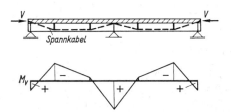

207.2
Vorspannen des durchlaufenden Verbundträgers mit hängewerkartig geführten Spannkabeln

kann die Momentenfläche aus Vorspannung weitgehend der Momentenverteilung aus ständiger Last angeglichen werden. Lange, über viele Felder durchlaufende Träger können so in einem Arbeitsgang vorgespannt werden. Auch diese Vorspannmethode wird i. allg. mit den beiden anderen Verfahren kombiniert.

Bei allen Vorspannmaßnahmen muß beachtet werden, daß durch Schwinden und Kriechen des Betons ein Teil der Vorspannung verlorengeht.

Verbundbrücken mit Betonfertigteilen

In ganzer Brückenbreite vorgefertigte Stahlbetonfahrbahnplatten werden auf den Stahlträgern verlegt und nachträglich mit ihnen in Verbund gebracht.

Bei der Bauweise der Fa. Dörnen, Dortmund-Derne, werden die Betonplatten mit paarweise angeordneten HV-Schrauben und druckverteilenden Stahlplatten so fest auf die Stahlträger gepreßt, daß die Reibung zwischen Stahl und Beton die Schubkräfte übertragen kann. Zum Ausgleich des Betonkriechens werden die Schrauben nach einiger Zeit nachgespannt.

Bei einer anderen Bauart greifen gruppenweise auf den Stahlträger geschweißte Kopfbolzendübel in rechteckige Plattenaussparungen ein und werden von oben mit Beton vergossen (**207.1**). Die Schubkraft einer Dübelgruppe wird sowohl über die Stirnseite als auch über die profilierten Seitenflächen der Aussparung in die Fahrbahnplatte eingeleitet. Die Stoßfugen erhalten eine gleichartige Profilierung (Schnitt A–B), damit Querkräfte zwischen benachbarten Platten übertragen werden; sie sind sorgfältig zu schließen, da sie die Druckkraft des Verbundträgerobergurtes weiterleiten müssen.

10.5 Montage

Bestimmend für den Montagevorgang sind u.a. die Geländeverhältnisse an der Baustelle, Rücksichtnahme auf bestehende Verkehrswege, Bauart der Brücke und verfügbare Bauzeit. Zur Arbeitsersparnis auf der Baustelle werden die Bauteile in möglichst großen, noch transportfähigen Stücken in der Werkstatt gefertigt. Stehen zur Montage Hebezeuge mit großer Tragkraft zur Verfügung, werden die antransportierten Teile auf einem Vormontageplatz zu größeren Einheiten zusammengefügt, bevor sie in die Brücke eingebaut werden.

Aufstellung auf Gerüsten

In Abständen, die der Länge der Montageeinheiten entsprechen, stellt man Joche aus Holz oder aus stählernem Montagegerät standsicher auf. Die Hauptträgerteile werden unter Zwischenschalten von Keilen, Spindeln oder Pressen zum Ausrichten darauf abgesetzt und miteinander verbunden. Dieses sichere Montageverfahren ist nur anwendbar, wenn die Gerüste nicht hinderlich sind und nicht zu hoch werden.

Freier Vorbau

Von einem auf Gerüst montierten Standfeld ausgehend kann die Brücke frei auskragend vorgebaut werden (**209.1**). Bei der Montage des 2. Feldes erhöht man die Standsicherheit durch Ballast auf dem Standfeld oder durch Verankern der Endauflager. Durch den langen Kragarm treten hohe Beanspruchungen im Tragwerk auf; erreichen sie die zulässige Spannung, ist der freie Vorbau vorerst zu Ende und der Kragarm muß durch eine Hilfsstütze oder durch eine Abspannung aus Drahtseilen abgefangen werden. Von den Lagerstellen aus wird mit Pressen die Höhenlage der Vorbauspitze reguliert, damit sie trotz ihrer großen Durchbiegung den nächsten Pfeilerkopf erreicht.

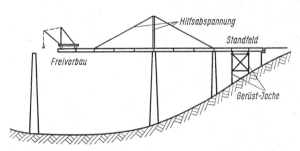

209.1 Freivorbau einer Talbrücke

Längsverschieben

Der Überbau wird auf dem Widerlager und auf der Zufahrtsrampe in Brückenachse fertig zusammengebaut und so weit vorgeschoben, daß ein Schwimmgerüst unter den vorkragenden Teil gefahren werden kann. Hierbei muß ein Überstand $ü$ freigehalten werden, um später den Überbau am anderen Ufer absetzen zu können (**209.2 a**). Der auf dem Schwimmgerüst und auf einem Verschiebewagen gelagerte Überbau wird mit einer Seilwinde über den Fluß gezogen.

Bei zu geringer Wassertiefe und über Land verlängert man die Überbauspitze durch einen möglichst leichten Vorbauschnabel. Das auf Rollenböcken montierte Tragwerk wird in dem Maße, in dem hinten angebaut wird, nach vorne vorgeschoben, bis der Vorbauschnabel den nächsten Pfeiler erreicht hat (**209.2 b**). Die Länge des Vorbauschnabels kann durch Gegengewichte auf dem hinteren Brückenende oder durch Zwischenjoche verringert werden.

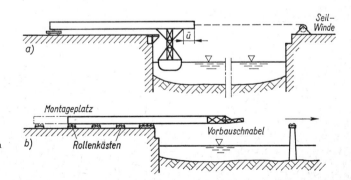

209.2 Längsverschieben des Überbaues
a) **Unter**stützen des vorderen Brückenendes durch ein Schwimmgerüst
b) **Ver**längern der Brücke durch einen leichten Vorbauschnabel

10.5 Montage

Einschwimmen

Der gesamte Überbau, oder bei großen Brücken eine Montageeinheit mit einem Gewicht bis zu mehreren hundert Mp, wird von 1 bis 2 Schwimmkränen gefaßt, zur Einbaustelle geschwommen und auf die Lager abgesetzt bzw. in die richtige Montageposition gebracht.

Das Brückenteil kann statt dessen von 2 gekoppelten Kähnen oder Schwimmgerüsten zur Einbaustelle geschwommen werden, wo es von Kränen hochgezogen wird, die auf dem bereits montierten Überbau stehen.

Macht man Hohlkästen durch wasserdichten Abschluß schwimmfähig, kann man die schwimmende Brücke mit Schleppern zur Baustelle ziehen und mit Kränen, die auf den Widerlagern stehen, auf die Lager heben.

Auswechseln von Brücken

Den Verkehrsanforderungen nicht mehr gewachsene Brücken müssen durch neue Überbauten ersetzt werden. Bei kleinen Abmessungen und Gewichten kann die alte Brücke von Kränen (z. B. Eisenbahnkränen) abgehoben und der fertig antransportierte neue Überbau eingelegt werden. Über schiffbarem Gewässer kann das gleiche durch Aus- und Einschwimmen der Brücken ausgeführt werden.

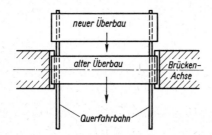

210.1 Brückenauswechslung durch Querverschieben

Bei größeren Abmessungen wird der neue Überbau neben dem alten in gleicher Höhenlage zusammengebaut, beide Brücken werden dann auf Verschiebewagen gesetzt und auf einer Querfahrbahn seitlich so weit verfahren, bis sich die neue Brücke in der Brückenachse befindet (**210.1**). Sie wird auf die Lager abgesetzt, und nach ihrer Inbetriebnahme kann der alte Überbau nebenan ungestört demontiert werden.

SCHRIFTTUM

[1] Beton-Kalender 1971. Berlin–München–Düsseldorf 1971
[2] Bongard, W.: Rohbaufertiger Stahlskelettbau. Köln 1959
[3] DASt-Richtlinien für die Anwendung des Traglastverfahrens im Stahlbau, Entwurf 7.70. Köln 1970
[4] Frick/Knöll/Neumann: Baukonstruktionslehre. Teil 1. 25. Aufl. Stuttgart 1972. Teil 2. 24. Aufl. Stuttgart 1972
[5] Gerold, W.: Zur Frage der Beanspruchung von stabilisierenden Verbänden und Trägern. Der Stahlbau (1963), H. 9
[6] Hutter, G.: Zwängungsspannungen bei neueren geschweißten Stahlbrücken. Der Stahlbau (1968), H. 9
[7] Merkblätter für sachgemäße Stahlverwendung. Beratungsstelle für Stahlverwendung, Düsseldorf
[8] Schaal, R.: Vorhangwände. München 1961
[9] Schreyer/Ramm/Wagner: Praktische Baustatik. Teil 2. 11. Aufl. Stuttgart 1972
[10] –: Teil 3. 5. Aufl. Stuttgart 1967
[11] Stahlbau. Ein Handbuch für Studium und Praxis. Bd. 1, 2 und 3. Köln 1961/64/60
[12] Stahlbau-Kalender 1969. Deutscher Stahlbau-Verband, Köln
[13] Stahl im Hochbau. Taschenbuch für Entwurf, Berechnung und Ausführung von Stahlbauten. 13. Aufl. Düsseldorf und Berlin 1967
[14] Stiller, M.: Verteilung der Horizontalkräfte auf die aussteifenden Scheibensysteme von Hochhäusern. Beton- und Stahlbeton 60 (1965) H. 2
[15] Studiengemeinschaft für Fertigbau: Umsetzbare Innenwände. Wiesbaden 1971
[16] Vogel, U.: Zur Kippstabilität durchlaufender Stahlpfetten. Der Stahlbau (1970) H. 3
[17] Wendehorst, R.: Bautechnische Zahlentafeln. 17. Aufl. Stuttgart 1973

SACHWEISER

Ablenkungskräfte 23, 50, 107, 187, 189
Aluminiumdächer 91
— wandverkleidung 152
Asbestzement-Wellplatten 92, 151
Auflager, Brücken- 192f.
—, Fachwerkbinder 52, 55f., 58, 72f., 78f.
—, Kranbahnträger- 134
—, Rahmen- 32f.
—, Vollwandträger- 13
Außenwände 122, 144f.
Aussteifungen 13, 33f., 52

Bahnsteigdächer 141
Baustellenstoß 11, 37, 61, 72, 76, 80, 186, 200
Bindebleche 43
Binderabstand 106
Blechträger s. Vollwandträger
Bremsverband, Brücken- 191
—, Kranbahn- 137
Brücken, bewegliche 179
—, feste 177
— tragwerke 177, 199f.
Buckelbleche 189

Correweld-Lager 195

Dachaufbauten 19, 39, 109, 155f.
— binder 37f., 106
— elemente 75, 90, 106
— haut 84, 104
— konstruktionen 83f.
— latten 97
— neigung 84
— platten, Fertigteile aus Leichtbeton 85
— — aus Ortbeton 84
— schub 103
— verband 24, 108, 144
Deckenelemente 60, 75, 120
— konstruktionen 118f.
— scheiben 64, 113
—, Stahlbeton 115, 119
—, Stahlleichtträger- 119
—, Stahlzellen- 120

Dreigurtträger 81
Druckgurt 4f., 10, 161
Durchbiegung 3f., 35
— laufpfetten 98

Edelstahllager 194
Eisenbahnbrücken 174, 180f.
—, geschlossene Fahrbahn 181
— hauptträger 189
—, offene Fahrbahn 180
— querschnitte 185
Endquerträger 190

Fachwerkbinder 37f., 106, 158
Fachwerke 35f.
—, Füllstäbe 35, 37, 41, 59f.
—, Gurtstäbe 35, 41, 46f., 54f., 61
—, Netzhöhe 36, 60, 161
—, Raum- 81
—, Rohr- 77f.
—, Systeme 35f.
—, Transportbreite 36
—, Überhöhung 40
—, Werkstattzeichnung 44
Fachwerkstäbe, Anschlüsse 45f., 52, 54f., 72f., 77f.
—, Bemessung 42
—, Querschnitte 40f.
—, Verbindungen 42f.
Fachwerkwände 144, 147
Fahrbahn, Flachblech- 181, 186f., 196
—, Holz- 195
—, Stahlbeton 181, 196
Fahrbahnübergänge, Eisenbahnbrücken 183
—, Straßenbrücken 197
Faltwerke 160
Fassadenpfosten 124f.
Fenster, Stahl- 149, 169f.

Gebäudekern 117
Gehwegkonsolen 186, 200
Geländer 166f.
Gelenke, Fuß- 32
—, Pfetten- 99

Gelenkpfetten 99
— rahmen 114
Giebelwände 145f.
— windträger 146
Glaseindeckung 93, 158
Gurtplatten 2, 8, 14, 22
—, Breite 2, 5
—, Länge 6f., 186
—, Vorbindelänge 7f.
Gurtquerschnitt 2f., 4
— winkel 1, 3

Halbrahmen 16, 24, 63, 185
Hallenbauten 139f.
— querschnitte 140f.
— wände 144f.
Halsnaht 2, 131
— niete 3
Hängehaus 117
Hauptspannung 2
— träger, Eisenbahnbrücken- 189
—, Straßenbrücken- 199
Hertzsche Formeln 32
Horizontalverbände von Hallen 143
— — Kranbahnen 132

Innenwände 126

Kaltnietung 69, 75
Kaltprofile 71
Kastenträger 1, 10, 12, 25, 61, 134, 141, 186, 203, 210
Kippen 2, 5f., 16, 24, 145, 185f.
Knicklängen, Füllstäbe 43, 137
—, Gurtstäbe 39, 43, 56, 108
—, Stützen 113, 136, 141, 143, 148
Knotenbleche 45, 47, 49, 54, 78
—, Naturgrößen 44
—, Spannungsnachweis 47
Knotenpunkte, Anschlußkräfte 46, 110
—, genietet 45f.
—, geschweißt 54f., 77f., 82

Kopfniete 3
— strebenpfetten 25, 101
Koppelpfetten 100
Korrosionsschutz 68
Kranbahnen 127f.
Kranbahnkonsolen 131f.
— — stützen 136
— — träger 131f.
— schienen 129

Lager, Fest- 63, 193
—, Gleit- 65
—, Gummi- 65, 195
— reibung 65f., 175
—, Rollen- 66, 194
—, zentrisch 13, 32, 52f., 63, 192
Lamellen s. Gurtplatten
Längsrippen 188, 196
— träger 182, 195, 199
Lastannahmen für Brücken 174f.
— — Dächer 82
— — Geländer 166
— — Kranbahnen 127
Laternen 39, 90
Lichtbänder 148
Linienkipplager 32, 192
Lüftungen 39, 157

Metalldächer 85
Momentendeckung 1, 7
Montage, Brücken- 208f.
— verbände 115, 117, 144, 195

Nebenspannungen 35, 40
Neotopflager 193

Oberlichte 39, 94, 155f.

Pfetten 56, 85, 97, 106
— befestigung 100
—, Gelenk- 99f.
—, Holz- 101
—, Kopfstreben- 25, 101
— stoß 98
— systeme 97f.
— verhängung 103
— verstärkung 99
Prellbock 135
Punktkipplager 192
— schweißen 69

Querrahmen 113, 195, 202
— schott 10
— träger 185, 199
— verbände 63, 134, 195, 200

Rahmen 18f., 138, 143
— binder 107, 141
— ecken 19f.
— —, Berechnung 19f.
— —, geschraubt 28f.
— —, geschweißt 27, 31
— — mit Ausrundung der Gurte 19f., 34
— füße, eingespannt 34
— —, gelenkig 32
—, Systeme 19, 114, 138
Rohrstützen 76
Rostschutz 3
R.-Träger 59

Scheibenwirkung 85, 90f., 115, 120f.
Schwellen, Brücken- 180
Schwitzwasser 67, 86f., 95, 125
Shed-Hallen 158f.
Sicken 71, 75
Sparren 96
Sprossen für Glasdächer 93f.
Stahldachpfannen 86
— leichtbau 67f.
— — konstruktionen mit Kaltprofilen, Fachwerke 71
— — — —, Träger, Stützen 71
— — — —, Vollwandträger 74
— rohrbau 67f.
— skelettbau 112f.
— zellendecken 120
Stegblech, Aussteifung 4, 9, 185
— —, Dicke 4
— —, Höhe 3
— —, Stoß 11, 13
— verstärkung 4, 22, 27, 33f., 188
Stehfalzdeckung 86
Steifen, Beul- 4, 9, 13, 137, 185
Stockwerkrahmen 114
Stoß, Fachwerkgurt 48f., 61, 72, 80
—, indirekter 11, 14
—, Längsrippen- 200
—, Vollwandträger 11f.
— von Glastafeln 93
— — Pfetten 98
Straßenbrücken 176, 195f.

Tonnenbleche 189
Tore, Stahl- 171
Torsion 1, 10, 141

Träger in Beton 189
— lage 118
— rost 200
—, unterspannte 62, 159
Trapezblech 67, 90, 107, 120, 152
Traufpfette 85, 104
Treppen 162f.
—, Wendel- 163, 165
Türen, Stahl- 149, 171

Überhöhung, Binder- 40
—, Brücken- 190, 205
Umlenkkräfte s. Ablenkungskräfte

Verankerung 34, 64
Verbände, Brems- 137, 191, 195
—, Dach- 24, 108, 144
—, Horizontal- 132, 190, 195
—, Quer- 62, 113, 134, 186, 195
—, Schlinger- 190
—, Vertikal- 53, 113, 116, 145
— von Brücken 190, 195
— — Hallen 144f.
—, Wind- 113, 145, 191
Verbundbrücken 189, 204f.
Verglasung, Kitt- 93
—, kittlose 93
Verhängung von Pfetten 103
— — Wandriegeln 150
Vierendeel-Träger 19, 161
Vollwandbinder 106, 158
— — träger 1f., 19, 35
— — — aus Walzträgern 16f.
— — —, Bemessung 3
— — —, Querschnitte 1
— — —, Stöße 11, 13f.
Vordachbinder 39
Vorhangwände 124
Vorspannung von Verbundträgern 205f.

Wabenträger 17, 27, 118
Wandausmauerung 147
Wände 122f.
Wandelemente 123, 153
— riegel 145, 147
— scheiben 117
— stiele 145, 148
— verkleidungen 144, 149f.
Wangenträger 163
Wärmedämmung 75, 86, 92, 125, 149

Wellblechdächer 87, 107
— — —, freitragend 89
— — wände 152
Wendeltreppen 163, 165

Werkstattstoß 11, 34, 80
Werkstoffe für Gurtplatten 2
— — für Stahlleichtbauteile und Rohre 69

Windscheiben 113

Zentrierleiste 13, 32
Zugband 62, 89, 107
— gurt 4, 10

Weitere Teubner-Fachbücher

Dahlhaus / Damrath, Wasserversorgung
Bearbeitet von **H. Damrath**

6., überarbeitete und erweiterte Auflage. ca. 180 Seiten mit 210 Bildern und 47 Tafeln. Kart. ca. DM 25,—. ISBN 3-519-15215-0

Hentze / Timm, Wasserbau
Von **J. Timm**

14., neubearbeitete Auflage. VIII, 315 Seiten mit 462 Bildern und 39 Tafeln. Ln. DM 38,20 ISBN 3-519-05210-5

Homann, Stahlbeton
Einführung in die Berechnung nach DIN 1045

Band 1: Baustoffe. Festigkeit. Platten. 224 Seiten mit 107 Bildern und 53 Tabellen. Kart. DM 9,80
(Teubner Studienskripten) ISBN 3-519-00058-X

Band 2: Balken. Stützen. Beispiele. ca. 220 Seiten mit zahlreichen Bildern. Kart. ca. DM 10,—
(Teubner Studienskripten) ISBN 3-519-00059-8

Hosang / Bischof, Stadtentwässerung
Bearbeitet von **W. Bischof**

5., neubearbeitete und erweiterte Auflage. VII, 245 Seiten mit 229 Bildern und 48 Tafeln. Kart. DM 36,—. ISBN 3-519-05216-4

Lehmann / Stolze, Ingenieurholzbau

5., neubearbeitete und erweiterte Auflage. VII, 180 Seiten mit 234 Bildern, 14 Tafeln und 63 Beispielen. Kart. DM 24,—. ISBN 3-519-15223-1

Preisänderungen vorbehalten

Weitere Teubner-Fachbücher

Lufsky, Bauwerksabdichtung
Bitumen und Kunststoffe in der Abdichtungstechnik
2., neubearbeitete und erweiterte Auflage. VIII, 171 Seiten mit 216 Bildern und 4 Tafeln. Kart. DM 27,—. ISBN 3-519-05226-1

Schulze / Simmer, Grundbau
Bearbeitet von K. Simmer

Teil 1: Bodenmechanik und erdstatische Berechnungen
15., neubearbeitete und erweiterte Auflage. ca. 220 Seiten mit ca. 200 Bildern. Kart. ca. DM 24,—. ISBN 3-519-05231-8

Teil 2: Baugruben und Gründungen
15., neubearbeitete und erweiterte Auflage. ISBN 3-519-05232-6

Timm, Hydromechanisches Berechnen
Formeln, Tafeln, Einsatz von Kleincomputern
2., überarbeitete und erweiterte Auflage. VIII, 148 Seiten mit 86 Bildern, 70 Tafeln und 35 Beispielen. Kart. DM 36,—. ISBN 3-519-05225-3

Wendehorst / Muth, Bautechnische Zahlentafeln
Von H. Muth
17., neubearbeitete und erweiterte Auflage. 347 Seiten mit zahlreichen Bildern. Geb. DM 29,—
ISBN 3-519-15219-3

Wiese, Wasserdampfdiffusion
Praktische Bauphysik
ca. 110 Seiten mit Bildern und Tafeln. Kart. DM 7,80
(Teubner Studienskripten) ISBN 3-519-00066-0

Preisänderungen vorbehalten